性格色彩识人

乐嘉 著

天津出版传媒集团
百花文艺出版社

写在前面：不怕人心难测，就怕不懂人心

2000年，好莱坞老将梅尔·吉布森出演电影《男人百分百》，没想到，这部轻喜剧居然对我和性格色彩的发展，影响如此深远。

影片讲述了一个老男人，既不知如何追求女子，也不知如何与人合作，在情场和职场山穷水尽屡屡碰壁万念俱灰时，意外被撞晕，因祸得福，获得了神奇的看透他人的本领。此后，无论与谁擦肩而过，都可听见那人心里在想啥。人生从此一路开挂。事业上，懂了客户、老板和同事的需求，跟他配合过的人无不视其为知己，一路火箭般升迁，挡也挡不住；感情上，因为秒变成那人肚里的蛔虫，弹指间撩人灵魂，于是，每个女人都视其为唯一蓝颜，欲罢不能。最后，昔日落魄老男人轻松将女上司收入囊中，赢得人生大满贯。

由此可见，读懂人心，何其重要！

不怕人心难测，就怕不懂人心。

这本书，就是希望帮助你拥有和影片中那人一样的功力。

帮助你看清自己，读懂他人，精准捕捉他人内心所思所想，成为一个识人高手，最终，让你的事业更顺畅，让你的情感更甜蜜，让你的家庭更和谐，让你的生命更快乐。

本书《性格色彩识人》，是以2008年所著《色眼再识人》为基础，进行了改头换面的海量修订，增补了50%的内容，因为我在性格色彩研究领域认识的提升，又赋予了很多词汇不同角度的诠释。这本《性格色彩识人》，在专业深度上，颇为烧脑，是《性格色彩原理》的进阶读物，如果你没有对读懂人心的强烈兴趣，是不

会看完的。

在《性格色彩原理》的第二章“性格色彩体系总纲”中，我已阐述，性格色彩也是“道”的一种，就像文有文道、武有武道，性格色彩也有它自己的“色道”，有它自己的规律和逻辑。而“性格色彩识人”，对每个人，既是刚需，也是一门容易掌握的本领。

我唯一担心的是，如果这是你人生的第一本性格色彩读物，这书下药可能太猛，让你乘兴而来，负气而归。

本书，写给那些希望深层看懂性格，以寻找真实生命最高境界的朋友。我确信，人只有先洞见自我，才能追求内在的宁静与自由。

本书，不像《性格色彩原理》谈优点和缺点的篇幅各自对半，本书的炮弹，几乎都在批判你的弱点，而非赞颂你的优点。如果你只想看我在书中吹捧你性格的好，没准儿很快脸就会拉下来——怎么尽说人的毛病，不给点表扬呢？翻了两页，索然无味，没勇气继续读下去。

本书，先把人置于性格的局限，体验其他人如何伤害你，或者洞见你如何伤害他人。所以，如果你是一个不小心就囫囵吞枣、以偏概全的急性子，少安毋躁，我希望你，别错过这样一条探究自我和他人内心世界的神奇途径。

喜欢听好话，是人的本能，不过，人们在快乐的时候学得好，人们在痛苦的时候才有成长。

对那些拒绝只听好话的读者而言，恭喜你，这本书，你选对了。

卡尔维诺曾说，年轻时的阅读，往往价值不大，因为我们没耐心，我们缺乏人生经验。基于这个理由，一个人在成熟的年龄，应该有段时间去重新阅读曾经读过的重要作品，这时，他会欣赏到更多细节的含义。

一部经典作品，应该是一本每次重读都像初读那样，带来崭新发现的书。如果您是这本书十多年前的老读者，今天拿起再看，看完后，若能有卡尔维诺先生这样的感慨，那将是你赐予我的最大荣耀。

乐嘉

序：就这样，你也能成为读懂人心的识人高手

历史上，因识人不明而付出惨重代价的事不胜枚举。孙膑没读懂庞涓，而遭断膝；韩非没读懂李斯，惨死监狱。古往今来的贤达，饱经世故后，总结归纳了很多识人法。譬如：

吕不韦的情境识人术——“喜之以验其守”与“惧之以验其持”。欢喜时，看对方的操守；恐惧时，看对方是否坚持和负责。

姜子牙的问答识人术——“问之以言，以观其辞”与“穷之以辞，以观其变”。用提问，看对方的沟通能力；用追问，看对方的应变能力。

曾国藩的面相识人术——“邪正看眼鼻”与“若要看条理，全在语言中”。用看相和说话的条理性，来判断一个人是否可靠。

…………

若论学习的热情，这些识人术，当属帝王将相最为痴迷，因为他们早就知道，识人不明，必有灭顶之灾，尤其是选择继承人，绝对是生命不可承受之重。连料事如神的诸葛孔明都会选马谡看走眼，跌了生平最大的跟头，何况自己这点水平。

宋高宗儿子夭折后，只能选个太祖后裔为太子。层层筛选，留下一胖一瘦俩娃。瘦的伯琮，高宗怕难养，想废掉。这时，一只猫从两个孩子身旁走过，伯琮一动不动，而胖孩子踢了下猫。于是，高宗将胖孩子赶走，但还要继续考察。几年后，加入一位候选人伯玖，他想出一个挠心的测试。赐伯琮和伯玖各十个宫女，两周后，召回验身。结果，赐给伯琮的姑娘，仍是处女；赐给伯玖的姑娘，全不是了。宋高宗据此得出结论：要么这娃不近女色，以后不会荒淫无道；要么这娃知道自控，以后会是明君。于是，立伯琮为太子。伯琮便是后来的

宋孝宗。回头看历史，宋孝宗算得上是南宋最有作为的一位明君，在位期间平反岳飞冤案，锐意收复中原，整顿吏治，百姓安康，史称“乾淳之治”。

宋高宗，小心驶得万年船，历经前后十余年反复考察，终于押对宝了，真不容易啊。

唐玄宗和太子李亨一同进餐，见李亨吃了一张沾了许多油的大饼，而很少吃肉。要知道当时的王公贵族骄奢淫逸，只吃肉的大有人在，而李亨竟将一张没味的饼全吃完。玄宗据此得出结论：这儿子很节俭，以后不会祸害老子的江山。李亨便是后来的唐肃宗。肃宗平定了安史之乱，也算是有所作为，可惜，致命的败笔是重用宦官，开启了整个中国历史上宦官最猖獗的时期，这也是他被人们诟病为昏君的原因。

可惜，不是每个人的命都那么好，唐玄宗，选人如此小心翼翼，最终，还是看走眼了。

识人之术，除了是为官者经国大业必学，也是普通人日常生活必用。以上这些高深莫测的大神识人术，皆需精深的技术和长期的经验，对普罗大众而言，太复杂，故此，多数人识人，都是跟着感觉走，不敢痴心妄想其术通神，只想着为谋稻粱能有所助益。

- 行走江湖，会识人，可一技傍身，识人辨善恶，不会遭人所害；
- 你情我爱，会识人，可快速了解，慧眼识良人，避免遇人不淑；
- 风险投资，会识人，可博得先机，识大才于微末之时，提前布局，使利益最大化；

- 经营买卖，会识人，可明辨是非，判断对方诚信与否，把握交易的最佳时机；

…………

无论何时，会识人，往往比别人走得更高、更快、更顺。

那么到底该如何识人呢？世俗的识人术，通常欠缺系统性和科学性，往往是心血来潮随性而至的一招，背后没有坚实的理论基础做支撑。比如：

- 吃饭喝酒，看座位远近来判断彼此的关系，异性间突破亲密距离的，多半暧昧；人相邻而坐，可总是二郎腿朝不同方向，多半面和心不和。
- 相亲恋爱，从他给不给你开车门，判断他是不是绅士；从他点菜前和你的交谈，判断他是掌控型还是跟随型。
- 融资面试，投资人会问创业者结婚多久，孩子几个，平时家庭活动干什么，由此判断他是喜欢寻求刺激的自由主义者，还是喜欢安稳家庭生活的保守主义者。
- 销售谈单，销售会看客户的穿着打扮，谈吐气质，衣着奢华、气质局促的往往是暴发户或者假装有钱的穷人，穿着朴素、淡定自若的往往才是有钱人。

…………

以上种种，都是个人经验的总结，可能在一些情况下确实可以做到识人，但往往知人知面不知心。

有人会说，能如此知人知面已经很厉害了，知心岂非更难？到底如何才可以读懂人心呢？

这些年，人们一直对我过去在电视荧幕上展现出的两个能力甚为好奇：

其一,《非诚勿扰》上怎样能做到精准识人，一针见血，瞬间就发现谁跟谁合适，谁跟谁不合适，这人嘴里说了一句话，马上就可以知道内心想什么。

其二，在《别对我说谎》《妈妈听我说》《演说家》等节目上，别人说上句，我马上能接出他心里所想的下句，并且根据对方心里所想，给予适合的建议，帮助他成为最好的自己。

其实，以上所为，全仗“性格色彩识人”之功。

简单来说，“性格色彩识人”是通过性格色彩的原理，解读每个人内心的动机。

如果会大众意义上的识人术，在节目中只可以简单对人予以分类；但如果会性格色彩识人术，节目中嘉宾的一举一动、一颦一笑，均可透过表象看到本质。

例如,《非诚勿扰》中，一位男嘉宾花了几个月时间，刻了一方印章，只为了在台上送给女嘉宾。若是简单的识人术，你会觉得，他很有诚意；但通过性格色彩识人术，就能看到他做这件事的动机，是为了在众多学历、背景、财富、地位比他强的男嘉宾中，展示自己的长处。而之所以如此，又是因为他自觉没有其他长项，唯有刻字可以展示，沉迷于刻字，是他对自己在现实中不如他人的一种逃避。

又如,《妈妈听我说》中，一个5岁女孩，酷爱化妆，母亲无数次教育，乃至强制扔掉化妆品，都无效，无奈上节目求助。节目上二十个小朋友，绝大多数认为她不该这么早开始化妆，她舌战群儒，毫无惧色，口若悬河，无人可敌。如果只会简单的识人术，你会觉得这孩子性格强势，无药可解；但通过性格色彩识人术，我发现她之所以喜欢化妆，是因为她想要将自己的美展示于人前。之所以无法被说服，是因为她相信更多人会认为她化妆更美。她貌似无比坚定，其实骨子里需要得到他人认可。于是，我在现场跟她打赌，若是卸妆后，现场五百名观众认为她不化妆更美，她就得接受从此不化妆。她同意了。卸妆后的清水芙蓉，得到所有观众的热烈掌声，于是，她接受了不化妆。如此四两拨千斤，正是因性格色彩识人而有了读懂内心的能力。

会识人，你可安身立命于人世中；会读懂人心，你将出类拔萃于任何领域。因于你而言，天下再无难懂之人、难成之事。

秘密是什么？

真相很简单，就是——性格色彩。

2000年开始，我研究性格色彩，本意是研究人与人之间的差别，不断探究性格后，确立了性格色彩的四大功用——洞见、洞察、修炼、影响，如老子所说“知人者智，自知者明，胜人者有力，自胜者强”。现在，这已成为性格色彩体系中必不可少的关键词。

而性格色彩的“洞察”，刚好就是“读懂人心”。本书所探讨的，正是以红、蓝、黄、绿四色为基石，先辨别对方的性格色彩，再去理解对方所思所想。

而你手中的这本《性格色彩识人》，正是能帮你成为“识人高手”的法宝—— 一个简单、实用、好操作的法宝。在本书揭晓性格奥秘的同时，让你随时随地见微知著，通过他人的一言一行一举一动，洞察他人的所思所想，真正做到识人和秒懂对方。

以下的六个例子，均为性格色彩课堂中的学员自述，如何通过性格色彩识人，读懂人心，增进理解，让他们在自己的生活中变得更加成功和幸福。

识人1：读懂客户，驰骋商场

性格色彩传播大使张华——

我要举办一场公益活动，找了个规格档次不错的场地。老板人很爽气，听说是公益，规模大，观众有文化，立刻同意低价租给我们。

我谈好场地后，又找了活动策划公司负责具体筹备。过了一周，策划公司的人跟我说，场地老板不地道，突然要加价，咱换地方算了。

我一听急了，这个场地是我精挑细选的，海报都放出去了，临时更换，肯定不好，而且这么仓促，上哪儿找同样合适的场地呢？还好，我学过性格色彩，平心静气一想，还是要先通过性格色彩识人，搞明白问题出在哪里。

于是我详细问了活动策划公司的人，请他还原和场地方对接的细节，他想起一件事：

活动策划公司老板 B，和场地方老板 A 对接时，已经定好了舞美方案，只是想确认，具体工作人员进场时场地方能否配合。但是，A 热情主动地说："你们灯光可以用追光加射灯，两个主持用两个追光灯，效果更好。会场大，你们舞台可搭个 T 台，演讲者走到观众中间，互动方便，氛围也好……" 而 B 是个严肃理性的人，一听这些，立刻说："谢谢您，我们方案定好了，您只要确认能不能配合就行了。" A 本来兴致勃勃地提建议，被泼了一盆冷水，便说："那好吧，我安排一个具体对接的人给你们，按照你们的要求来配合，但是如果出来的舞台效果不好，那可不是我们的问题。"

明显 A 已经有情绪了，但 B 还是一板一眼："没事，我负责这个活动，会对效果负责，您不用操心。" 本来约好一起吃饭，谈话不愉快，A 推说自己有事，饭没吃就走了。

过了两天，A 手下跟 B 说，其他人出了高价，现在要么解约，要么涨价。事实上，合同早就签过，A 提出涨价也违约。所以，B 愤怒地告诉我这事。

［性格色彩运用自述］

我想，会不会是因为这个红色性格的 A 老板，因为他的意见没被采纳，感觉自己没得到尊重，是热面孔贴到冷屁股上，故而产生了情绪，引发了后面的连锁反应。因为当红色性格的好心没有得到重视和认可时，会情绪化，“变卦”涨价其实是红色性格在情绪上头时说的气话，既然我懂得性格色彩，那就要及时化解他的情绪，消除阻碍。

于是，我专程去拜访这位场地方的老板，先是高度认可了他支持公益活动的大爱精神，然后，复盘了他曾经给我们提过的建议，并且一一加以赞扬，并告诉他：“这次活动在开场时，我们会首先感谢您以及这家活动中心给我们提供的支持，活动结束时，还会有个谢幕仪式，也想邀请您一起上台，希望您不要推辞。”末了，我给他送了一面锦旗表示感谢。他自始至终非常高兴，抱着锦旗和我一起合影时，笑得合不拢嘴。

这次拜访之后，一切照常进行，他和他的下属再没提过涨价的事，活动按照原计划顺利完成了。

识人 2：读懂老板，平步青云

性格色彩高级传道者丹阳——

想当年，刚学完性格色彩时，有一件事，幸亏我用了性格色彩识人，不然我的职场之路不会这么顺利。

当年我的老板是一个很有魄力的创业者，做事雷厉风行。在众多求职者中，他一眼选中了我担任公司一个重要部门的负责人，虽然我自认为能力不错，但从资历、背景来说并不是竞争者中最强的，所以进公司以后我兢兢业业，把工作干好，同时内心也很感激老板，希望找机会表达一下谢意。恰巧无意中从老板秘书那儿得知老板的生日，于是我精心选购了一支万宝龙的钢笔，送给老板。之所以选择这个礼物，是因为老板字写得很漂亮，好马配好鞍嘛，我觉得我的心意老板应该能接收到。

万万没想到，老板收到笔后，皱了下眉头，问我：“你是不是嫌我给你开的工资太高了？”我一下子被吓得魂飞魄散，不知如何回答。他挥了挥手示意我出去，并说：“以后不要再送礼物给我了。”

我离开老板办公室后，苦苦思索，忽然，想起了性格色彩，豁然开朗。

［性格色彩运用自述］

老板的行事简单明了，对自己的决定非常自信，平时雷厉风行，创业过程中，不管别人怎么不看好，他亦丝毫不受影响，坚定朝自己的目标前进，综合以上特点，可以判断他属于黄色性格。

黄色性格老板选拔人才时，不会唯资历、背景是从，而是看人的实际能力。他选择我，是出于理性考虑，并不认为需要我感谢什么。对于别人送给自己的礼物，黄色性格只考虑有没有用。他的财力足够选择自己想要的钢笔，而且作为一个写字写得很好的人，很可能在家里，已配齐了他想要的钢笔。我送给他一支名牌笔，对他毫无用处。而且，黄色性格老板对我的期望是把工作干好，而送笔这事反让他质疑我是不是没把心思花在工作上。

当我读懂老板心里的想法后，立刻把送礼这事翻篇，努力投入工作中。在做完一个大项目后，总结汇报时，我不但汇报了本次的成果，还大胆建议我们可以把这条线路拓展下去，以点带面，并给出一份更完善的可行性计划书——这是他没有布置而我主动写好的。

老板看完计划书后，露出难得的笑容，点头说："不错，你在公司里组建团队吧，不管哪个部门的人，你觉得可以帮你做成这个大计划的，都拉进来，人员名单报我，下半年，公司主力都放在这个计划里。"那时，我知道我得到了老板极大的认可。

果然，有了老板的支持，一切推进顺利。两年后，我成为公司的副总，手上握有公司最赚钱的几个大项目，和我同进公司的人都认为我的飞跃是因为机缘太好，只有我自己知道都是性格色彩识人的功劳。

识人 3：读懂恋人，修成正果

性格色彩认证讲师余然——

陪女友买衣服，她会自己先挑，有时也会问我："长裙和短裙，哪件好看？"我想表忠心，毫不犹豫地回答："都好看！你穿什么都好看！"但每次她都"哦"了一声，似乎觉得这个回答无关痛痒，然后自己做了决定。慢慢地，我发觉，她好像很少征求我的意见了，不管是买衣服，还是添置家居用品，甚至很少要我陪她逛街，都是自己买了才告诉我一声。我还挺失落的。

［性格色彩运用自述］

学了性格色彩，我才恍然大悟女友是黄色性格，因为她一直都很有目标感，从小到大，遇到困难都是自己解决，毫无情绪，也不依赖。我很庆幸自己找了个如此独立的女友。但当我想到和女友逛街的情景，突然猛醒！不对，有问题。

黄色性格的女友和我一起逛街，并非为了卿卿我我，而是她觉得，我过去的职业和礼仪相关，或许能给她好的建议。但当我每次都"狗腿"地回答"女友大人您穿什么都好看"时，这个答案，对不喜欢听赞美的黄色性格的她毫无意义，她感觉我提不出意见，后来索性不再问我，因为她觉得我没用。我们恋爱五年，她一直不提结婚，这让我感到非常失落，我知道她或多或少对婚姻缺少信心。

当我意识到这个问题后，调整了做法，对她买的东西，我会主动给点意见，比如"这个台灯的颜色和墙壁很搭，要是再配一个对比色的花瓶就更好了，冷色与暖色搭配在一起，对视力也会有好处"。当她发现我能提出合理的建议时，很欣喜。于是，我终于又重获陪女友大人逛街的机会。

这一次，当她问我哪件衣服好看，我会做出选择，并且有理有据地告诉她，为什么这么选。她不一定每次都会听，但这个给建议的过程，让她感到有帮助有价值。后来，她连自己工作的事情都会问我的意见，而过去，是从来没有的！上个月，我们已经结婚了，现在，我们比过去恋爱时的交流更加亲密无间。

识人 4：读懂伴侣，七年不痒

性格色彩卡牌大师虞红——

老公的工作不忙，每周休息两天，喜欢做饭到了魔怔的地步。一家三口一起吃饭，他会自己不吃，每个菜尝上一口，自言自语“这个菜咸了”“这个菜淡了”，好像自己在担任厨艺大赛评委一样，但品评的又是自己做的菜。疯了！有病！

［性格色彩运用自述］

我曾经对此非常不解，一个大男人，为啥那么热衷于做菜？但学完性格色彩，我重新思考这个问题，终于读懂他的内心世界，想明白很多：

（1）他是一个压抑的红色性格（外表看上去像蓝色性格），赚钱没我多，男不如女，原本就觉得在婚姻里没面子；

（2）他最早对做菜没那么热衷，但在一次孩子表扬他“爸爸做菜好吃”之后，突然买了三本菜谱，拼命研究；

（3）他在工作上一直没起色，也没其他特别擅长的事，唯一能得到表扬的就是做菜。

所以，他对自己做菜的要求会越来越高，甚至自己不吃都可以，就是一门心思想着如何把菜做得更好。

也就是说，红色性格的老公在婚姻中“被认可”的需求没有得到满足，只能把强烈的需求倾注在做菜这件小事上，红色性格会把自己能得到表扬的事用尽洪荒之力去经营，以期得到更多认可。长此以往，婚姻堪忧。

真正读懂老公的心之后，我开始改变，重新树立老公的家庭地位，在孩子面前总夸爸爸，私下和老公沟通时，也是先认可，然后提建议，老公变得很自信了。最近，他把自己大学里的英语才华调动起来，找了份翻译的兼职，收入增加不少，我们的感情也越来越好。

识人5：读懂子女，琢玉成器

性格色彩六字真言演讲教练刘云——

孩子平时做事很快，玩玩具反应也快，我和她父亲都不理解，为何每天早上起床总是拖拉，有时头一天晚上早早就睡了，明明清晨已经醒了，还是磨磨蹭蹭，不肯快速起床。

孩子小时候都是我催，后来我烦了，把这个任务交给老公，他也很崩溃。催孩子起床，孩子没任何改变，还是拖到最后一刻，催得我老公是七窍生烟，每天都在卧室门口催，饭桌上催，各种催，经常催得孩子哭。

［性格色彩运用自述］

和老公一起学习性格色彩，学完后，我俩一起分析，终于读懂了孩子心里怎么想的：

（1）孩子爱玩，看动画片可以连续三小时一动不动，无比专注，每次电视台播动画片前五分钟，孩子都会准时坐在电视机前面等待，说明他对于自己感兴趣和热爱的事情是可以做到守时不拖延的，是红色性格；

（2）每天早上，孩子即使醒了，也不愿起床，因为起床后，要面对穿衣、吃饭、上学一系列对他来说不感兴趣且不快乐的事情，这对红色性格的孩子来说，毫无动力；

（3）我和他父亲总是催促他、责备他，给红色性格的他形成了“起床＝挨骂”的条件反射，他就更不愿起床了。

既然读懂了他想要什么，那么，关键是先解开孩子心结，让他清楚自己的责任，并且用好玩的东西吸引他，让他逐渐体验到起床的乐趣，同时，家长不去批评责备，而是提醒他要为事情的结果负责，培养责任意识。

我们和孩子心平气和地聊了，确定起床这事的责任人是他自己，我们不吼不骂。他如果起床晚了，自己到校会受到责备。我们还让孩子选了一个超级好看的有叫早功能的机器人，并且之后在他起床时，在客厅大喊早餐吃什么诱惑他。一个月后，孩子改掉了起床磨蹭的坏习惯，自主起床的好习惯就养成了。

识人6：读懂父母，和气致祥

性格色彩传播大使叶筱——

家里买了大闸蟹，母亲指挥父亲蒸上。蒸好后，父亲打开盖子，夹了一只放在盘子里，打算给我。这时，母亲站在父亲身后说："快把盖子盖上，不然锅里的螃蟹会凉掉。"

我很爱吃大闸蟹，快步走进厨房，去拿那个装了大闸蟹的盘子。母亲在指挥父亲的时候，胳膊肘往后一拐，正好撞在我胸上，我很疼，大叫一声，捂着胸跑回卧室。

母亲立刻大声斥责父亲，怪他手脚慢，如果他快点盖好盖子，啥事也没有。父亲莫名被责怪，也很生气，跟母亲顶嘴。母亲边骂父亲，边跑到我的卧室，看到我还是很疼的样子，就更加生气地骂父亲，最后，跑进自己卧室，把门用力摔上，一家人陷入冰冷的僵局。

［性格色彩运用自述］

我因为学了性格色彩，知道母亲的性格是红＋黄，容易情绪化，既有红色性格的容易放大感受，又有黄色性格的批判性强，如果任由她自己生气，不但她自己伤身，接下来几天，整个家里都会乌云密布。而我经常出差，难得回家，不希望一家人在压抑的氛围中相处。当红＋黄的母亲发现自己做错事时，会本能地从外界找原因，她很心疼我，因此会产生自责，而这种情绪，会导致她更加生父亲的气，于是，归咎于父亲没做好，产生了批判。

要解决这个问题，需要做到两点：一、给这次的事故“认定一个责任人”，这样，母亲就不用自责了；二、告知她后果并不严重，消除担忧。

于是，我昂首挺胸地走进母亲卧室，和她说：“妈，是我的错，是我不小心，现在已经没事了。”她瞬间云开雾散。她没事了，父亲那边也就没事了，家里恢复一片祥和。

当子女成年以后，都希望能更好地孝顺父母，但是如果读不懂父母的心，即使买再多礼物、花再多钱，父母依然不开心。只有读懂他们，才能把父母要的给他们，一个小小的举动就能让家里的天气由阴转晴，全家人其乐融融。

以上种种，皆因他们学会了性格色彩识人，看起来奇妙，其实眨眼间便可上手，只需勤加练习。

完整的性格色彩识人，首先，要通过观察和对话，准确判断人的性格色彩；然后，对应该性格的动机，分析其人为何会有这般的语言和行为；当你读懂对方内心后，即可针对其性格，因人而异，用最合适这人的方式与其沟通，达至和谐与双赢。

从此刻开始，“读懂人心”这事，只要你善用性格色彩工具，不敢说必然达到“看谁看懂，想谁想通”的境界，但至少这事今后不会再让你盲人摸象，而是有迹可循。我希望本书能将性格与动机深层联结的奥秘呈现于世人面前，帮人们打开一扇通往每个人心底的大门，享受边读书边读人的快乐，沉浸在真正的性格色彩识人之道中。

为了帮助从未读过性格色彩学著作的朋友快速理解，我在每节中提炼了若干法则，本书四章三十六节，共有识人一百零八式。

三十六，暗合道家天罡之数，天地万物，三十六无穷，天罡法者，大神通也。

一百零八，所谓佛家所云人人皆有的“百八烦恼”，昭示着为你的识人之路扫除障碍，答疑解惑，正所谓“百八烦恼缠上头，性格色彩解千愁”。

故而，性格色彩，以术入道。识人之智，读心之慧，知色，懂色，以色驭道，道不远矣。

欲知自己性格
拿起书签扫码
开启卡牌测试
领取你的色彩

目录

第二章 红色性格

第三章 蓝色性格

第四章 黄色性格

第五章 绿色性格

切记，在翻开正文阅读前，请务必先详读以下指南。

阅读指南

① 性格无好坏，每种性格都有优势，也都有局限。性格与道德是两个完全不同的维度，每种性格都有好人，也都有坏人，切勿给性格色彩贴上道德标签。

② 如果你是某种性格，不等于这种性格所有的优点你都拥有，更不等于这种性格所有的缺点你都占全。本书研究的是人类的共性。

③ 如果你恰好拥有本书某章节的某个特点，不等于你一定就是这种性格色彩，反之亦然。了解自己的性格，首先须进行专业的三分钟性格色彩卡牌测试。

现在，请立即拿起书签！

第一章

性格色彩概述

Chapter 1

红色性格

阳光心态	情绪波动
激情澎湃	逃避痛苦
注重体验	不守承诺
童心未泯	缺乏自控
乐于助人	迷恋认可
善于表达	虎头蛇尾
真诚信任	依赖性强
乐在变化	随意无序

红色性格优势

♣ 阳光心态

红色为人热情，积极乐观，喜欢分享，总能在每件事的背后看到美好的一面。其做事的动力，多数源于对快乐的向往和对自由的追寻。

♣ 激情澎湃

当新人和新事物出现在生活中时，红色常常抱有美好的想象，从而产生激情，快速投入。这就是为什么红色经常有很多新想法。恋爱时容易一见钟情，在情感中，红色追求浪漫的、激动人心的感受；在工作中，红色奋斗的动力来自对认可和喝彩的期待，从而心怀梦想，激情涌动。

♣ 注重体验

红色善于从生活的犄角旮旯处发现可爱好玩的部分，即使暂时遇到低谷，也能将它视为人生经历中有趣的一部分。红色注重生命的体验和过程，无比坚信“读万卷书不如行万里路，行万里路不如阅人无数”。

♣ 童心未泯

无论在什么年龄，红色都可以保持一颗向往快乐的童心，以单纯的眼光看待世界，把生活的周遭环境看作游乐园。即便身居高位，也渴望放下架子，和大家打成一片。

红色天生就有忽略生活中无趣部分的能力，喜欢有趣可爱的东西，注意力容易专注在新的人或观念上，并对新人或新事物所展现的可能性怀有强烈的幻想。内心总是希望能得到别人的欣赏和认可。

♣ 乐于助人

红色喜欢结交朋友，相比“人生得一知己足矣”的理念，内心更希望朋友遍天下。当朋友遇到困难，红色往往会主动襄助，在帮助他人的同时获得内心的满足。如果对方能够予以真诚的感激，红色会更加觉得“值得”。

♣ 善于表达

红色反应快，善于表达，善于营造气氛，擅长用形象生动的语言来描述事情。优秀的演讲者中红色占比很大。红色富有感染力，这是一种“让他人心动”的能力，可以把简单平凡的事情讲述得充满戏剧性、引人入胜。

♣ 真诚信任

红色容易信任他人，可以在短时间内交付真心，因为相信世间好人多，即使曾经被欺骗，依旧对人性抱有美好的想象，很容易快速与人结交，甚至一见如故。同样，其真诚也会影响到对方，从而在初次见面时给人留下深刻印象。

♣ 乐在变化

红色比其他性格更愿意拥抱变化，因为喜欢新主意、新思想、新事物，还因为在变化中可以得到无限的乐趣。因为红色喜欢幻想，同时自身富有表现力，因此投身演艺圈的不少是红色。他们希望体验具有变化的生活，这类职业可以满足他们的需求。

红色对自由的强烈渴求，可以让他们本能地分辨出哪些是人生包袱，并毫不犹豫地甩开它们。反正，不开心，就算长生不老也没用；开心，就算只能活几天也足够。

红色性格局限

♣ 情绪波动

红色的情绪易受外界影响，一天之中可能就会波动好几次。在情绪冲动之下，常做出过激行为，伤人伤己，劲头过后，懊悔不迭。不过，在没有碰得头破血流前，他们不会意识到情绪化带给自己的伤害有多大，即便意识到了，还是很难控制。须知，一个内心真正有力量的人，不会经常感到愤怒。可惜，被无力感侵蚀的红色，常会被激怒。

♣ 逃避痛苦

红色并不认同“吃得苦中苦，方为人上人”，反正，总有办法找到捷径，何必辛苦地再走远路？他们往往只愿享受轻盈的快乐，而不愿背负痛苦的重担；痛苦的心灵探索可以放在最后，不如先享受自由无拘束的快乐，这就导致他们在情感上容易漂浮不定。红色喜欢新鲜的刺激，图一时痛快，常常幻想生命中的困难会自动消失，这种幻想，容易幻化为人生的自我催眠，故而，很难做到脚踏实地。

♣ 不守承诺

红色为了追求说话效果，表达上总是情不自禁地带有夸张的成分，动不动就用“最”。另外，由于凡事过于乐观，过高估计自己的能力、精力和运气，又特别希望给别人留下好印象，所以，常会轻易许下承诺，最终无法达成时，失去了别人对自己的信任，得不偿失。

♣ 缺乏自控

红色的自控力较弱，核心原因在于“非常容易原谅自己”。原本，很想控制饮食，结果管不住自己，对自己说“吃饱了，才有力气减肥”；原本，想控制游戏和娱乐时间，多放精力在工作和学习上，结果管不住自己，对自己说“玩好最后一把，再收手”……类似的自我放纵，比比皆是。

♣ 迷恋认可

红色太需要别人的关注，希望能够得到所有人的认同，会为了一点小小的赞美欣喜若狂，也会因为一点小小的挫折或旁人的批评而沮丧到底。他们希望别人能全盘接受自己的好心，当别人不能接受时，会受到沉重打击。健康的红色，容易成为人们欢迎的对象；不健康的红色，因为只谈论自己，很少倾听，加之蜻蜓点水，常常只是接触到事情的表面，没兴趣和耐心做进一步研究，给人华而不实的感觉。

♣ 虎头蛇尾

红色在开始时的出色表现和特有魅力，总能吸引一大群人，可惜，作为短跑的健将，在长跑中，常常无法到达终点。他们有铺天盖地的不同追求，也会突然对某种新兴趣无比投入。在做决定时，充满壮志豪情，一阵爆发式地狂干；然而，如果没有快速取得成功回馈，也没有足够的欣赏和外部鼓励，会很容易放弃，并找个借口，立即转到下个目标。

♣ 依赖性强

红色像个永远长不大的孩子，总把注意力放在自己向往的事物上，活在美丽的梦幻中，而不愿面对现实、担起责任，他们骨子里时常有个想法——“总会有人来照顾我的”。红色对快乐和自由的向往，远胜过对权力的角逐和力量的抗衡，就算对后者有兴趣，也很快就在意志力的斗争中被击垮。同理，红色有可能名闻天下，但因为不稳重和不成熟，少有成为权倾天下的领袖的人。

♣ 随意无序

红色的想法经常变来变去，没有定性，与其相处，人们需要适应其过分的灵活多变。红色不喜欢生命被约束，做事喜欢临时抱佛脚，不愿做规划，并且自我开脱，美其名曰“车到山前必有路”。生活中，红色丢三落四，杂乱无章，认为地方乱了可以收拾，生活没必要随时随地一丝不苟，多累啊。他们需要经过非常持久的训练，才能做到东西从哪儿拿，就放回到哪儿。

蓝色性格

优势	过当
完美主义	自我否定
情感细腻	敏感多疑
注重承诺	心机深重
计划周详	死板固执
讲究精确	顾虑重重
风险意识	挑剔较真
考虑全面	化简为繁
持之以恒	压抑紧张

蓝色性格优势

完美主义

蓝色的人生动力绝大部分是源于对完美主义的追求。无论是对事情还是对感情，无论是对自己还是对他人，蓝色总希望完美。他们喜欢做高质量的工作，即便这意味着要花更长时间，付出更艰巨的努力，也在所不惜。

情感细腻

蓝色外冷内热，内心深处，愿为所爱的人付出一切，习惯将情感放在内心咀嚼，不屑于用语言表达，总觉得“说”太容易做到了，欣赏和爱一旦流于语言，就陷入肤浅，不足以表达内心强烈的情感，更愿用行动来表达内心和想法。何况，一切都说出来，就会毫无意义。

注重承诺

蓝色高度重视承诺，甘愿以生命来维护，是最值得信任的性格。不管面临什么挑战，都会与知己并肩而行。正是因为如此忠诚可靠，你大可放心将事情交付给蓝色。

计划周详

“要么不做，要做就做到最好”，是蓝色的最高座右铭。仅次于此的第二准则是，“做任何事情首先制订好计划，然后，严格地按计划去执行”。对蓝色而言，一切都按计划如期进行，是做事时安全感的来源。

讲究精确

蓝色做事讲究数据和指标，为了确保周详和严谨，不惜用最复杂的方法诠释简单的问题。他们实事求是，具有科学家精神，在重要事情的交流中，尽量减少口头传递，更愿意提供书面报告、数字和表格，因为那些更具精确性。

■ 风险意识

蓝色遇到任何事，会本能地考虑到不利的一面和其中的风险。所以，这类人，不容易轻信他人，很少上当受骗，即便不加以训练，天性中就能具备“避坑排雷”的能力。

■ 考虑全面

蓝色考虑问题面面俱到，分析深入且寻根究底。对待学习，更愿意花时间和耐心，搞清原理和来龙去脉，而非快速拿到结论。蓝色天然对事物的规律感兴趣，心底藏着很多个为什么，反复推敲之后，才会得出自己的结论。

■ 持之以恒

蓝色不会轻易决定做一件事，一旦决定，意味着已经深思熟虑。“一件事，一辈子”说的就是蓝色的匠人精神。他们能够容忍到达完美前所需要的孤寂，以及精通完美所必需的坚忍和持久，其恒心和坚持，其他性格望尘莫及。

蓝色性格局限

自我否定

蓝色总觉得自己不够好，时刻有很强的不安全感。真正的蓝色，从不说自己追求完美，因为“完美”这个词实在太遥远了。即使蓝色本人才华横溢，也会经常怀疑自己是否真的有才，他们不喜欢表现出来，相反，总会情不自禁地隐藏自己的技艺和能力。

敏感多疑

蓝色内心深处希望被人欣赏和理解，但天性敏感，不轻易相信别人，也不会快速与人建立起密切联系，喜欢与人保持一段安全而有尊严的距离，很难做到完全放松，因此，人们会觉得蓝色不容易亲近。

心机深重

蓝色很想被他人理解，可是又讨厌自我剖析并袒露内心，倾向于用暗示而非直白的方式来表达内心。他们希望别人有耐心来读懂自己，当别人无法理解时，会感到失落。蓝色凡事想得多，说得少，给人的感觉就是有城府、有心计。

死板固执

蓝色对规则十分注重，一旦确定了标准，就严格执行，因此落下一个“不知变通”的名声。蓝色的标准涵盖了生命的每个层面，其规则就是“规则”，而且觉得人人都应该知道这些“规则”，他们痛恨那些打破规则而且成功逃脱规则的人。蓝色对自己和他人，都有高标准的要求，过于追求完美，有时这种标准高到自己都无法满意，遑论别人。

■ 顾虑重重

蓝色的负面思维和逻辑思维都很强，因此，造成“凡事多往坏处想”的思维。做出新决策或变革，对蓝色而言，是困难的，他们会先想好无数个不做的理由，再将其一一排除掉，才能做出决定。蓝色有严肃的生活哲学，认为生命充满了苦难和坎坷，一旦变得一帆风顺，会失去生活的意义。这完全不像红色快乐的生活哲学，任何事都可拿来玩笑。因此，蓝色看上去沉闷且冷漠，也不喜欢通过拥抱和肢体接触来传达情感。

■ 挑剔较真

蓝色觉得如果一件事情值得做，就必须要做到最好，可惜，无论怎么做，永远也达不到心中的最好，所以，有时宁可不做。蓝色的座右铭是“人只有不断要求才可以进步”，所以，对身边人，尤其是亲近或重要的人，总会高标准严要求，这很容易让这些人活得辛苦并且产生极大的挫折感。与此同时，蓝色渴望和追求公平，总是担心被别人利用或占别人便宜，因此有时会显得斤斤计较。

■ 化简为繁

蓝色由于害怕犯错，常常会卡在细节中不能前行。在他人看来无关痛痒的细节，蓝色总会以高度敏感的侦查力捕捉到，并将其重要性和严重性放大百倍，然后提出修改方案。这会给自己以及周围人增加不必要的工作量，也让原本应该轻松的氛围变得无比沉重。

■ 压抑紧张

蓝色常常活在过去，受到沉重打击时，会长期无法走出低谷和难以振作，让周围的人为之紧张和心累。因为严格遵守秩序，外表和行为比较拘谨，不懂释放情绪，缺少幽默感，即便大家在聚会，也少有开怀大笑，总是过分地压抑情绪，这也让蓝色的人生少了很多乐趣。

黄色性格

目标导向	沉迷工作
不断进取	掌控欲强
积极求胜	难以亲近
坚定自信	刚愎自用
抓大放小	施压于人
理性务实	缺乏耐心
快速决断	自我中心
行动力强	忽略感受

黄色性格优势

▲ 目标导向

黄色做任何事，都以目标和结果为导向，不达目标，誓不罢休。遇见挫折时，充满亢奋，认为逆境是个伟大的教师，那些一生都走在平坦大道上的人是培养不出力量的，而搞定各种困难达成目标，是自己人生快乐的源泉之一。

▲ 不断进取

黄色很少知足，总会给自己定下各种目标去达成。作为痛恨躺平的代表，黄色觉得生命就应该不断追求，生命不息，奋斗不止。在工作中，绝不会因为完成了业绩和目标而沉浸在快乐中，对他们而言，成功后的快感无比短暂，转瞬即逝，必须要立即前往下一个更高的目标。

▲ 积极求胜

黄色为了得到成功的评价，不惜付出任何努力。他们主动要求担任领头羊的角色，专注于如何获胜，求胜的欲望几乎贯穿他们整个生命。骨子里坚信只有成功才能获得爱。黄色以成大事为己任，不能容忍平淡无奇的生活，渴望斗争，享受竞赛，常常给自己的心理暗示是—— 一定要成为生活的强者。

▲ 坚定自信

黄色有强大的自我认同感，总是相信自己是对的。一旦自己的想法遭到反对，会激发起加倍的努力和挑战欲。当别人对自己议论纷纷时，黄色只会更加全力以赴地向前冲，完全不在乎别人的评价，认为与其改变方向或者计划，还不如把那些挡路的墙推倒。

▲ 抓大放小

黄色不会在细节问题上纠结，具有抓大放小的天赋，且一旦选择了就不后悔。黄色不会过于严苛地自我审视，也不会在细枝末节上与人计较，关注的永远只是——结果！结果！！结果！！！归根结底，是因为黄色不需要训练，就能知道自己要什么，到底什么对自己最重要。

▲ 理性务实

黄色是典型的实用主义者，很难被虚名打动，看中的往往是实际利益。在推进事业的过程中，拥有不受情感和情绪干扰的能力，可以非常清楚地把情感和利益完全分开，绝不混为一谈。黄色认为支撑爱情的是责任，爱情就是保护对方，给对方提供安全感，其他甜言蜜语都毫无意义，故而，即使面对自己所爱的人，也不会使用柔和的语言，而是用为对方解决问题和搞定事情的方式来表达自己的情感。

▲ 快速决断

黄色喜欢快刀斩乱麻，毫不拖拉，可以用最直接便捷、浅显明了的方式，来说明任何玄奥或重大的问题。他们不喜欢在决策时犹豫，也不喜欢态度暧昧、没有明确立场的人，他们喜欢“非黑即白”的态度。只要一个人可以坚定自己的立场，拒不妥协，保持一贯的态度，哪怕是和自己对抗的敌手，黄色也会对其表示敬意。

▲ 行动力强

所有性格中，黄色的行动力最强，他们没有时间去多愁善感，只要有什么新想法，就会立刻付诸实践，在行动中边做边想，调整自己的轨迹和步调。黄色的日程表总是排得满满的，工作以外的时间会被旅行、运动等活动填满。对他们来说，无所事事是最不能够容忍的。

黄色性格局限

▲ 沉迷工作

对黄色来说，重要的是能力，而非感情，人生的意义是通过成绩和荣誉等实在的东西构筑。为了工作，不仅会毫不犹豫地牺牲个人生活，与此同时，还会要求周围的人也同样如此。一旦失去这些，自尊心就会受到严重伤害。

▲ 掌控欲强

黄色喜欢由自己来主导，对别人操纵权力和试图争夺掌控权抱有强烈警觉，希望把他人对自己的影响降到最低，讨厌被人左右，殊不知，自己也总是希望去左右他人。作为典型的侵略性格，他们喜欢命令和指使，当遭遇挑战或被冒犯时，会毫不留情地还击，变得咄咄逼人，却丝毫没有觉察到自己的攻击性，还宣称自己不过是直接罢了。

▲ 难以亲近

黄色往往会因为孤傲和过度理性，把自己孤立在感性世界之外。因为无法和比自己好的或差的人建立亲密关系，他们常常错失真正的友谊，因为亲密必须建立在平等之上，除非黄色能放下自己，去体验亲密，否则，这会是他们人生中缺失的功课。

▲ 刚愎自用

黄色容易成为独行大侠，最有可能独自完成一些壮举。但过于自信导致的自负，让他们有两条人生法则：第一，我永远是对的；第二，如果我错了，请参照第一条法则。由于常常自视甚高，很难听进别人的意见，且习惯性地批判别人，所以很难得人心。

▲ 施压于人

黄色觉得自己如果不分秒必争的话，必将很快落伍，这种对成功无限迫切的追求，对周围的人会产生可怕的压力，黄色喜欢去命令和指使，当遭遇挑战或被冒犯时，会变得咄咄逼人。如果没有强大的心理素质，与黄色相处，你会觉得压力山大，如履薄冰。

▲ 缺乏耐心

黄色重视效率，所有无效率的事在他们看来，都是一文不值且不可饶恕的。他们缺乏耐心，讨厌工作能力差和那些总是不行动的人，很容易对别人的弱点毫不掩饰地表达出自己的不耐烦。有时，他们的拔苗助长会让他们去帮助的那些人失去前进的动力。

▲ 自我中心

黄色“以自我为中心”，天生就觉得世界应该围绕他们转。黄色太渴望胜利和成功，有勇气去面对生活的挑战、压力和障碍，但是并没有勇气去面对内心的虚弱，只要出现任何一点儿这样的征兆，就会本能地回避。

▲ 忽略感受

黄色过度专注于目标和事实，只想追求赢的感觉，经常会因追逐自己想要的东西，对自己和他人情感和情绪的需要一概忽略，故此，人们会纷纷控诉其“冷酷无情”。而不关注他人感受所带来的严重后果是，对那些微妙且复杂的需要用情感来推动的事，黄色往往力有不逮，事与愿违。

绿色性格

稳定低调	不思进取
乐天知命	胆小怕事
巧卸冲突	被动等待
擅长倾听	迟缓拖延
镇定自若	没有主见
天性宽容	自信匮乏
先人后己	纵容放任
耐心柔和	逃避责任

绿色性格优势

稳定低调

绿色追求稳定，没有任何张扬的欲望，很容易超脱游离于任何斗争之外，因为内心深处对金钱和权力的欲望并不执着。常有人评价说某人忠厚老实，这大多是用来评价绿色的。绿色追求稳定，宁愿固守一份工作、一个朋友或一个家庭，而不愿主动去找一个更好的，他们总觉得现在这个就不错，再找一个多麻烦啊！

乐天知命

绿色的快乐是因为计较的事情少。绿色知足又没脾气，对生命提出的要求不多，对生活中很多事情都抱有“吃亏是福”的态度。虽然绿色的人生精彩指数不高，但满意指数却不低。

巧卸冲突

绿色是自得而悦人的个体，能够接纳生活中的任何人，他们能够契合所有不同颜色的性格，而不用担心行为差异上的南辕北辙。包容分歧，并且提倡团体中的盟友情怀，具有令人羡慕的平衡力量。他们和善的天性以及谦逊的为人，为他们赢来许多忠诚的朋友。

擅长倾听

绿色面对喋喋不休的倾诉者时，始终能保持非凡的耐心。他们可以“选择性倾听”，不想听的时候会自动屏蔽，只选择听不影响自己心情的话。即使被忽视或冷落，也善于自得其乐。绿色乐于倾听别人诉说的所有事情，鼓励朋友们多谈谈自己，擅长让别人感觉舒适。

● 镇定自若

和绿色相处时，你感受到的是轻松、自然，没有压力。他们总能在你非常有压力或高度紧张时，让你如沐春风；在你痛苦时默默陪伴，为你做“心理按摩”。绿色认为，天塌下来总有高个子顶着，所以，没啥大不了的。

● 天性宽容

绿色的家人或朋友，是不挑剔的伙伴，是温暖而忠实的支持者，会一直跟在你的身后为你加油，你可以和他们推心置腹，却不需要反过来听他们的心声。即使你不小心冒犯了绿色，对方也不计较，更不会因此郁闷或不开心。

● 先人后己

绿色关注他人感受，懂得谦让，常常把别人的需求放在自己前面。更难得的是，在做出退让时，心里不会不爽，也不会因此而压抑。

● 耐心柔和

绿色是典型的温和主义者，就像水一样，无孔不入地绕过生命的险阻，而非一定要铲除路中的障碍。其和善的天性充满了温柔的吸引力，对所遇之人几乎都能保持仁慈和柔软。

绿色性格局限

不思进取

绿色是低能量的生命，既缺乏热忱，也缺乏专注，需要稳定，安于现状，向往悠闲的生活，要求不高。如果饿了，宁愿去吃剩饭剩菜，也懒得跑到楼下买个汉堡。绿色并没有丝毫改造或改变的意愿，频繁变化会打破已经适应的环境和人际关系，感到安全感的缺失。他们的内心拒绝改变。在必须决断又不愿决断时，会做出表面上的迎合，实际上，心里的想法完全没变。

胆小怕事

绿色因为怕被责骂导致的本能紧张，常会产生不必要的莫名恐惧，这只会滋生病态的妥协，而无法采取负责任的解决态度。他们宁可在长痛中苟活，也不肯在短痛中奋起，也许在付出沉重的代价后，才能学会敢于表达自己的立场和原则。

被动等待

绿色担心如果明确表示意见，会受到别人的批判并引起冲突，因此，等别人表态，自己不表达意见，才是最安全的做法。他们习惯于等事情自动解决，这种守株待兔的心态，让他们成为最为被动的性格。绿色也不愿争取，一生中常常得到太多自己无意追求的东西，而真正想要的却越来越远。

迟缓拖延

绿色看起来行动迟钝，磨磨蹭蹭、慢慢腾腾，这种了无生机，其实并非真正的身体疲倦，而是心理上处于什么也不想做的闲散状态。除了工作和必要的社会活动外，也少有参加其他活动的欲望。这种懒散，使他们对角落的灰尘、碗盘、堆积成山的旧衣服都会极为宽容。也使他们宁愿嚼着薯片去观赏电视上的肥皂剧——用别人的生活取代自己的生活。

没有主见

绿色常有三个口头禅："无所谓"，意思是，只要你高兴，我快不快乐都一样；"随便"，意思是，我不决定，你决定好了；"还可以"，意思是，我不想直接否决，让你下不了台，你不用问我。这便导致绿色总是听命于人，常因别人而迷失自己。

自信匮乏

绿色在机会面前总是退缩，总觉得"我好像做不到"，这是因为在绿色的成长过程中，他们一直不争取，造成了行为上的惰性和思维上的惯性。绿色一直是在团队中"尽量不掉队"的那个，即使原本有潜力，也在长年累月的得过且过中被退化和消磨掉了。

纵容放任

绿色一直奉行"你好我好大家好"和"不求有功，但求无过"的人生策略，以为"小心驶得万年船"的生活方式，就可以让自己平安地度过一生，忽略了纵容会对他人造成的伤害。他们的问题不是在于不公平，而是对所有的人都没底线。

逃避责任

绿色不愿去做可能出错的决策，就算是绝不会出错的决策，也巴不得由别人说出来，这样，就可以避免由他们来承担责任。绿色总是期待做让人人满意的事情，可惜，他们始终不明白，这个世界上没有能让人人都满意的事情，逃避的结果，必是付出更大代价。

第二章

红色性格

Chapter 2

1. 善变

为什么有的人总是变来变去

在换手机这事上，红色的更换频率必是四种性格中最高的一个（你是红色，未必勤换手机；但勤换手机者，必是红色）。主要基于以下四点：

1. 红色经常马大哈，一年丢两三部手机很正常，还总在车上丢。

2. 红色喜欢新鲜，就算手机没丢，如果发现有喜欢的新款，还会期待："啊，要是哪天我的手机丢了多好呀！"这样，就可名正言顺毫无愧疚地换部新手机。

3. 红色就算手机丢不了，也会找个借口给自己换心情："今天失恋了，心情不好，我需要换个心情，这样，就可以忘记那个浑蛋。"在这种顺理成章的逻辑下，手机终于换了，可惜不争气的是那人的肖像，还是阴魂不散留在手机里。

4. 红色总期待新款手机出来的第一时间，能立即拥有。相比之下，蓝色对新品面世持谨慎观望状。除了蓝色坚信价格必然会逐渐走低，不想浪费不必要的银子外，还觉得新东西有可能会性能不稳，高品质是建立在时间考验之上的。何况，现在的手机早就用习惯了，没必要不停更换。

红色喜欢变的东西，从身外之物到身内之物应有尽有。你在各种自媒体和社交账号上常见到经常改名的改头像的，几乎全是红色。弘一法师年轻时的性格也是如此。

李叔同，学名广侯，字息霜，号叔同。母亲死后，改名哀，并号哀公，即又易名为息，字息翁。试验断食后，改名为欣，字同，又改名婴。释名叫演音，号弘一。此外，年轻时，还有很多笔名和艺名，名字之多，印证了他年轻时的变化。弘一法师年幼聪颖，性情不羁。出国前，一度走马章台，厮磨金粉，诗酒流连，游戏人间，激情声色。在杭州第一师范时，他深信断食可使身心清爽，于1916年寒假，到西湖大慈寺住了段时间，从此，在室内供佛，朝夕膜拜，最后皈依，剃度时39岁。

但凡是喜欢变化的红色，必然有一个孪生兄弟——随意性。凡善变者，必随性。

一个按部就班且循规蹈矩的人，工作中如果遇见一个超级红色的老板，就准备被按在地上反复摩擦吧。

以下控诉，来自一位蓝色的小伙儿，此人做事重计划，憎恶临时变化。不幸的是，遇见了一个和他性格完全相反的红色老板，让他彻底崩溃。

总公司说在广州办运动会，我的红色老板积极响应，要求我全力负责分公司运动员选拔、操练及会务。我不敢怠慢，从报名、选拔及服装，一切有条不紊地进行。到最后一项集体广播体操时，我那疯狂的富有创意的老板，魔性被彻底激发了。

刚开始，老板要求选拔服役过的保安做教官，我立即选出一名体形、动作、年龄都合适的人选，着手训练。

没过两天，老板把我叫到办公室，说昨晚在电视里看升国旗，人家动作才标准，还是换职业军人做教官合适。

于是，我开始行动。很快，可与升旗帅哥相媲美的现役军人到位。老板很满意，当天下午，跟在后边有模有样地练了半天。队列训练结束，接下来，是广播体操。老板异常兴奋，带着大家在公司多功能厅里练了两天，还说要亲自领操。

没想到，第三天，她又改变主意，说还是学校老师来训练比较专业，自此，再也不出现在排练中。风平浪静了一段时间，等到排练列队入场时，老板又从队形、男女比例、口号等方面做了七十二变。

终于，一切妥当，大家打点装束，到了广州总公司。

晚饭后不久，老板下达了一个最新任务：升国旗的帅哥之所以帅，是因为戴了白手套。我当场晕倒，立即安排人员，满大街搜索白手套。要知道，在广州，夏天的晚上，买到白手套的难度好比给加西亚送信。好在手套终于买到，我通知大家次日早上6点到体育场赛前排练。

清晨排练完毕，老板最后赶来，发布了赛前最后一道指令：所有队员在赛前一律把白手套放进口袋，直到列队进场前最后一秒才能戴上，这样，才够新鲜刺激。她号令大家不得有误。

有个笑话：张某每日上床前，两只大靴随脚一踢，“咣当”两声，把楼下退休老太从梦中惊醒。时间长了，老太无法忍受，上来抗议，张某表示定当痛改陋习。当夜，上床前，一脚踢出，突然想起楼下这码事，于是，极尽小心，将另一靴轻轻卸下，然后，欣喜入睡。次日，老太怒发冲冠，上来兴师问罪，原来，老太整夜焦虑不安，苦等另一靴掉下，方可安心入睡，结果，等至天明亦无。

红色如果制订了计划又变来变去，别人的心情就会像故事里的老太那样忐忑不安。因为自己辛苦做的活儿，随时都会成为无用功。这在上面那个红色上司和蓝色下属的关系中尽显无遗，对在乎规则的蓝色来说，毫无疑问，只想说一声：“红大人，臣妾做不到啊！”

识人

识人之道

性格色彩识人001式

为什么红色性格如此善变？

红色性格善变的根源是，他们总觉得新的就是好的，求新导致求变。而求新又源于红色性格骨子里喜欢新鲜刺激，随之而产生的本能亢奋。

阿碧在“性格色彩识人”课堂上分享了她和红色男友相处的故事：

我跟他吃完饭散步。他在读博，我们就在他学校附近溜达，经过一家酒楼，他突然停下说："我去上个厕所。"

"好。"

他朝那个方向走了两步，又停下回头说："算了，还是回学校上吧。"

"好。"

我们开始往回走，走了两步，他说："算了，还是在这儿上吧。"

"好。"

他又转回去，走了两步，转过身来，沉默了一会儿，仿佛很痛苦地做出"最后"的决定说："算了，不上了，回去上。"

我以为这算是结束了，就说"好"。

刚走一步，他又停了，转过身问我："你说我是在这儿上还是回去上？"

"如果你着急，就在这儿；如果不着急，就回去。"

他又沉默了一会儿，给我来了句："石头剪刀布，你赢了，我现在上；我赢了，就回去上。"

我无奈了，跟他石头剪刀布，结果，我赢了，于是，他决定去酒楼上。

结果，他走了两步，又回来了，拉着我，一边往回走一边说："算了，还是回去上吧……"

平时我们见面不多，我因为跟着蓝色老板干活儿，被训练得做事喜欢订计划，计划好的都别变。故而，在约会这件事上，希望他尽早给我确定约会时间，这样，我可以提前安排。

有一次，周五晚，他确定了次日找我。我问他几点来，去做什么，他回答，上午 10 点，带我吃比萨。第二天 9 点，我给他打电话，他说中午过来。

我开始梳洗，因为要吃比萨，我穿了丝袜，准备出门再穿靴子。

到了中午电话他，他说咱们不吃比萨了，去爬山，还有别人。我很不开心，一是因为爬山，我这身衣服不合适；二是我们好不容易见面，我其实很想跟他独处。

我问他几点出发，他告诉我，再要一小时。两小时过去了，他还没出门。我问他怎么回事，他说还有一个人要去，要等那人下班再出发。等他电话我说出发，已经下午3点。我感觉一整天全废了。

如果他第一时间告诉我变化，我也不至于傻乎乎地干等。下午3点，他给我打电话，要我下楼在对面路口等，他们开车来接。我等了20分钟还没来，就打电话过去，他又说让我回到我家楼下等。于是，我往回走，快到了，他电话里说，还是在那个路口等吧。

我又回到路口，等了15分钟，他们终于到了。最后，也没去爬山，而是去吃了烧烤。

我！要！发！疯！了！

阿碧姑娘，你的脾气是糯米水做的吗？换个人恐怕早就抓狂了啊。脾气正常的女娃，第二个电话打来时，就直接拉黑，散伙，拜拜。除非阿碧是绿色，才可能忍受这样一个颠三倒四的男人，阿碧不散伙，也许是她喜欢被折腾。

用“不靠谱”形容这个男人，“不靠谱”这三个字，被气哭了，这是对这三个字最严重的“字”身侮辱，“不靠谱”说，俺在《新华字典》活了一辈子，这样的人，闻所未闻！连上个厕所都要来回问，这还算是个男人吗？呜呜呜呜，想想就崩溃。

和一个无比善变的红色相处，情侣关系处不好，你可选择一拍两散。可是，工作上，你如果不得不倚靠这人的工作能力，则必须忍受他的善变，品尝灾难的味道。

一个蓝色客户，描述了和一位超级红色的设计师过招的过程。这位设计师技术能力高超，但性格融合了变化多端、随意无序、情绪莫测，三位一体，浑然天成。

认识设计师包包，是因为我们的软件需要动画演示。由于我们软件的特殊性，能最贴切表现的专业设计，除了他，没找到第二个。尽管时间很赶，他也热情地欣然接受。

第二天清晨，他微信主动表白，说见我的第一眼，就有亲切感，觉得眼熟。（红色真是泡妞高手啊！）

项目开始前两天，他绝对主动。一上午除了问我要资料外（醉翁之意不在酒），继续撩我，如：“你一定有很多男人追吧？”“男朋友做什么的呢？”“你多大了？”……在得知我可做他大姐的事实后，他说自己喜欢成熟女人的韵味；之后，每次都发嗲地强行称我为“姐”。

第一阶段，进程顺利，三天交背景设计，他按时完成得很好。进入第二阶段，我发现明显慢了下来，但闲聊的劲头未减。真正了解他之后，我才知道，他完全不能在一段时间静心做一件事。每隔一阵子，就必须开小差（他和我聊，当然也和别的妹妹聊），或者干点儿别的事。用他的话来讲，他必须找点有激情的事点燃灵感。

按进度，一定会来不及，我有点儿生气，问他为何没做好，他说了些不存在的理由，并保证，明天一定把昨天的和今天的一起交。

可到了次日，又没见他。他说昨天突然身体不舒服，早睡了。我相信了他的话，让他注意身体，他当下保证，两天后一定给我。

两天后，离最后期限只剩三天。他不但没交，且屡屡手机不接。中午，他发短信：“亲爱的姐，我知道你很生气，我真的对不起你，因为没做好，所以，不敢接电话，我保证明天交。这次请你务必相信我。”

次日，我以为应该准时收到他的作业，因为迫在眉睫。结果，他再次让我恼怒。他的解释是，他做的过程中睡着了，等醒来后，发现时间到了。

活动后天就开始了，我不能把命运交给那个承诺从不兑现的家伙。无奈，我决定“三陪”（陪想、陪做、陪吃）。他非常高兴，说我在旁边，会很有创作积极性，很快完成。因为前面落下很多，在连续两个通宵后，活动前十分钟，我们终于完成。

他是个心血来潮，不按计划行事的人。例如，原定下午工作，突然想女友了，没做完就匆匆出门约会。不管你急不急，反正他要约会。最离谱的是，和女朋友分分合合，严重影响工作，整整两周没做任何事，脑子里全是她。不管你怎么劝，说什么“世上女孩多的是，你这么年轻，不怕找不到”，他就是此生非她不娶。总之，认识了他，我才领教了红色是怎么要人命的。

性格色彩识人002式

为什么红色性格会享受不确定?

红色性格不喜欢条条框框，当规章束缚得自己不能动弹时，如坐针毡。作为“佛脚派”的高手，红色性格临场反应机敏异常，沉醉于无序的快感，并且常用“车到山前必有路”来自我开脱。

红色认为，做事不需太多计划，俺行走江湖，靠的是灵活应变、随心而行、随意而动。两个无计划的红色，聚在一起干事，很容易西瓜皮滑到哪儿就是哪儿，高呼“人生得意须尽欢，莫使金樽空对月”。

而对“没有规矩，不成方圆”的蓝色而言，没有计划，那是灭顶之灾。蓝色一旦确定计划，会严格按计划行事，一旦变化，那后续所有的计划都要变动，结果无法把控，会有强烈的不安全感，故此，不到万不得已，绝不改变。

如果说红色在变化中，能找到不确定的快感，那么，这种快感对蓝色，就是无法理解的灾难。蓝色绝对不能接受头上的剑不知何时就掉下来的感觉，这种安全感的缺失，是他们无法忍受的。

随意变化的这个特点，高发性地出现在红色的艺术工作者身上，因为不受拘束的自由环境和氛围，是艺术创作的源泉和力量，如果按规定时间每天完成规定任务，平均切分，一一推进，红色就死翘翘了。

蓝色常问，有什么办法可以改变红色这种令人无法接受的工作习惯呢？其实，理论上当蓝色的你认为红色的他习惯忍无可忍时，红色的他，也同样认为蓝色的你忍无可忍，这就和老外看不懂中国人为何喜欢吃皮蛋的道理一样。

不过，如果你一定想让红色变得有计划，很简单，用“钻石法则”！通过每天的激励和设定小目标来逐渐训练达成（钻石法则的具体应用步骤，详见“性格色彩宝典系列”）。

但是对纯艺术工作，坦率说，你无法改变，也没必要改变。这与不同性格的创作规律有关。经常有很多红色的作家，终日沉溺于声色犬马喝酒猜拳，直到最后一天，突然爆发，写了三万字，一蹴而就。你让他每天坐在板凳上写一千个字，连续三十天，怕是写出的东西他自己都看不下去。但是对村上春树这种内敛、低调、自律，每天固定时间写固定字数的作家，显然并不适用。

2. 天真

为什么有的人总是上当受骗

每年“六一”儿童节，你会收到朋友发给你“儿童节快乐”的信息吗？

如果你收到不少，从无断档，恭喜你，证明你是一个有童心的人，在性格色彩中，这是一个典型红色的特征。假若你没有足够的童心，人家也不会发信息给你。谁都知道，找个严肃或严厉的人发，无异于自讨没趣。当发送者觉得自己有童心时，又觉得你俩气质相投，才能独乐乐不如众乐乐。

当你拥有了这样可喜的气质，先别高兴得太早。

童心，当然是个好东西，可有了这个宝贝，其他几个接踵而至的特点，你也甩不掉。

童心者，必天真；天真者，必单纯。

单纯者，易上当受骗，且继续被骗，一直被骗到伤心欲绝，依旧还是天真善良地相信这个世界；单纯者，难免考虑问题简单和理想主义，试图用一腔热血明知山有虎偏向虎山行，结果碰得一鼻子灰，伤心之后，心灰意冷，一任天地。

如果天真的人，不愁吃穿，也不苛求一定做成大事，无忧无虑，乐得快活，那么就连死去，也是咧着嘴的；可如果天真的人，还想做成事，还想对自己过往有所总结，那么，用性格色彩看清过去，就有了必要。

以上这些，和年龄或性别无甚关联。也许，你会发现，当一个天真的老头和世故的女孩站在一起的时候，老头是那么可爱。

有童心

为什么有的人总是长不大，那是因为这些人的内心拒绝长大。

红色的孩子，小时候，被父母和老师宠爱。成年后，也不介意继续被关怀。

表哥自从有了女儿，就非常享受包办女儿的玩具购买。不仅如此，表哥每次买回来，自己都先试着玩玩，并经常自豪地告诉老婆："今天我买的这个，肯定小区独一份儿！"以至于，小区保姆们每到周末，都会兴奋地在楼下喊："丫丫爸，下来和我们玩吧！"结果，就会出现小区独特的风景线：表哥周围一大帮两岁的孩子，他在中间给孩子们吹泡泡，周围一圈保姆，气定神闲地看着，时不时点点头。

有一句话："如果想让自己年轻，就要多和年轻人在一起。"这话，笃定是红色发明的，他们更看重"快乐"，就像老顽童周伯通硬要拽着郭靖义结金兰。

另一句话："如果你希望自己成熟得快些，你就必须和那些比你年长比你厉害的人在一起，这样，你才能从他们身上吸养分，让自己成长。"这话，必然是黄色发明的，他们更看重"成长"，和一群比自己弱的人玩，毫无收获，了无生趣，浪费生命。

孔子是个风趣幽默的人。他终生怀抱理想，到处碰壁，但总能从失败的阴影中走出，时不时让自己和朋友快乐。

孔子不喜欢年纪轻轻的弟子成天对自己恭敬拘谨，为此，时不时来句让人摸不到头脑的话，接着哈哈大笑说"开个玩笑罢了"。孔子就是这么个人，平时庄重肃穆，疯起来，比谁都嘻嘻哈哈。流亡途中，听到有人把他周游列国形容成"丧家之犬"，老先生一听就笑了，说“比喻得真像”。

《论语·阳货》中，孺悲的故事更有趣。孔子讨厌他，称病不见，还怕他不知道，故意奏弦歌，让其听见，以示有病是假，不想见他是真。这种率性而为的恶作剧，一看就是存心气人的老小孩了。

顽童学者金岳霖是著名的哲学家，也是最早把现代逻辑带到中国的逻辑学家。金岳霖虽然教枯燥的逻辑，但为人好玩。一日，金岳霖给杨步伟（中国第一个留日医学女博士）打电话，语气沉重急切，说十万火急，火速帮忙。杨步伟问什么事，金岳霖不肯说，要她非来一趟不可，越快越好。杨步伟进门后，才知不是人出事，而是鸡出事。原来，金岳霖养了一只鸡，三天了，一个蛋都生不下来。杨步伟听了，又好气又好笑。把鸡抓来一看，原来，金岳霖经常给它喂鱼肝油，以至于鸡体重达 18 磅，因此“难产”。

金岳霖一生屡遭挫折，但童心未泯。当时，他常四处搜罗大石榴、大梨，为的是和同事的孩子比赛，看谁的石榴和梨大。金岳霖比输了，就把大梨、大石榴送给小朋友，然后接着再去买！金岳霖常输，但他乐此不疲。

在宫崎骏的《哈尔的移动城堡》里，索菲被变成 90 岁的老太婆，却保留着小女孩的天真和纯洁。对红色来说，葆有永远的童心，极度美好。他们喜欢可爱、关心新奇，与生俱来有童心情结，即便外表不可避免的成熟，也会在内心保留小孩儿的一角。与其说童心未泯是个特点，不如说，是种很好的生活态度。

其他三种性格都希望尽早地远离童年，快点当一个大人，这样就可以不被人管，很多红色却希望不要长大。长大了多累啊，想很多事，处理很多麻烦，少了很多快乐。

红色最懂得享受生命，不管做什么工作，即便正在苦干，也乐在其中，总觉得，最好的还没到来。

童心未泯的启功先生，就把孩子气的快乐和幽默感结合起来，融入生活中：

他是雍正第九代孙，却不愿被别人叫作爱新觉罗·启功。有人给他写信“爱新觉罗·启功收”，他标明“查无此人，请退回”。

他是中国当代著名书画家。生病时，门上贴了字条“启功冬眠，谢绝参观，敲门推户，罚一元钱”，只贴一天，就被人揭走收藏。从此，“参观”者更多。

北师大校内，弟子见面，总称他“博导”。启功便言：“垂垂老矣，一拨就倒、一驳就倒，我是‘拨倒’，不拨‘自倒’矣！”在他被任命为中央文史研究馆馆长后，有人祝贺说这是“部级”。启功则风趣地说：“不急，我不急，真不急！”

无论是黄色还是蓝色，都很难理解：红色为何会那样幼稚？为何会因为一份水煮鱼的味道还不错，就兴奋上一周？反之，红色也百思不得其解：为何蓝色和黄色在那儿拼死玩命，也不肯选择轻松的人生？

性格色彩识人003式

识人

为什么红色性格那样幼稚？

红色性格内心拒绝长大。当其他三种性格都希望尽早地远离童年，快点当一个大人时，很多红色性格却认为，长大了多累啊，每天要想很多事，要处理很多麻烦，会少了很多快乐，不如当孩子的时间长一些。

很天真

很傻很天真，意思是，考虑问题太简单，太容易相信别人，不知人心不古，不懂江湖险恶。当用“天真”这个词形容一个成人时，说明这人像个长不大的孩子，就像梁实秋一直觉得徐志摩就是个小孩，无比天真。

志摩好动，有一天，深更半夜，鼓着兴致看梁君，门外百叶窗虚掩，灯光自缝间外露。他想吓唬梁君，突然把门拉开，大叫一声，拔腿便跑。结果，他看到两个不相识的青年男女从沙发上受惊跃起。那时，梁君早在楼上睡了，受惊的，是楼下一对，更受惊的，还是志摩自己。他那时，心头突突跳动，信步走到附近的一位单身朋友家中。从后门闪入，径自登楼，一看寝室黑黝黝的，就想去吓他一跳，顺手把电灯打开，不觉又失声大叫：原来床上不是一个人在睡。这一惊，非同小可，他仓皇逃窜回家，乖乖地去睡了。

徐志摩对梁实秋的恶作剧，可能很多人在读书时用这招吓同学。我曾经听说有一个悲剧，开玩笑过头，不小心把一个正在鱼水之欢的同学吓得痉挛，此后不举。由此可知，突然惊吓的这种玩笑，开不得。这位浪漫的诗人，也有诗人特有的天真，经过那晚，才恍然大悟，原来一个黑夜，并没有自己想象的那么简单啊。

天真的红色，富于幻想，考虑问题过度理想化，崇尚君子之风，可惜忘记了“秀才遇见兵，有理说不清”的古训，他们单纯地认为，兵也是人，也讲理啊，只要用圣人之言，天地之理，就一定足够感化众生了。当理想主义者沉浸在自己的世界时，不愿看到残酷的现实世界，宁愿活在自己幻想出的世外桃源。

春秋时，宋国人少地小国弱，但是，宋国有一个抱负远大的红色国君——宋襄公。

小伙子刚做上国君这份工作，人家齐桓公已称霸。宋襄公受邀参加齐国的诸侯会盟，回来后，被打了鸡血，准备把偶像当作奋斗的标杆。八年后，偶像去世。宋襄公决定继承偶像遗志。

红色的宋襄公开始筹备在自己的地盘诸侯会盟，广发英雄帖，一定要规模大、气势广、人尽皆知，而且，还不忘招呼齐国之后的第二强国——楚国，来呀来呀，一起耍。但他从没想过，八年了，世界已经不是过去的那个世界，他也没有偶像的实力把世界变成童话。大臣目夷给他洗脑："咱没钱没人，你搞啥会盟，拉仇恨哪。"但宋襄公沉浸在自己伟大理想的幻想中，不听不听就是不听。

会盟成了，但天真纯洁的理想主义者宋襄公，被看他不顺眼的楚国扣留。这次打击，并没让宋襄公从偶像幻想中苏醒，仍然继续。第二年攻打郑国，楚国来救郑，他向楚宣战。

打仗那天，宋楚分列两岸，楚兵一片片，宋兵一丢丢。没关系，宋襄公还是偶像范儿。

楚兵渡水，目夷说："还没登岸，快打！"宋襄公不动。

楚兵上岸，目夷说："还没摆好，快打。"宋襄公不动。

楚兵摆好，宋襄公冲啊，结果大败，宋襄公中箭。

大家埋怨，宋襄公说："君子不困人于险地，不攻击没准备好的敌人。偶像当年就如此。"

目夷口吐白沫，晕倒不起。

沉浸在偶像幻觉中的宋襄公经此一役，很快伤重不治了。他的对手都是成人，而红色的他，到死，还是个孩子。他继承了偶像的堂·吉诃德范儿，认为别人会跟他一样讲武德，不幸的是，他生活在一个早已抛弃骑士风度的黑土世界。

所以，纵观历史，典型的红色很少能成为合格的政治家，但作为图腾一样的存在，他们在历史上勾画了很多蓝图，成为精神的象征和道路的指引。

这样的人，历史上很多。

王阳明，曾因得罪宦官，被廷杖贬谪；后来军功无数，只得空头赏；老来乞归，死在半路，一身功名极盛，没过几天好日子。可是，他的遗言“此心光明，亦复何言”照耀至今。

切·格瓦拉，更像虔诚的信徒，他与战友卡斯特罗同时被捕，卡斯特罗拒绝承认自己的所作所为，但切·格瓦拉供认不讳，这就注定他成不了一个政治家，而卡斯特罗成为古巴真正的领袖。切·格瓦拉没有成为政治家的才能，但是死后，他的肖像成为反主流文化的普遍象征和全球流行文化的标志。

…………

结论就是，如果你是一个天真的红色，切记：从政，莫奢望当大官，你不是那块料，很容易一不小心，就被卷入政治斗争中碾得粉碎。在一个现实主义至上的体系里，腾挪自己的理想主义，除非你足够强大，足够知道如何随时调整自己的前进轨迹，同时有着足够强大的安身立命的自保手段，否则，注定是个悲凉错误的选择。

古往今来，有两种伟人：一种是自己出手，开创时代的伟人；一种是在精神上指引着时代前进。每个人擅长的东西，与生俱来就不一样。

为什么红色性格在政坛很难生存？

红色性格容易沉浸于自己幻化的世外桃源，不愿面对现实世界的残酷。典型的红色性格可以勾画蓝图，像图腾般存在，成为精神象征和道路指引，但却极少能成为合格的政治家。

性格色彩识人004式

很单纯

南宋名将韩世忠为营妓梁红玉赎身，梁氏终成抗金女英雄。年轻时，每每看这个片段，就热血沸腾。我也曾幻想，有朝一日，能帮助弱女子摆脱困境，然后共奔前程。后来，看了杜十娘的影片，见欢场女子如此重情重义，更是感动。研究了性格色彩才知，原来是内心最深处的拯救情怀在起作用。这种“拯救”情怀，是红色很重要的一个标志，谈不上高级，只是常常会自己感动自己。

想起五四时期熊佛西的一段趣事：

孩子们说熊校长“浑身都是爱，满腔都是热”。有人说：“熊先生是一个最可爱的人，就是他的爱太没原则了，常常听信花言巧语；只要你接近他，哪怕是坏人，他也会当你好人来爱。”他们认为这一批评是中肯的，熊氏是这么一个“泛爱”的人，至少，他认为世上没有一个教不好的人。

有一回，一个堕落女子利用学画的机会表示要向上为善。熊氏把她当作小仲马笔下的“茶花女”，要她脱离苦海重新做人，答应她插入戏剧科毕业班，要学生们接受。可是同学们从各种细节观察，觉得这人不行，说的是假话，于是和熊校长争执起来。

谈话会上，熊氏从“茶花女”谈到女人，他从美好的出发点设想，学生们从坏的事实反对，最终，他恼怒孩子们的固执，喊道：“你们太残忍了，一个求救的人，不给人家一条新生路，以后，她再堕落，该你们负责。你们说爱我，可是，我讲的话，你们根本不听。”于是不欢而散，那女人也没进到学校。

单纯的人看待这个世界，都是纯洁无瑕，即便有杂质，也只是小小的一撮。心软单纯的红色，不能接受一个流泪的人在自己面前哭诉。就像小虾姑娘跟我说，老公追她时只会一招，拼命和她说小时候多穷，边说边哭，结果，小虾姑娘也边听边哭，圣母心泛滥，两人就结婚了。红色骨子里认为，若是一个坏人为了骗人能做出这副样子，那估计，人也坏不到哪里去，我怎么能因为怀疑别人是坏人而耽误了助人的步伐呢？那样的话，我自己不是也成为一个坏人了吗？

识人 識人之道

为什么红色性格容易被骗？

红色性格就算被骗，也是心甘情愿，心里想的是：至少我满怀善意，没有与这个世界为恶，我的善行，终将得到善报。生来已经很累，为何要把自己搞得那么复杂呢？有单纯心，行赤子事，终此一生，问心无愧。

性格色彩识人005式

易受骗

在所有性格中，最容易上当受骗的，就是红色。重要原因是红色不经思索地容易相信别人。

唐代诗人张祜喜欢喝酒，觉得自己是侠客，喜欢结交天下豪杰。一晚，一个佩剑武士，拎个血淋淋的包裹，问："这是张侠士家吗？"然后吹嘘，"小人有个仇家，十年前隐匿江湖，今夜总算被我拿住。"

张祜一听很钦佩，觉得相见恨晚，立马准备酒菜。吃饭时，侠客大碗喝酒大块吃肉，更显豪爽。侠客说："早听说张君你义气不凡啊，有一事相求，行吗？"张祜连连点头："只管开口。"侠客说："三里外有个义士，于我恩重如山。张君你能否借我黄金百两，我今夜就去酬谢。这样，平生恩仇了却，日后再赴汤蹈火，就再无牵挂。"张祜一听，浑身毛孔飞舞，将家中宝贝全拿出。侠客大喊"痛快"，留下包裹，说两个小时就回来。天亮，侠客还没回。张祜怕包裹中的脑袋被人发现，就准备埋起来，打开一看，是颗猪头。

一个喜欢大侠的，居然被假侠所骗，可见，书生学剑终非儒者本色。

听上去，想做侠客的人跟个傻瓜一样，啥也不问，就信了。那为什么他们这么容易轻信他人，不先鉴别下呢？

道理很简单。有侠客情结的红色，早早就把自己感动了，如果自己开口去问对方是不是侠，岂非显得自己不尊重侠，怎么可以去冒那样的风险呢？这种人的骨子里觉得，这样才是快意恩仇，显得自己也是江湖豪杰。

这和那些总想拜个大师的有钱人一样，不管结果怎样，这个动作做了，就觉得自己很厉害。结果，最后发现，居然是假的，只能打落门牙肚里咽，还不敢跟别人说，觉得没面子。

清末小说家李涵秋，养了只能模仿猫叫的百灵鸟，当作宝贝。有天早上，他在寺庙公园遛鸟，看到一个鲁东人有只百灵，更厉害，除了能学猫叫，还能学婴儿哭、奏乐、刹车声、报童吆喝……无所不能。李涵秋震惊了，要买！但鲁东人说自己不图钱财，只为切磋。李涵秋说：“咋切磋呢？”那人说：“换着养养吧。”李涵秋大喜，赶紧换鸟，觉得自己占了天大便宜，就给了那人不少钱，那人不客气地收了。

李涵秋带着新宠回家，兴奋啊，迫不及待地把家人叫过来准备吹牛。不料，新来的百灵啥声也不出，缄口结舌。李涵秋坚定地认为是百灵鸟初到陌生地，需要适应。过了几天，这只百灵还是不叫，像个哑鸟！他去公园找那人几次都未见。后来得知自己被骗了。那鲁东人是奸诈之徒，早盯上李涵秋的百灵，而李涵秋听到的各种叫声，其实是鲁东人的口技……

多么精彩的一个希区柯克式的故事！为啥红色的小说家会被骗呢？表面看，李涵秋不谙世事，平常不爱抛头露面，只愿躲在自己的世界闭门造车，所以才容易上当。正是因为他的这种糊涂，完全跟着感觉走，平淡的生活才出现更多的奇遇，让小说家经历的一切，都成为小说的灵感和素材。

但真相是，骗子的确可恶，但这也是红色的好奇导致。所以，为啥总说“好奇害死猫”呢？街上行走，容易被街边一圈人头围绕猜谜设局所骗的，几乎都是红色。现在，网上常被骗的，也是红色居多。

如果你活到现在，被朋友骗了不少钱，在你痛心疾首之时，我必须严肃地向你报告：你是一个善良的人，你是一个真诚的人，你是一个开放的人，你是一个容易相信别人的人，你是一个有童心的人，你是一个好人。

这些话，不知是否能让你的心情不那么郁闷。但如果你实在太痛了，希望自己不再被骗，那么，从今天开始起，你要学会收起你无止境的童心，面对大自然可以有更多童心，但面对不同的人时，知人知面不知心，当你决定相信他人时，慢上半拍，这样，会免受很多钱财之损，免受很多情感之伤。

又想起刚才提到的那位清朝著名的小说家，传说他每次出门，总是骑着一头小毛驴，优哉游哉，画面真美，实实在在的“壮士跨马，逸士骑驴”。看那远去的背影，快乐而萧瑟。

难自控

先贤孟子云：“大人者不失赤子心。”有德才的人，能保持婴儿般天真纯朴之心，而近代遁入空门的两位巨擘之一——苏曼殊，便是如此（另一位是弘一法师李叔同，巧得很，也是红色）。

苏曼殊自号“糖僧”，酥糖、可可糖、粽子糖、八宝饭、摩尔登糖，他都爱吃，而且和小孩一样，率性快意，不稍节制。他每天抽二三十支雪茄，烟抽完，就敲下口中的金齿来换烟。他在日本曾吃了几斤冰块，

以致惫不能起；可第二天，他又去吃了。有一回，吃苏州汤包，吃尽三大笼，床上睡了三日，才算好。有一回，吃鲍鱼，吃了好几碗，以致大泻。他大病住在上海医院中，医生叫他当心饮食，但他仍然不思调养，一直吃各种甜食，终于肠胃病大作，就这么离开了。

像苏曼殊这样有童心的红色，心态年轻不假，活得快乐不假，但走得让人遗憾。从性格角度分析，他是倒在了自己性格中的缺乏自控上。

有童心的性格，普遍缺乏自控，再提一例。

《浮生六记》中的沈三白放荡不羁，好酒喜游。他豪爽纵情，没有害人之心。他是个好旅伴，即使身无分文，也阻挡不了寄情山水的兴致，和他在一起，无拘无束。和这样的人出行，做个自由自在遨游天地的背包客，何等轻松与浪漫。在治家方面，他却束手无策。他不事产业的行为，拖累了妻子的治疗；胡乱与人作保，加剧了妻子病情。同样，他没能在子女教育上花更多精力。他的女儿没有过冬衣服，后来，被送到别人家做童养媳；他的儿子也没受过好的教育，跟人做学徒，在得不到父母关爱的情况下，早早夭亡。

世人只知，沈三白和芸娘的爱情羡煞人，却不知，和他一起生活，要饿肚子。他与生俱来的艺术气质，使他空灵而不切实际。生活陷于困顿时，找不到解救方法，只好典当变卖，求亲靠友。

《射雕英雄传》中，有两个非常鲜明的红色。积极有责任心的红色，就像洪七公，懂得享受生命，没有架子，和任何人打成一片；和他在一起，你总会充满活力，拥有梦想与未来。然而，消极没有责任心的红色，就像周伯通，他同样可在和人相处时非常快乐，不过，因为生命中对快乐、自由的过度追寻，会不愿承诺，并逃避责任（逃避和瑛姑偷情生了孩子这件事的责任），而后者，恰恰是人生所必需的。

性格色彩识人006式

为什么红色性格会逃避责任？

随着年龄增大，人们难免要成长，而成长，必然带来相应责任，责任必然带来负担与相应的沉重感，显然，这与红色性格追寻自由、讨厌束缚的天性相违背，让他们非常抗拒。

如果你是一个细心的读者，你会发现，本文所有故事中，红色是诞生理想主义者和艺术家的绝佳原产地。但是，伟大的艺术家，生活中团圆美满的概率很低，这刚好与商学院课程中的组织行为学原理相对应：企业管理中，专业能力往往与管理能力成反比，专业越好，管理能力越弱，反之亦然。

对你我这样的凡人而言，其实，只要了解一个道理就够了。那就是，童心是个好东西。有童心的人，活得快乐，和有童心的人相处，容易快乐；但如果一个人只有童心，而不愿承担相应责任，那么，和他相处的人将会非常辛苦。

同时兼备快乐的童心和成熟的性格，两者并不矛盾。最麻烦的是，你拿“永葆童心”作为拒绝成熟的借口。成熟是要承担责任的，如果承担责任 = 成熟，那么，世上很多红色都不愿成熟，那会让他们觉得无法尽情发挥自己“想去哪儿就去哪儿，怎么开心怎么玩”的性情。可毕竟，人，终归是要长大的。

3. 言多

为什么有的人嘴巴天天惹祸

有些人，可以几天不说话，享受自我对话的过程；有些人，不让他说话，不如让他去死，只有表达，才会让他有存在感和价值感。

在所有性格中，爱说话是红色的特点，但是与人对话，千万小心。有些红色一生的麻烦，几乎都与自己的嘴巴脱不了干系。

玩笑过头

某空姐在起飞前巡视时，看见一对夫妻乘客拿着一个包装严实的灰色纸盒，不知道是不是易碎品，于是便询问："您这里面装的是什么？"丈夫是个爱开玩笑的人，随口便说："是炸弹。"其实里面装的是榨菜。空姐啥也没说就走了。过了几分钟，一群特警冲上飞机，把夫妻俩带走了。两人拼命解释："是榨菜，不是炸弹！"可惜已经没用了。

红色喜欢开玩笑，可是有些情景和场合是容不得玩笑的，不分场合不分尺度地开玩笑，最终会让红色自食其果。

性格色彩识人007式

为什么红色性格喜欢逗人开心？

首先，红色性格的内心想法是，你快乐所以我快乐，独乐乐不如众乐乐；其次，红色性格追求快乐并且从众，这两个特质叠加，让他们很愿意成为带给大家快乐的那个人。

开了不得体的玩笑，甚至可能亡国。

西周时，周成王与弟弟叔虞开玩笑，拿着一片梧桐叶说："我以此为凭证，封你为诸侯。"过了一段时间，成王把这事忘了，辅佐他的周公提醒说："找个良辰吉日，把这事办了吧。"周成王说："我不过是跟小孩子开玩笑罢了。"周公把脸一沉说："君无戏言。天子说的每句话，都要被记入史册。"成王只好把像叶子一样形状的唐国封给了叔虞。这就是"一叶封唐"的典故。

或许你会觉得，说了句玩笑话，就要真的封一块国土给别人，未免太较真了吧，但这正是辅佐大臣周公的可贵之处。如果周幽王从小就有一位像周公这样的老师在不断地提点他，让他有为自己的玩笑负责的意识，就不会出现"烽火戏诸侯"的悲剧了。

喜欢游戏和玩笑的天性，经常让红色说话和做事没有分寸，给别人带来不快，给自己酿成人生的苦酒。而《狼来了》的故事主人公放羊娃，也是这类红色的范本。

其实，这些行为背后的动机都是"玩笑"，放羊娃说谎，只是满足一种精神上的愉悦；周幽王说谎，也并不是为了任何实际的利益，而是通过说谎的恶作剧求得美人一笑的享受。由此，我们又可看到红色追求快乐的天性，如果恣意发挥，会造成多么令人哭笑不得的悲惨结局。

毫无分寸

梁实秋回忆闻一多时，曾说过一个故事：闻一多很器重学生陈梦家，陈梦家是有才而不修边幅的青年诗人。闻一多约他到国文系做助教，两人颇为相得。有一次，闻一多写封短信给他，称为"梦家吾弟"，陈梦家则回称为"一多吾兄"，闻一多大怒，把他训斥了一顿。

类似这样的事情，生活中比比皆是。试着回忆你过往生命中，是否有这样的事。别人对你如此称呼，那是礼贤下士，平易近人；红色的你，若不知分寸，就会让人觉得不知好歹了。

因为嘴巴太快曾惹麻烦的人，世上太多。

《资治通鉴》里，记载了一个因为多说半句话而被处死的医生。

秦主生，夜食枣多，旦而有疾，召太医令程延，使诊之。延曰："陛下无他疾，食枣多耳。"生怒曰："汝非圣人，安知吾食枣！"遂斩之。

这段话的意思是：前秦国主苻生夜里吃多了枣，早上身体不舒服，找医生程延看病。程延说："陛下没事，就是枣吃多了。"苻生大怒："你又不是神仙，怎么知道我吃了枣！"把程延斩了。

苻生恼怒，是因为他猜到了身边人把他吃枣的事泄露给了程延，作为君王，自己的事情被下人泄露，当然不爽，并且程延根据已知信息得出结论，说明他的医术也并不高明，这也是苻生生气的原因。

其实，程延如果能少说半句话，仅仅只是说"陛下身体没有大碍，休息下就好"之类的，就不会引起苻生的怀疑和恼怒。他之所以多话，就是因为不够谨慎——没想到苻生会反推出他的信息来源，下意识地想表现自己——我不但能诊断病情，还能说出病因。结果，给自己惹来了杀身之祸。

红色之所以话多，就是因为一来不够谨慎，二来又总想着表现自己。结果，给自己惹来巨大麻烦。由此可见，说话的分寸感，多么重要。

当红色"爱表现、爱吹牛"的特点，不小心在特定场合释放，就会发生悲剧。什么场合说什么话，的确是门艺术，也是红色要用一生修炼的功课。

为什么红色性格的分寸感比较差?

红色性格骨子里喜欢自由自在、无拘无束，内心对于规则排斥。当红色性格可以轻松地想说啥就说啥的时候，也就是他们感觉自己最真实的时候，往往也是他们最不小心的时候。

口舌之争

有时，红色忍不住开口评论，可能是为了自我表现，也可能是觉得不吐不快，却不小心让自己陷入麻烦。

大户人家婴儿降生，举办喜宴，宾客纷纷说吉祥话。有人说："如此英俊，长大后必是美男。"有人说："天赐福相，长大后必定有钱。"……最后发言的宾客说："英俊有钱乃是未知，但确定的是长大后必有一天会死。"

这样的评论是真话，而且是颠扑不破的规律，但是说出来后大煞风景。主人立刻将他乱棒赶出，也不为过。越是举足轻重的人，就越要小心评论不当带来的风险。

红色发表评论有单向，也有双向。所谓"单向"，就是平白无故给了别人一句评语；所谓"双向"，就是所谓的口舌之争，你批评我，我批评你，唇枪舌剑，你来我往。

红色因口舌导致祸端频发，多半应了《西厢记》里红娘的一句话："小孩儿家口没遮拦，一味将言语摧残。"出口伤人之辈，有时并非糊涂人，能发言尖刻机敏并语出惊人的，大抵还须阅世透彻，有一定才情。可惜，正是这点儿才情害了自己，欲一吐逞能，或自觉满口芳华，心痒而溢于唇吻，或看得破却熬不过，一吐为快。可这种恶果与惹来杀身之祸，还是有段距离，看看中国历史上才华横溢的孔融先生是如何死在自己的嘴巴上。

史书记载，孔融先生从小嘴巴不饶人，10岁时晋见权威李膺，自称世交，李膺问："你和我有啥亲戚关系啊？"答："我的前辈孔子与你的前辈李聃老子同德比义，难道不算世交吗？"举座惊叹。不一会儿，朝中的太中大夫陈韪来了。听说了孔融刚才的事，陈韪就说："小时了了，大未必佳。"孔融先生立即抢白过去："想君小时，必当了了。"

另一件事，则将孔融咄咄逼人、嘴上不肯吃亏的性格，表现得更加彻底。

主人引坐，问："想吃东西吗？"融曰："是的。"李膺教育道："我来告诉你为客之礼：主人问要不要吃，就要谦让说不需要。"孔融回答："不然。我教你做主人的道理：只管把东西放在台上，不需要问客人要不要吃。"李膺惭愧地叹道："我很快就老死了，恐怕见不到你富贵的那天了。"孔融答："您不会死的。"李膺曰："为何？"孔融曰："'鸟之将死，其鸣也哀；人之将死，其言也善。'向来您所说的没见过善的，所以知道您不会死。"李膺甚奇之，后论百家经史，应答如流，李膺不能有台阶下。

这是孔融初次和尊长见面唇枪舌剑寸步不让的场景，还都是些叫人受不了的损话。孔融自幼便是如此，至死不改。正因如此，孔融最后死在曹操手下。孔融远远谈不上是曹操的对手，最多是个异见分子。曹操也有一定度量，而且为了显示宰相气度，除了造反者和政敌必须铲除外，其他人也实在没有肉体消灭的必要。之所以最后逼得曹操下手，根本原因，还是在于孔融屡次以尖刻言辞肆无忌惮地触犯曹操，咄咄逼人，不留情面，那结果，就是孔融自找的了。

识人

識人之道

为什么红色性格动不动就陷入口舌之争？

红色性格对别人的“不认可”超级敏感，一旦言语跟人发生碰撞，情绪激动上头，这时，发泄情绪的需求立即上升到首位。即便事后常常懊悔不迭，可当下心里想的只会是：“我死之后哪管洪水滔天，当下爽最重要，我要出了这口气，否则，我就憋死了。”

4. 轻诺

为什么有的人说话从不算数

世上有一种人，喜欢轻许承诺，要么说完就忘，要么兑现不了。这种人，喜欢做好人，图一时痛快，别人要什么，马上就答应。当时，得到了别人的千恩万谢，好不爽快；事后没兑现，却变成受人埋怨最多的人。这样的事多了，你以为这种人自己会很苦恼，会懊悔自己怎么管不住嘴呢？可惜，他们下次依旧如此。

为什么这种人明明做不到还总是要答应别人？是故意忽悠你吗？是人品有问题吗？遇到这样的人该怎么办呢？

战国时期，齐宣王到山中打猎。听说一国之君来了，山中长者结伴出迎。这位大王好激动，当即表态："你们可以不用缴租啦。"

老人们拜谢国君英明，唯独一个叫丘的老人不谢。宣王以为他嫌赏赐少，继续表态："再赐你们免服徭役。"老人们再谢，丘仍不谢。宣王把丘单独留下，问："你怎么不谢我啊，我难道做得不好吗？"丘就说："我希望大王您选用德才兼备的后生做官，秉公执法，这样我或许可多活几年；希望大王您一年四季合理使用民力，不要违背时令扰民劳民，这样我就可以富裕些；希望大王您颁布法令，令少者尊敬长者，长者尊敬老者，这样我就能得到少许尊贵了。另外，当国君的不要乱表态，今天大王赏赐不缴租，国库岂不空虚？赏赐不服徭役，官府岂不失去劳力？这些原本就不是我们所希望得到的，所以不拜。"宣王听后，一高兴便说："您讲得太好了，我愿立即请您老为丞相。"说完便打了自己一个嘴巴，"我又乱表态！"

这个故事，让我们见证了一个真理："知道≠做到"。即便此刻，你正阅读本书，觉得言之有理，也未必看完后就能去改正。须知，你若不能意识到自己性格的危害，就不会有足够的动力改变。

为什么世上有的人这么容易承诺呢？

不管这些人嘴上怎么认错，心里还是不以为然：“不过就是忘了而已，又不是不去做，有必要为这么小的事发那么大火吗？”

这些人并不明白，世上有另外一些人，很少承诺，一旦承诺，必定做到。正因如此，他们也会相信别人对自己的承诺，若别人答应的事无法做到而导致自己不得不后续一连串擦屁股时，会无比痛恨。

轻诺的危害

为什么红色性格容易轻诺？

因为红色性格只在乎承诺时的豪情万丈，却忽略了给自己留有一些缓冲的余地。与此同时，当自己无法兑现承诺时，心存百种侥幸，认为就算自己没有做到，别人也不会有太激烈的反应，看在自己的热情以及发心善良的分儿上，别人一定会原谅自己的。

性格色彩识人010式

正常情况下，一个红色，如果轻许承诺，又无法兑现，会给别人带来以下麻烦。

一、蒙人

承诺让别人充满了欣喜，承诺落空，导致人们心灰意冷。此后，承诺者被列入黑名单，人们永生不敢信。

某跨国公司的大区总监从没兑现过他在时间上的承诺。比如，提前说好中午和同事聚餐，结果，临近中午，他还在谈事。于是，他告诉同事，等一下，马上过来。这个“马上”就一直“马上”，从来，没从马上下来过。因为客户时间很难把控，客户越谈越有兴趣，而他也不愿对客户说“我中午有聚会”，最终，导致全体同事在餐厅等他40分钟，中间打过几次电话，都说“再等等”“马上到”。等他到达餐厅时，大家兴致全无，纷纷表示：“老大，你自己吃吧，我们不想吃了。”于是，聚会泡汤，没达到期待的效果。下属说，这样的事常发生，不是吃饭，就是出去谈事，每次老大都不准时，好像总有做不完的事，每次都无法把控时间。

如果这个人可以给自己预留一点时间，最终主动权将属于自己，不会受制于人。

如果不给自己留时间，常常失信于人，便会丧失威信。作为负责人，如果能提前预留余量，便会从容很多。比如，项目必须在15日完成，要求相关成员在13日前提交，时间就会充裕，因为项目中间的“万一”，无人可预测。给自己一点儿时间，多想“如果发生……”的情况，或许，你会更轻松。

如果这个人，事先想到客户的拖延可能，就可明确告诉同事“你们先吃，莫等我”，或和客户说明情况，带客户一起参与。有无数方法可以把这件事圆满解决，偏偏红色用了最糟糕的方式，没有之一。

二、误人

你相信了某个红色给你的承诺，然后，基于这个承诺，你给了别人一个承诺。结果，某人给你的承诺泡汤，导致你答应别人的事也完不成，让你变成言而无信的人，陷入极大的尴尬。

客户在小萍那儿预订了一条手链，周六来取。客户坐车到小萍的店要两小时。于是，小萍和总部联系，总部确认发货没问题，小萍答应了客户。约好取货的前一晚，她突然发现总部没将货发出。也就是说，此刻以最快速度把货发过来，也来不及了。她疯了。客户当时很相信她，款已付清。周六怎么办，毫无方向。只恨当时太信总部，没留下客户的联系方式，次日客户过来，她不知怎么交差。小萍恨苍天，做生意到现在，一直都以诚待客，现在却要失信，非常难过。

最终，她只有赶紧到处找找，看有没有类似款式质量相当的手链，高价买回，或许能满足客户需求。同时，还须向客户说明真实情况，获得客户的谅解和信任。

当然，这一单，就甭指望赚钱了。别说亏钱，只要客户不骂娘，就是不幸中的万幸了。你是否也遇到过这样的事？太相信别人，太相信客户，太相信别人给你的承诺……而最终结果，只要中间某一人掉了链子，必然导致你的被动。

三、害人

某人答应帮你，你相信了某人的承诺，于是，你就没找其他人帮忙。结果，红色的某人，答应的没做到，你错过了解决问题的时机，引发无可挽回的后果。

先说一下故事里的三个人物：

- 大伯，某市烟草局办公室主任，大红色，一喝酒什么都敢说什么都能承诺。
- 小兔，一个刚高考完的女生，外表柔柔弱弱的，话不多，但总感觉内里憋着一股劲儿。
- 小兔的外公，大伯的远房亲戚。

这个事情大概发生在2012年，小兔刚高考完，考取了一个还不错的二本（具体什么学校我记不得了）。她家在苏北，家里兄弟姐妹三个，她是老大，下面两个弟弟，条件不太好。父母务农没什么文化，不想让她念大学，认为女生念到高中就可以了，下面还有两个弟弟要上学。高考完父母给她找了什么厂上班补贴家用，但是她自己不愿意，心心念念要上大学，跟父母闹矛盾就来到外公家玩。

一次聚餐大伯回丹阳见到了小兔，三杯酒下肚就问东问西，听到她的事情大伯一拍大腿，必须帮忙！他说他最近谈的什么项目在招人，学历不限，他帮她安排肯定能去，去了一个月12000保底，现在大学生没什么用，出来也就拿三千，英雄不问出处，你跟我去城里，我保你有出息！各种牛一吹，跟真的一样，本来她上大学的事儿家里边就有阻力，现在有这等好事姑娘不心动不太可能，终于有机会出人头地证明给父母看我不比弟弟们差！事情再传到她父母耳朵里，那叫一个高兴，城里的大领导亲戚都这么说了，肯定没问题，就等着过好日子了。

然后大伯吃好饭喝好酒回城了，过了一个月没有消息，外公问他说在安排，再等等，大项目筹备没这么快。这样一直等等等等了大半年，还是没消息，等到大学都已经开学了所有事情尘埃落定了，大伯依然没来接她去城里，每次问都是再等等。

我估计项目应该是真有，但是能安排工作就是大伯喝了酒随口胡诌。因为他的这个承诺，某种意义上来说害了小兔一生，也许没有大伯她还是上不了大学，也许她上了大学也不一定可以逃离那个小县城，但是因为大伯的瞎承诺，直接困住了她，失去了其他可能。

后来她回了老家，进了父母安排的工厂，一年后嫁给了同厂的工人，生了两个孩子，也许还会继续她父母的老路。

这类麻烦中，受害人损失越大，就越恨承诺人。因为，如果当初红色不承诺，还可以再找其他人帮忙，现在时机已过，再怎样，也于事无补。谁来补偿你的损失？谁能理解你心中的委屈？红色既然做不到，为何当初要答应呢？

轻诺的根源

为何有些红色明知自己有这个毛病，可就是无法改掉呢？

轻诺原因 1：乐于助人

这条，堪称最重要的原因。世上所有性格中，红色是最乐于助人的。不仅乐于，还是自告奋勇。红色觉得，能帮助别人、让别人快乐，是自己最大的快乐，但红色没弄明白的是，“没有金刚钻，总揽瓷器活儿”也是种罪孽。

假设朋友找你帮忙托关系让他的孩子进入重点小学，你其实目前没有这方面的关系，但朋友说：“你人脉那么广，一定有办法，帮我找找吧，我急得都不行了，太感谢你了。”你会如何？

四种不同性格对朋友请求帮助的反应

♣ **红色性格：** 没把握，但还是应承下来，最后找不到，不想没面子，只好逃避。

■ **蓝色性格：** 拒绝。告诉他，自己没这方面的关系，如果对方需要，可以帮着一起分析现状。

▲ **黄色性格：** 如果这个朋友对自己很重要，就算自己没有直接的关系，也要想出来办法帮助他。如果这个朋友的关系一般，就直言相告。

● **绿色性格：** 告诉对方，自己愿意帮忙，但是，不知道该怎么找。

所以，最乐于助人的是红色，很多时候即使自己并没有把握，也会答应帮别人的忙，而结果往往是承诺不能兑现。

其次，绿色关注对方感受，所以不善拒绝，但绿色比红色略好的是，绿色不会夸大自己的能力，也不会一口应承，最多只是含糊地表示愿意帮忙，当对方的要求绿色做不到的时候，多半会以两眼一抹黑的状态让对方明白找错了人。

轻诺原因 2：容易激动

红色已婚中年男人外遇年轻女孩，女孩对他无比崇拜，女孩问他：“爱我吗？”红色男人说：“当然爱！死了都要爱！”女孩说：“如果怀孕了怎么办？”红色男人充满激情地说：“怀孕了，我就离婚娶你！”这下好了，一年后，女孩挺着大肚子上门，要求男人的原配让位，这个红色男人早已消失得踪影全无。

性格色彩识人011式

为什么红色性格常常头脑发热？

红色性格容易热血沸腾，是因为他们容易被自己当下的情绪所绑架，情绪来了，上头了，什么话都敢说，什么包票都敢打。可惜，不是每个誓言都有美好结局，热度退了，红色性格也撤退了。

轻诺原因 3：需要认可

红色注重当下，享受那种承诺后马上被认可的感觉。

一个女孩提及她的红色前男友，说他大概是她见到过最会吹嘘的男人，把自己说得超强，让她暗自窃喜，在上班时就有去芙蓉帐的冲动，时刻幻想男友描绘的那种办完事后身体虚弱的感觉。可惜，战后，大失所望，从此，老死不相往来。她好奇的是，为何红色永远不明白，过早过大的承诺，容易让人有预设，期待越高，失望越大。

其实，这就是红色提前透支快乐的性格造成的！不愿把真正的喜悦放在后面，只想要早早承诺后的一点肤浅的赞赏。

轻诺原因 4：考虑简单

《世说新语》中有一则“华歆重诺王朗”的故事。大意是：华歆和王朗乘船逃难，有一人想搭他们的船，华歆马上就对这一要求表示为难。王朗立即答应，还说：“船还很宽，有啥不可呢？”后面的贼寇追来时，王朗想丢下那搭船的人，华歆说：“刚才我迟疑，就是因为怕出现这种情况，既然现在你已答应帮忙，怎么可以因情况危急而抛弃人家呢？”于是华歆仍旧像当初答应的那样，带着那人。后世，便由此事给华歆和王朗盖棺定论，定了他们的优劣。

若你人生中，有过因你之诺害人一生的事，下次，你便怕极了给人承诺。哪怕不得已，必须承诺时，你也会学乖，先谨慎评估事情的复杂程度及自己的能力，而非因义气、激动、人情、想做好人、不便推辞等，就抱着“表态为先，自有造化”的侥幸。

承诺承诺，承人在前，诺人在后。在享受了“言出”时被依赖、被信任的快感后，同样，需时刻铭记，你更背负着“必行”的重大责任。

为什么红色性格总把问题想得很简单？

红色性格对问题的预估力不足，导致容易乐观，想得简单。当一个任务来的时候，红色性格如果过往没有足够的经验，会倾向于低估问题的难度，想象成功后的美好画面，越想越兴奋，越想越觉得这个事好简单，一定能成。

5. 多情

为什么有的人情感漂浮不定

有一种人的爱情，就像《阿飞正传》里所说的那只没有脚的小鸟，情感容易爆发，也容易转移。这类人一次次的恋爱，每次都刻骨铭心，可是，却的确没法将情感长期固定在一个人身上。

当有人羡慕他们人生精彩的同时，也有人因为他们情史太多强烈斥责其为“渣男渣女”，这些人悲愤地像段正淳一样认真宣誓“我的每一次爱都是真爱”，可惜天性不多情的人完全不能理解“多情者的情感怎么会如此漂浮不定”。

人类推崇“专情”这一道德品质的同时，很少思考一个问题：多情者的心理构造与薄情者和专情者的心理构造有什么差异？如果你此刻已经接纳了人与人性格天生有别，重新思索这一问题，你会发现不同性格对情感的心理需求，自打娘胎开始，就是天差地别——

四种不同性格对情感的需求

♣ **红色性格：** 情感丰富，对美好的人、事、物极其敏感，容易受对方情感影响，既容易多情，也容易因为别人的情而自我感动并且投入。

■ **蓝色性格：** 情感细腻，多愁善感，专一且深情，不易受到诱惑而动摇。

▲ **黄色性格：** 理性且不受情感影响，较少关注他人感受，罕见感情冲动。

● **绿色性格：** 情绪平和，欲望少，喜欢一成不变的惯性生活，享受不变化，擅长自我安慰，对激情、冒险、刺激都毫无欲望，也无期待。

由此可见，多情者一般都以红色为主。他们宁愿要一份短暂而深刻的爱情，哪怕饮的是鸩酒，也烈过水；燃的是烟花，也绚烂过烛。

红色的情感为何会漂浮不定，给人多情的感觉？有两大秘密。

漂浮原因一：红色性格渴望新鲜与丰富

“渴望新鲜，抗拒重复”，指的是红色对新鲜的热爱。

但凡新的，必会引起红色好奇，从而产生兴趣，想要一探究竟。譬如皇帝终日在宫中满汉全席，微服私访只尝了一样民间小吃，就念念不忘，其实，小吃味道清淡，不可与满汉全席同日而语，只因小吃新鲜，而满汉全席习以为常。

“渴望丰富，抗拒单一”，指的是红色对多样性的热爱。

哪怕与同一人恋爱，红色也希望恋爱过程充满刺激与变化。如果每天的恋爱生活周而反复，毫无新意，每天去同样的地方吃同样的食物，重复同样鸡零狗碎家长里短的话题，如此这般，红色无法触发生命激情，生命之花只会日渐凋零。

性格色彩识人013式

为什么红色性格渴望新鲜和变化？

情感漂浮不定的人，多为红色性格，通常踪迹萍踪，风里杨花，在情感上高度丰富，善于表达，常可发现各种人和事的美好，加之，易受环境影响，种种因素混合，便成了善变花心之人。

徐志摩和陆小曼的婚礼上，证婚人梁启超曾要求行训斥礼，志摩应允。大庭广众下，梁启超说道：“徐志摩，你这个人性情浮躁，所以在学问方面没有成就，你这人用情不专，以致离婚再娶……以后要痛自悔悟，重做新人！”

梁启超的寥寥数语，揭示了困扰红色一生的局限。红色往往蜻蜓点水，急于追求体验的数量、种类和精彩，无论在兴趣、工作、学业、友谊还是爱情上，都会失之于浅，难达深度，显得浮躁。

由于平行的数量太多，沉得不够，淀得不足。红色总认为，经历过的眼花缭乱，足以丰富自己的人生和记忆，就像有句歌词说“你说地球是个乐园，要用心去游览”，正好可以诠释这种心理。对一个红色来说，江山无限，岁月有限，有什么理由不去尽量扩大外延呢？这才实践了“人生得意须尽欢，莫使金樽空对月”。这样看来，中国诗界上下五千年唯一的代言人李太白先生，也是一个大大的红色。

想那徐志摩一生，先爱上林徽因，因林父反对，未成眷属，而后，与张幼仪离婚，移情陆小曼。他倾其一生，找寻灵魂伴侣，最后和陆小曼结合，终是镜花水月一场空。

梁实秋在《谈徐志摩》中也曾说道：“摩是一个彻底的浪漫主义者，摩浪漫的爱，最显著的特点，就是爱永远可望而不可即，永远存在于追求的状态，被视为圣洁高贵虚无缥缈。一旦接触实际，真的与心爱的女子结合，幻想立刻破灭，爱变成恨，自由变成束缚，于是，从头开始，追求心目中的爱，自由与美。这样，周而复始地两次三番下去，以至于死。”

红色的贾宝玉，世人谈爱时，总会提到他，虽然他和林黛玉的爱是专一不移的，但是宝玉生性多情，他同时喜欢和欣赏大观园里的很多女孩子，包括袭人、晴雯、妙玉等等。

徐志摩也是贾宝玉的类型，东方之维特。陆小曼原是别人妻，嫁给徐志摩后，也一心多用，徐志摩飞北京前，那位入幕之宾本是志摩的死党，志摩心中也另有林小姐的倩影。

在情感的体验中，红色享受短期的比翼双飞并不难，但由于欠缺耐力，很难享受到长期鹣鲽情深的美妙。

《性格色彩原理》中，早有阐述，在所有性格里，红色最富有幻想意识，喜欢体验不同的人生模式。看完电影《少林寺》，就想出家，练上一身金钟罩铁布衫；看完《蜘蛛侠》，就想成为救世大侠；看完《步步惊心》，每天就寻思着怎样把自己精准地敲晕，穿越到古代，让几个为自己五迷三道的皇子争相吃醋……但可惜，红色注意力容易转移，没多久，就被另一个更新的能吸引注意力的兴趣或话题带走了。

漂浮原因二：多情是红色性格人生的重要组成

"一见钟情"大多发生在红色身上。在西洋浪漫派的文学里，有不少这种"浪漫爱"的实例。雪莱、拜伦、卢梭一生都在追逐理想的爱，而终不可得，他们爱的不是某个女人，他们爱的，其实是自己内心的理想。

80岁的歌德是天生情种，爱上18岁的姑娘，晚年还对旧情人的女儿而动心。老天赋予他情欲饱满的身体和易感的心，一走近女人，就春心荡漾、热血沸腾。他的天才，能把从女人身上得到的全部快乐和痛苦，都酿成艺术的酒。他超乎常人的强大理性，又使他能及时从每次艳遇、热恋、失恋中拔出来，不在情欲中毁灭，反把这一切经历当作素材。他所迷恋的每个女人，也是他的老师，在她们身边度过的要死要活的日子，都是他的功课，他经由她们最终交出了毕业论文，就是《浮士德》第二部的结束语——永恒女性，引我们上升。

对80岁老人的艺术激情，请莫怀疑，就像英伦最伟大的诗人叶芝一直坚信，作诗与做爱关系密切，他觉得，一旦自己有一天生理上不再有能力做爱，就再也不可能写出新诗。后来发现自己没能力行事时，居然去做了十五分钟的输精管切除术，仅仅只是因为朋友和他说，这种医学手段有助于刺激男性荷尔蒙。

纵观古今中外，相比非艺术工作者，很多男性艺术家动不动就跟自己的女模特、女助手、女仆人、女经纪人、女客户产生情感，乃至结婚、生子、离异、复合……没完没了。那么，是否女性艺术家也容易卷入情欲旋涡呢？

摄影家伊娃·鲁宾斯坦（波兰钢琴家鲁宾斯坦之女），讲到一些过往经历，非常坦然。有次，在一个男人家里拍摄，心生爱恋。爱恋应该是都有感应吧，所以，镜头前的被拍者，也有了感觉，爱欲奔涌。男人说，相机成了两人彼此的障碍。可是，他妻子就在隔壁。怎么办？伊娃后来又给他妻子拍照，又对他妻子暗生了微妙的情愫。

另一次，伊娃·鲁宾斯坦举办摄影展。结束后，她请闺蜜随意挑选一幅作品作为礼物。闺蜜选了张看上去极普通的照片：床、被单，床铺乱七八糟，一片狼藉。闺蜜说，之所以选这张，是因为这张照片让人看了有欲望！伊娃听闻，差点厥倒："照片拍摄前，我刚做过啊！"

性格色彩识人014式

为什么红色性格永远在追寻爱？

因为艺术创作力最有力的来源，就是情欲。只有在不确定和对未来的探索中，红色性格才可以挖掘出生命的激情与涌动。

无论是男性还是女性，只要是红色，一旦陷进艺术，总是既赤诚又性感。也难怪弗洛伊德说"创作力最有力的来源，就是情欲"。

林徽因说志摩"孩子似的痴与纯净的天真，快乐的翅膀可碰到天，忧伤的悲戚深不见底"。但你可知，若没有跌宕起伏的情绪，纷繁复杂的恋情，背离现实的幻想，世间的文人怎么可能吟诵出旷世绝美的诗篇？如何写得了荡气回肠的爱情小说？正如杜拉斯所说："爱之与我，不是肌肤之亲，不是一蔬一饭，它是一种不死的欲望，是疲惫生活中的英雄梦想。”而充沛的感情，于红色，是一辈子拗不过的敌人，也是一生无悔的情人。

只有在不确定和对未知的探索中，红色才可以感觉到生命的激情和涌动。天生的诗人，对生活的兴趣异常浓厚，看见什么都觉得有意思，所以，诗的取材甚广。爱都市，也爱乡野；喜欢物质文明，也喜欢徜徉于山水之间；常常流连在象牙塔里，对社会也有正义流露。

法国最杰出的女作家乔治·桑，堪称文学史上最伟大的女性爱人。几千年来，像她这样拥有丰富爱情的女人凤毛麟角。提倡女性独立的她认为，女性不应该成为男性发泄的性工具，女性也可以追求一妻多夫，而其本人一生也在践行这一理念。她一生情人无数，最有名的就是和缪塞的艳史，以及和肖邦长达九年的同居生活。

乔治·桑曾借小说替自己发声：“我从来没有同时爱两个人。我绝没有在思想里属于两个人，无论在什么时候。这自然是指，当我的情热持续着。当我不再爱一个男人的时候，我并没有骗他。我同他完全绝交了。不错，我也曾设誓，在我狂热时，永远爱他；我设誓时，也是极诚意的。每次我恋爱，总是这么热烈，完全，我相信那是我生平第一次，也是最后一次的真恋爱。”

乔治·桑的爱人之多，世人皆知，但是我们不能说她不诚恳。法朗士说过：“当一个人恋爱的日子结束，这人大可不必活在世上。”高尔基也说：“若没有一个人热烈地爱你，你为什么还活在世上？”他们是最有诗意的人，欢欣地过日子。对于这些巨匠文人而言，他们认为假使大家都懂得这种“飞鸿踏雪泥”式的恋爱，将不拿契约束缚爱情，不处在委曲求全的地位，那么，整个世界会青春得多。

为什么红色性格如此多情？

红色性格为了爱，可以无视时间规则，打破一切重建一切，仅仅是因为：红色性格把爱情和生命的意义牢牢绑定，若想不多情，除非剥夺掉红色的人生意义和天赋。

多情总被无情恼

多情并非坏事，对有的人，是生命之光，是动力之源。

多情并非好事，对有的人，是堕落之因，是沉沦之渊。

多情或少情，谁好谁坏？就像感性和理性，你能说孰好孰坏？天生不同，人各有别，本就无须讶异或敌对。

一个天性多情的人，如果无法在一段关系中获得心理满足，可能就会很快结束，开启新的恋情，情感是他活着的唯一动力。只要在这个过程中，不欺骗、不伤害、对过往直面，并且有所担当，世人何须因为其人多情，而评判指责；我们恰恰该当重锤谴责的，是那些以欺骗为目标、以伤害为动机的游戏感情之徒。

一个天性少情的人，假设一生只有一次恋爱，或很久都无须情感的抚慰，其他人，也不必对此怀疑或嘲讽。世上的确有人没有感情就活不下去，情感是他们的唯一动力。可是，也有人没有感情，照样活得无比滋润。情感，不是活着的唯一动力。

如果你爱的人是多情的红色，那你一定要搞清楚，多情不等于滥交，也不等于背叛，多情是天生的性格使然。如果红色没有了多情易感的性格特质，就没法为你制造很多浪漫，世上许多动人的诗篇将不复存在。当你真正读懂了红色情感漂浮不定的原因，才可能走进这人的内心，如果你能契合彼此的情感需求，你和红色可以天长地久。

如果你自己是一个多情的红色，你常常在情感中迷茫犹豫，不知自己到底该情归何处。那么，首先你要问自己，是否清楚自己要的到底是什么？在众多选择中，是否知道什么对自己是最重要的？当你通过性格色彩的洞见，彻底明白自己内心所需，把未来看得更清，自然不会迷失，方能坚定奔赴。

当你深刻理解了人和人与生俱来的情感需求差别，就会明白多情者与少情者相遇时难免碰撞，因为彼此的语言和认知是鸡同鸭讲，他们需要的不是辩论，而是理解差异，这样才可为彼此的相知、相恋、相守一路保驾护航。

6. 依赖

为什么有的人渴望如胶似漆

王小五上班正忙着呢，女友来黏他了。每隔半小时就发条信息。有时发个表情，有时问你在干啥；若是胆敢不回复，就一直发！周末，王小五想睡个懒觉，手机一开，女友微信就扑面而来！不回，就继续发，再不回，直接电话："你在跟谁鬼混，为什么不回我的信息？！是不是心里有鬼？"

"黏人"一事，世人总以为是女人的专利，殊不知，有时，男人黏起来更恐怖。赵小六总是抱怨男友太黏人："出门汇报、上班汇报、吃啥都拍照、不知聊啥就电话对着喘气、洗衣服跟你说、拖地跟你说、上厕所也跟你说，窝在家看电视要搂着，只要你有一次不抱，他就说你一定是变心了，不爱他了。"

想想，王小五的女友和赵小六的男友，为什么他们需要和对方时刻黏在一起？为什么他们连一个人独自待五分钟都做不到？因为爱？这样的爱，让人心慌，使人胸闷，催人心悸，两股战战，吓煞吾矣，快走快走。

你是黏人者吗？

四种不同性格的黏人程度

♣ **红色性格：** 当之无愧，黏人界的霸主。想法多，下不了决心，买啥吃啥都会纠结，需要别人建议；陷入爱情的红色，喜怒哀乐都托付到情人身上。没事折腾，撒娇耍横，闹脾气，说反话，只是想让对方反复确认"你很重要"。

■ **蓝色性格**：含蓄内敛，类似“老公，你爱不爱我，你说嘛”这种鸡皮疙瘩乱起的话，打死也说不出。

▲ **黄色性格**：人人都该有能力照顾自己，不能依赖别人。全盘交出自己，就是傻瓜。何况，一个人最重要的就是事业，我也没精力关心伴侣的那些琐事。

● **绿色性格**：做事有依赖，但是，情感没有依赖。就算没人陪，一个人待着，也能自得其乐（老婆做饭老公劈柴夫唱妇随的生活，周而复始的平淡生活，过着很好，那不是依赖，是惯性）。

有两部电影，都可以让你看到红色黏起来，有多恐怖：

电影《小娇妻》中，老公明明要赶去开个重要会议，但刚醒来的妻子就是不让去，明明一点事儿都没有，非要无理取闹，反正就是不让老公离开床边。结果，老公来不及，路上开快车，出车祸，进了监狱。

被誉为爱情教科书电视剧的《东京爱情故事》里，莉香乐观博爱，遇到困难就微笑，遇到喜欢的人就大胆追，无时无刻不希望获得关注，她会要求爱人带自己去故乡，并在墙上刻下两人名字；她会在广场急速飞奔，扑到对方身上；她会为了爱人的业绩，找朋友帮他；她会为了维护爱人名誉，跟别人大声吵架……

但为什么这么投入爱情的真挚女子，男主角最终还是放弃了呢？

答案很简单，因为——太黏人太依赖！用男主角的话说，压得自己喘不过气。对于这个从乡下来城里打拼的男生，莉香的爱，在早期像向日葵给了他莫大勇气；但时间久了，他发现当莉香投怀送抱时，他必须同样热情地回馈，才能让莉香满意；他在事业上希望靠自己打拼时，莉香千方百计帮他，他觉得作为一个男人没有自尊；最后，莉香得到出国机会，却让男人替她决定去不去，借此考验他。

剧中这女人为男人做的任何一件事，都足以让苍天感动。但这感动，必然相生相伴出巨大的压迫感。好像一个人对你挖出自己的心，你该怎么回报呢？对方要的是你也要挖出你的心，最好连肺也一起挖出，否则就会非常愤怒；如果你挖了，下次你就要继续挖更多。当旁人指责莉香的爱太沉重时，她无辜地说："可是，我真的只会这一种爱的方式啊……"

可叹，莉香这种红色的女子太黏人，把对方硬生生给逼跑，活活葬送了自己的真爱，世上如此者比比皆是。可惜，这两人都没学过性格色彩，一个用错误的方式去爱，一个用错误的方式被爱。

所以建议普天之下的有情人，好好学学性格色彩，不要以为，有爱就可以解决一切，须知——懂比爱更重要！

如果在爱情里你是个黏人者，你要问自己：我为什么这么黏人？

我问过很多人这个问题，回答如出一辙："没有安全感。"需要时刻确认对方是关注自己的，否则，会认为对方变心，自己不被爱了。

熊哥的女友是超级黏人的大红色，每当他和朋友应酬吃饭时，女友发信息，他只要不马上回复，女友就继续发，他还是没回，等到半天后再回复，女友已经积累了很多情绪，一番诉说，认为他不在乎她。黏人女友的看法是："你说你没时间，在应酬，但现代人不可能半天不看手机，即便你在应酬，半天当中，一定也会看眼手机，你看了，但没有马上回复，说明你心里没我。"

熊哥很委屈："我没有不在乎你啊，我是希望忙完了再好好聊，而不是随便应付地你一句我一句，吃了吗，在干吗，这些聊天，太没营养。"结果，这样的回应，引发黏人女友更猛烈的河东狮吼。

黏人者的失策在于，他们不明白爱的交流需要有节奏。如果你总是猛虎扑食的发招状态，其实变相剥夺了人家主动的机会，只能让对方一直处于接招状态，长此以往，你来我往的过招，只会单调乏味，了无生趣。适当的时候，你要给别人留点主动的机会，画画还讲究个留白呢，全都填满了，哪来的美感？哪来的韵味？同样，人家生活的空间里，连个喘气口都没有，全部被你填满了，逼得没有自我了，你还在那里扬扬得意，以为别人的世界全是你是件喜事，真是悲哀。

性格色彩识人016式

识人

識人之道

为什么红色性格需要和伴侣有很多语言交流？

红色性格很注重和伴侣的语言交流，比如“你好美啊”“你好帅啊”“我好爱你啊”……这些对话甭管说上几遍，也不会嫌多。但对不是红色性格的人来说，听多了，也许会觉得肤浅或没诚意。之所以这样，是因为红色性格习惯于通过语言来感受爱，从语言的交流中可以发掘出无穷乐趣。

别人黏你，你喜欢吗？

试想一下，当伴侣黏你的时候，你的反应是什么？

四种不同性格对伴侣黏人的反应

♣ **红色性格：** 取决于我的心情。我心情爽，陪你过家家调调情，极好；我心情差，你来黏我，真是烦透了，快走开，快走开，走开。

■ **蓝色性格：** 大家多点感情互动很好，但是“黏人”有品位分别。每天逼着我说“我爱你”，层次太低；上班前叠叠千纸鹤，啥都别说，那才是高级。还有，你最好能搞清楚“小黏怡情”和“无理取闹”的差别。

▲ **黄色性格：** 事情搞不定，你求我帮忙，没问题。但是，如果你啥事都来找我，你几岁了？如果你看到我在忙，你还要来黏，得，立即散伙！

● **绿色性格：** 你什么时候来黏，我就什么时候配合，你说干啥，我就干啥。

来看看男人和女人怎样看待自己黏人的红色伴侣：

黏女的伴侣：我明白夫妻相爱要多花时间制造情趣，我老婆喜欢与我手拉手，一同坐在沙发上看电视，我都能理解。但是，我真的最怕手拉手，尤其是大热天，满手是汗，十分难受。但如果我照实告诉老婆，她一定伤心，会认为我在刻意拒绝她，不再爱她了，外面是不是有其他人了，我一听她在那里想象和叨叨，我就疯了。

黏男的伴侣：老公每次和我出去，总想在街上抱我。我不让他搂着我，我跟他说，老夫老妻在外面拉扯难看，回家再抱。他马上面色就变了，还说：“夫妻怕什么，天经地义，你不让我碰，你什么意思？”我能有什么意思？不可理喻。现在我才知道，原来老公就是一个超级大红色。

识人 识人之道

性格色彩识人017式

为什么红色性格在情感中需要被哄？

红色性格希望受到关注，希望自己每分每秒每时每刻都是重要的，希望别人关注自己的感受，尤其在情感中，希望自己是对方世界的中心。可惜，红色性格自己有时根本不注意别人的感受。

亚当有夏娃做伴儿很开心。其实，亚当出去打猎、追野兔已经精疲力竭。回家的路上，他想："我只要好好睡一觉，体力恢复，就可以跟夏娃说说笑笑，继续快乐生活了。"

可刚回家，夏娃就说："我一个人守在山洞里闷得很，你得陪我去游泳，我最喜欢在夕阳无限好的时候游泳了。"亚当只想大睡一场，但如果这时他说"不行，我要先休息休息，今天不游"，夏娃一定会哭得死去活来。他只好硬撑着，陪夏娃走了几公里，到河边时眼皮已经开始打架。

夏娃跳下水，心情无比享受。可亚当因为不能得到休息，脾气很暴躁，脸色贼难看。

后来，亚当越来越不爽，夏娃原本高兴的心情，也被带得很不爽。

"怎么了，你是跟我出来一起游泳的，现在拉着个脸，很不情愿的样子，你给谁看啊，故意给我脸色是吧，你可以不出来啊，你既然出来了，这副样子，你什么意思啊？！"

亚当非常郁闷："是你逼着我来的，我想睡觉，我不想游泳。"

面对板着面孔的亚当，可以想象，夏娃也坐不住了，非常委屈："你拉脸给谁看啊？！"如果伴随言语冲突，保不齐，夏娃就歇斯底里了。

亚当和夏娃，无疑是一个深受"黏人"之害的男人与黏人的红色女人的现实生活写照。当男人想要休息时，女人非要黏，结果，男人勉为其难地配合，精疲力竭后，有了情绪，女人没有得到自己想要的情感回应，也极其不爽。假如女人能够不那么黏，让男人该休息时休息，允许男人把一部分的注意力放在自己身上，那么，她自己也能得到更高质量的陪伴。

黏人时的性格碰撞

你已经知道最黏人最依赖的人，都在红色；接下来看看，当红色遇见蓝色和黄色时，碰撞出的不同场景：

第一幕：红色性格 VS 蓝色性格

红色老婆：哎，你是不是有什么不开心啊？

蓝色老公：没有。（看书，头微抬。）

红色老婆：怎么会没有呢？你看你，一进来就没有笑过，板着个脸，坐在沙发上，到底有什么不高兴啊？（抢过书。）

蓝色老公：我这不是在看东西嘛！我很好，放心，啥事没有，就是有点儿累。（拿回书。）

红色老婆：那你为什么不笑？你说啊，到底出什么事情了，说出来不就好了吗？（再次抢回书。）

蓝色老公：真的没有，就是不想说话。（郁闷不爽，为老婆不理解极度痛苦。）

红色老婆：不想说话？你不和老婆说话，你想和谁说话？你说啊，说啊！（激动生气，嗓门升高。）

蓝色老公：你这人怎么这样？没事找事，你烦不烦啊？

红色老婆：我烦？开始嫌弃我了是吧？我怎么了？我就是对你问个好，用得着对我这副嘴脸吗？

蓝色老公：你有完没完？你可以不说话吗？我只不过是想看会儿东西，一个人安静一会儿，难道这都不可以吗？你到底想干什么？

红色老婆：我想干什么？是你想干什么吧！我每天回家就伺候你。你倒好，和你说话，好像欠着你似的。看书，看书，每天回来就知道看书。好啊，好啊，你去和书过日子去吧！（狂吼，并把书一把抓来，摔在门上，然后，号啕大哭。）

蓝色老公：……（面色发青，全身发抖，离开。）

对追求快乐的红色来讲，只要看到蓝色不苟言笑，红色本能反应就是你一定不开心，会设法逗蓝色开心。

对蓝色而言，安静思考阅读，是人生的享受；而红色却不识大体，时不时说些笑话给蓝色听，可是在蓝色看来，没什么值得笑的。蓝色思考时被频繁打断，非常痛苦，红色也会因自己卖力的表演和真诚的献媚得不到赞赏而沮丧。有一天，蓝色在长期伤害后爆发，而此时，红色不明就里，陷入更深的委屈，于是，大动干戈，崩盘散伙。

第二幕：红色性格 VS 黄色性格

黄色老公：(全神贯注，正观看枪战片的最后片段。)

红色老婆：老公啊，我弄了个养生汤，你喝喝看啊。(兴奋地从厨房端出汤)

黄色老公：放在那儿好啦。(继续凝视屏幕。)

红色老婆：哦，那你先喝一口，等会儿汤就凉了。(殷切期待老公喝了后给表扬。)

黄色老公：看完会喝的，现在别吵。(不耐烦。)

红色老婆：你不是叫我煮汤吗？煮了你又不喝，还怪我？你就喝一口嘛。(很委屈。)

黄色老公：现在不喝！不要打断我好不好，等人死了（电视主人公），再喝不迟。

红色老婆：好啊，人死了喝，我看你人死了，怎么喝？（不满，大声挑衅。）

黄色老公：(强忍怒气喝了一口）喝好了，你走吧。

红色依旧话多，要赞扬，但黄色不同于蓝色，应对方式完全不同。

■ 蓝色：让痛苦和愤怒自我积压，用不屑表示，直到彻底爆发。

▲ 黄色：更直接，黄色喝了一口，是因为看电视更重要。如果不喝，红色会继续折腾，最后两人吵架，电视看不成，得不偿失。与其如此，不如快速打发。

总之，蓝色和黄色，都非常讨厌在自己做事时被打扰，而红色根本没意识到问题的严重性。只觉得，好心被别人当成驴肝肺。

第三幕：红色性格 VS 红色性格

起初，两人天雷勾动地火，情感如胶似漆，惊喜浪漫层出不穷，犹如活在天堂。之后，如果其中一方因为其他事转移了注意力，被忽略方必然作天作地，而心怀歉疚的前面那个红色则会演出一场“追妻”或“追夫”的大戏，两人经历一番追逃表白的剧情之后重归于好，类似这样的时而分开、时而抱头痛哭的事情在两人恋爱过程中不断重复上演，堪比琼瑶剧。

第四幕：红色性格 VS 绿色性格

绿色包容平和，会让红色的黏，毫无用武之地，有一拳打在棉花上的无力感。何况，红色不需要黏，绿色所有的闲暇时间都会待在红色身边，不需怀疑和担心什么，绿色的朋友圈子本来就不大，来来去去，就那么几个朋友，红色也都认识。假如，朋友喊绿色出门，绿色一定会问红色，能不能去，同意就去，不同意就不去。

红色对绿色最大的抱怨，其实是绿色太不温不火了，不能给予红色一丁点惊喜和激情。因为绿色本身就没有这两样东西，所以，红色除了抱怨，也无计可施。

最后，给身患依赖症、黏人的红色开点药方，这些人，可考虑两个择偶方向：

1. 找绿色。因为绿色以他人为中心，接纳度高，随你怎么黏，照单全收，永远不生气，只要你别指望人家给同样回馈就好。

2. 找红色。找个和你一样喜欢黏的，你俩互黏，像尔康和紫薇，腻腻歪歪，随时随地煲电话粥，越黏越上瘾，越黏越想黏，越黏越激情，多巴胺如滔滔江水，取之不尽，用之不竭，比比看，到最后，到底谁烦谁。

性格色彩识人018式

为什么红色性格那么黏人？

喜欢黏人和依赖的人内心都拒绝长大，希望自己是永不长大的孩子，让别人呵护自己，帮自己摆平一切。本质上，是逃避，不愿为自己的人生承担责任，寄希望于别人，希望用亲密关系来绑架对方。

良好的两性关系，不是像连体婴儿一样时刻不分开。当你真正读懂性格，学会用不同方法对不同性格的人，你会发现，远比只会黏人更有效。须知，感情持续炽热，迟早会被烧死的。

一个人越黏你，代表这人对你越信任、越喜欢、越依赖，越想和你在一起，这是红色的通性。当红色黏你时，最希望你能同样黏他，如果你不是这样的人，先别打击他的黏。黏人的人，没能力意识到自己的依赖给别人的困扰，把本书送他，让他好好学习，和你拥有同频的共同语言。

7. 极端

为什么有的人做事伤己伤人

极端之人，常行疯狂之事。

小伙儿去看异地恋女友，女方想分手，拒不相见，小伙儿求见不得，于市中心大街长跪不起，求老天开眼，让女友回心转意。旁人相劝，小伙儿称“若敢拉我，当街撞车”，半晌后，中暑倒地。

为什么世上有的人会为爱痴狂到不爱惜自己生命？也许为了自己在意的人，为之生为之死，在这种人看来，就是用情至深的极致表现啊。这样，自己就可晋级为“情圣”了吧。

也正是这同一批人，为了爱，有时，会来个玉石俱焚，将所爱之人毁灭。这些人罔顾法纪不惜伤人的背后，存有的心理逻辑是“如果我不能占有你，不如与你一起毁灭”，听起来，就不寒而栗。

为什么这些人明明开始是爱到极致，可最后却变成因爱生恨？令人扼腕叹息。

极端者之自伤

如果你到音乐平台的评论区，会见到不少压抑的自白，这些情感的流露，充斥着对生命的漠视，极具惊悚感。诸如：“疼痛挺好的。让我感觉还活着。我想一直痛苦比麻木的感觉好太多了。”“我如此爱你，爱到失去自我，都为你吃了安眠药，你怎么能这么狠心不来看看我？难道我在你心里，就从来没有哪怕一点点位置吗？”……

纵观这些自伤者，整体上，分成两大类：真心自伤者和以自伤要挟者。

第一种，真心自伤者。并非寻求关注，而是通过自伤后身体的痛楚，来宣泄内心的痛苦。

第二种，以自伤要挟者。这种人，不完全失去理智，其终极目的在于吓唬对方，若目标未达成，就偃旗息鼓。比如，拿把刀冲到恋人楼下，高喊对方名字，扬言若不复合就自行了断，假如恋人经不起吓，多半会赶紧安抚，暂不提分手，也算达到了目的；假如对象硬扛不露面，自伤者的表演就失去了最重要的观众，多半只能无奈，仰天哀号一阵就走了。自伤的人，试图努力向对方传达：“为了你，我可不惜自己的身体，你现在知道你对我有多重要了吧，我都惨成这样了，你现在相信了吗？”借以唤起对方爱的回忆。

悲催的是，自伤者，在情绪冲动无法自控时，行动！在情绪趋于平稳后，后悔！就好比热恋时，很多人为了示爱，把情人名字文在自己的身上，分手后，懊悔不迭，再把爱的印记痛苦地擦掉，因为，要对下次的新恋人有交代啊。来来回回几次，结果发现，身上全是涂涂抹抹成各种方块的印记，没办法，当初种下的因，最后必然要自食其果。

一个老男人，出口成章，才华横溢，从不吸烟，却喜欢天天拿个打火机把玩，唯一的原因是，这家伙玩打火机的姿势至少有两百种。每次恋爱，他都能把对方迷得神魂颠倒。很快，分手时，他自己痛苦不堪，为了显示自己绝不想分离的意志，他能不眨眼盯着蓝色的焰心灼烧自己的手掌，两眼含泪，像个不屈的战士。他每次都觉得，这样的做法定会感动对方，可惜，这招不是每次都能奏效。

如果这个老男人遇见一个和他一样的红色姑娘，当场被瞬间感动，再掀涟漪，两人抱头痛哭，再谈再分，再分再谈，继续循环往复，彼此分分合合，直到最后，两人共入万劫不复之深渊。除非，两人中，有一个先找到了下家，脱离情劫，逃之夭夭，留下另一个，独自在那里哇哇大哭。

如果这个老男人遇见的是一个黄色姑娘，看见这个男人居然会烧手，立即恶从胆边生，视如敝屣，一顿痛骂：“你都多大了？分手这么点儿事，用得着那么夸张吗？你有脑子吗？身体发肤，受之父母，你这样，对得起你父母吗？你烧烧烧，你怎么不烧死你自己呢！”我保证，那个老男人立即晕了，不符合剧情啊？难道她不应该感动得落泪吗？还没反应过来，姑娘直接补刀：“嗯，还没熟呢，你再多烤点时间，我去找根铁签，等等喔。”吓得老男人一抖，立即收起打火机，两股战战，逃之夭夭。

知道了吧？像自我伤害这种招数，对黄色完全起不到任何作用，只会空留下那个形单影只的自伤者在那里黯然舔伤。

可惜，自伤除了能发泄自己的痛苦，愚蠢地欺骗自己，“啊，我的情感是多么真挚”以外，毫无意义，最终的结局只有一个——这是一个不值得同情的傻瓜。

性格色彩识人019式

为什么红色性格失恋时常常会伤害自己？

红色性格在热恋中会做出一些极端的事，以表达自己对对方的爱，当这种表达受到压抑之后又爆发，并且发展到极致时，有些红色性格就会用伤害自己的方式来自我感动，并试图感动对方。

极端者之自杀

作为一个复杂的问题，形成自杀的性格原因和社会原因很多，不能一概而论。

你看中国经典名著，很多以主角死亡为结局，这大概是人们觉得，“悲剧，才是艺术的最高形式”。故此，感情浓烈的最高境界与

"死"也脱不开干系。你看，为了你，为了我们的爱情，我可以献出宝贵的生命！最终，你会发现一个有趣的现象，红色的语言，常在表现极端的情绪后面都加个"死"字，张口就来：爱死了，恨死了，想死了，高兴死了，委屈死了，痛苦死了……

《少年维特之烦恼》，是歌德作品中被阅读最多的一本。都说作者先要感动自己，才能感动读者。据歌德本人说，这本自传性质的小说，写完了不咸不淡，没啥感觉，后来觉得，主角若不死，便不能表现感情至深。他用四周时间，写出这部书信体小说，以抵消失恋的痛苦，并使自己从自杀的念头中摆脱出来。

1771年12月21日，一大早，维特给爱而不得的绿蒂写了封信，"但愿我能享受到为你牺牲的幸福"。一边默念"绿蒂！绿蒂！别了啊，别了"，一边拿起手枪，结束了自己的生命，也结束了自己的烦恼。

小说里，维特抽离出来，以旁观者的身份对自己说："你不能再和以前一样，总对自己得不到的东西耿耿于怀；你应该好好把握现在，至于已经过去的事，就让它随风而去吧。"只可惜，歌德做回自己时，他的心立马被情绪绑架，在回忆的泥沼中无法挣脱。

两个红色的恋人，面对生活的艰难，就想逃避，为了表示彼此有多么相爱，两个人跑到乡下，过着远离都市的乡村生活。真想通的人，就快乐地在那里一直生活下去；没想通的，装模作样，待了一年半载，还会重新回到钢筋水泥的城市。这些，都不算什么，最恐怖的是，两人相约一起殉情。

郑钧在《极乐世界》这首歌里唱道："我总有一种想为你而死的冲动，因为我不知如何才能把你打动。"似乎，不为对方死，就不是真爱。

可惜了，没事就琢磨殉情的朋友，平时电视看太多，不好好读书，不知道殉情的风险在于：一个人先走了，另一个人临阵脱逃，突然后悔，不想死了。文学作品和影视剧里营造的殉情，令人心醉，令人心碎，无比凄美，可现实生活中，双方能共同成功的殉情者，少之又少。很多时候，都是一个人先走了，到了下面后，发现上面那人没下来，结果，只能和上面那个没下来的人，阴阳两隔遥相注视，断了共饮黄泉水的梦。

各位海誓山盟情天孽海的痴男怨女，须知，爱情诚可贵，生命价更高，所有那些你自以为情比金坚的极端做法，就算你去了地府，阎王爷也不待见啊。咱还是好好爱自己，修得来世福报吧。

性格色彩识人020式

识人

为什么红色性格极端时会为爱走上绝路？

红色性格的核心需求是追求快乐，这就意味着相对来说，红色性格更容易为了追求情感而失去理智。为了相爱时那种美妙到巅峰的感觉，红色性格绝对可以做到不顾一切。一旦失去，那巨大失落的痛苦导致红色性格又可以不要一切。

极端者之伤人

红色的极端根源，归根结底，一句话，就是因为情绪化，放大自己的感受，无法控制自己的情绪，导致冲动、仇恨甚至伤人伤己。

一位保险代理人分享了公司里的奇事，原本，她以为这种事只会出现在虚构的小说，不想，现实远比小说更让人瞠目结舌。

小澜30岁，在公司多年，管理着十人不到的团队，业绩稳定。恋爱过一次，分手七年，一直单身，突然有一天，她欣喜地说自己恋爱了，男友对她极好。那个男友很黏人，时刻汇报行程，而且是事无巨细全部汇报，也要求她必须汇报，小澜乐在其中。

两人恋爱两个月后，团队组织去距南京两小时车程的温泉活动。小澜跟男友报备获批后，男友要求全程视频汇报。

晚上，两人视频时，拍到了同屋短发王姐的背影，小澜挂掉电话后去泡温泉，没带手机。没想到，男生越想越不对，怎么会是短发？男女混住吗？不行，必须搞清，打了无数电话，发了无数短信，小澜都没回应！完了，一定是在做不可描述之事！于是，连夜驱车，前来捉奸，到了发现是个女生。通常冤枉了别人，肯定自己会尴尬，结果这个男人反而理直气壮地质问小澜："你为什么不接电话，害我担心？我听说你们出来玩就是搞情况，换房间是常有的事，不行，立即跟我走。"

小澜居然真的扔下自己团队那几个小伙伴，跟他走了。老板气得要命，打电话，电话一接通，男友一听是男人打来的，又大吵一架，保险公司的男的没一个好人！必须删掉！立刻把她手机里所有男性的微信，包括且不限于客户、朋友、同事，全部删光；另外，公司工作群也退掉。

之后，大家都找不到她，老板找了她父亲问情况，家里也说，闹得一塌糊涂，父母不同意，那个男友去她家，想当面表忠心，老人不愿见面，他就在单元门口跪着大喊："小澜，我爱你，没你我活不下去！"老人没办法，被迫下楼，在车里见了面，老人明确表示不同意，这个男人，就带着老人直接开车撞墙，不同意，就一起毁灭吧……之后，小澜为了他，从家里搬出，与父母断绝关系。

因为长期不上班，公司把她清退。最后一次见是她来办离职，全程一小时没跟任何人讲话。离别时电梯里，一个男同事遇到她认真地问："听说你谈恋爱啦，为了男朋友，工作和父母都不要了？感情那么好啊！"

小澜惊恐地看着他，叫他不要讲话，然后，指了指手机，她的手机开着语音通话已经一个小时……一直在被全程监控！

现实生活中，嘴上叫喊着要体验疯狂之爱的人，真的遇见天昏地暗之爱，都是叶公好龙，早就吓破了胆子。

小澜，内心需求严重缺失，无比在意对方对自己的好，不懂性格，不会识人，把这个红色男人对自己的“依赖”和“掌控”，当成男人对自己的“付出”。事实上，这个极端缺乏安全感的红色男人，是感情中的“疯狂索取者”，只不过，他索要的不是金钱，而是安全感和情绪价值。

小澜，被极端男人伤到事业泡汤、家庭完蛋，谈了一场恋爱，犹如被 PUA 了一场。不管红色男人是有意还是无意，不断以极端行为来要挟女友的做法，就是在不断强化“你是属于我的”“你不能做任何让我伤心 / 生气的事”，把这种意识植入女友脑海，而小澜也在这种意识驱使下，做出很多对自己有伤害的事。

太过极端的爱，注定得不到祝福，修不成正果，伤人伤己。越是大情大性，越是情感丰富，越是将情感释放到极致的红色，往往越不明白国画中“留白”的意义，总是拼尽全力，耗光最后一滴血，认为不如此不算真爱，认为不使尽全力就是保留。却不知，琴弦音色太好，总是易断；爱情越是激烈，越不易维持。拔枪射击，固然金戈铁马、意气风发；但落到柴米油盐，谪仙的魅力也会烟消雾散。

某些浪漫主义的红色，情感的丰盈超越了世间所有容器，又聚焦在一个点爆发，很可能自伤、自杀、伤人三者同时出现。这充分说明，过犹不及，常人往往羡慕情感丰富的艺术家挥洒才华后的作品及成果，却不知其中亦有风险。最佳状态，当然是把艺术追求和个人的情感分离，但对感性的人而言，难如登天，当情感不在的时候，他就不是那个他了。

作为红色，需要重新认知自己的极端情绪。心理学家费斯汀格提出，生活中的 10%是由发生在你身上的事组成，而另外的 90%是由你的反应决定。只有了解自己的性格，才能把情绪调节到一个恰当的波动范围，避免跌入自伤、自杀和伤人的陷阱。

为什么红色性格爱得那么极端?

当一个人的情感无比丰富又不平衡时，一旦把所有情感聚焦于一个对象，就像放大镜把太阳光聚焦于一张纸片上的一个点，弹指间，纸片化为灰烬。当一个感情极其丰富的红色性格，全心全意地疯狂地爱上一个人时，那种眼中无物的炙热火焰，对向往灵魂燃烧的人来说，是上苍莫大的赏赐；而对那些生命中不是只有爱情的人而言，怕是无法消受这种激越之爱。

8. 冲动

为什么有的人很难控制情绪

类似“如何控制情绪”这样的书，市场上经久不衰。甭管哪国作家，哪个版本，反正，只要跟这题目沾边，立即卖到天边。你想想，世上脾气差的人这么多，大家苦恼不堪时，突然间，一看书名，有如神助，我有救了啊，哇哦，荒漠甘泉天上来，人人争抢，为何？

傻瓜都看得出，这里至少有两大明显好处：

第一，自我暗示

你为啥去寺庙回来，总想请个菩萨挂件放身上？无他，心理暗示耳！这样，感觉佛祖上身，随时保佑。一样的道理啊，买本书，只要看到“怎样拥有好脾气”这种书名，甭管看没看，你就仿佛脾气变好啦。坏脾气的乔布斯，早就在自传里说得清清楚楚，人家大人物都是这么干的。所以，下回，你去谁的办公室，发现墙上挂着铁画银钩的书法，狂草“制怒”二字，得，你立即施展识人神功，可以断定，这家伙的脾气一定不好。

第二，暗示他人

我要告诉世人，我知道自己脾气不好，你们别怪我喔。我都已经买了书，准备好好学呢，如果我还是发脾气，那只能证明这本书写得不好，不能说明我不想改，我的态度是积极的努力的向上的想改的，否则，我也不会买这书了。这书，是脾气不好的绝佳挡箭牌。

遗憾的是，大多数人买了书，根本不看！束之高阁，扔在一旁，除了虚幻的自欺欺人的占有感，只是一场游戏一场梦。

为了戳破这个梦幻的泡泡，本文暂时不会向你阐述如何控制情绪化，在你不知道自己为何情绪化之前，你注定改不掉！你不知道自己为什么头疼，怎么确定该吃什么药？（关于如何控制情绪化，详见本章第 9 节的阐述）

在你改掉自己的坏脾气前，要先了解一个被别有用心的人混淆的重要事实，那就是——**世上并非所有的人都会情绪化！**可笑的是，有很多本来天生没啥情绪的人在那儿大谈特谈该如何控制情绪。

天性情感不丰富的性格，不会情绪化！这种人内心很少有波澜，没有情绪，何须控制！所以，有些狡猾的公众人物，常把自己粉饰成老成持重的知识分子，装模作样地对公众说情绪控制的重要性，以此博取大众崇拜，觉得说话这人的情绪控制真牛，其实，切！

一个身高两米四的人能扣篮，人们会佩服吗？一个身高一米六的人能扣篮，才值得我们崇拜！那么矮的人，怎么克服困难的，怎么完成不可能的事，这才是不相信自己的人所要学习的。你手一伸，都碰到篮板了，再扣不到篮，你自己好意思吗？你本身就感受迟钝，很少情绪化，凭什么教别人如何控制情绪——你知道情感丰富的人要控制情绪化，所需经历的心路历程吗？你知道情感激烈的人要控制情绪化，所需经历的痛苦吗？这种人，你让他谈谈“如何才能够做一个有血有肉的真实的不虚伪的人”，他肯定抓瞎。

那么，对芸芸众生而言，该怎样走出识人的怪圈呢？我能为你提供的最重要的思路，只有一个，就是——要看这件事，对这种性格的人，到底难不难。

在“克服情绪化恶魔”这事上，毋庸置疑，红色的难度最大。

在红色所有致命弱点中，《性格色彩原理》有阐述，“情绪化”排名第一，堪称红色引发灾难的“万恶之首”；而情绪化的升级，必然是“冲动”。

任何红色的冲动，皆因情绪激动造成，后果是否严重，取决于两个因素：

1. 当事人本身是红色还是红 + 黄的组合性格，后者，破坏力更大；

2. 当时是否有人在旁帮着把关，如果有蓝色或黄色在旁劝阻，危害会轻，甚至消弭于无形。

下面，让我们具体看看，红色的情绪是如何一步步发作的。如果我们把人体情绪比作风，按风的程度和后果，可分五级，分别是：轻风、强风、烈风、暴风、飓风。

性格色彩识人022式

为什么红色性格完全无法控制情绪？

世间并非所有人都会情绪化，情绪化的要件就是情感高度丰富。符合这个条件的，有红色性格和蓝色性格。但是，蓝色性格的情绪藏在内心，而红色性格的情绪却往往现于表面。而当情绪逐渐升级时，内心根本不愿控制，必然转为“冲动”，做出一些伤人伤己的事。红色性格往往破罐子破摔，想不到以后，不惜一切代价也要让人们看到自己的情绪爆发。

一级轻风冲动

一级冲动，在恶果发生前已被阻断，故此，没机会造成实质伤害。

圣人孔夫子，是伟大的理想主义者，性格中到处是红色的特质，让我们看看，孔老夫子在性格中也有的红色冲动的一面。

鲁国有个公山，原是鲁国大夫季氏家臣，因统治集团内部矛盾，来了场造反。大旗一举，公山“大王”就有了人才渴望，他想到了孔子。孔子呢，还真动了心，准备前去投靠。好在这场闹剧，被忠勇耿直的子路拦阻了。事后，孔子说：“哼，只要有人用我，我一定不让他失望，我定能帮他搞得像周朝一样。”

另一次，是晋国某大夫，也弄了块“二龙山”地皮，扯起反旗，“佛肸以中牟畔”。当时，孔子正在周游列国的流亡途中，听说佛肸想叫自己过去帮忙，居然又动了心，结果还是被子路搅黄。

这回，老夫子有些情绪，冲子路说：“他是反贼怕什么？不是有种坚固的东西，怎么磨也磨不碎吗？不是有种洁白，怎么染也染不黑吗？难道我就该像一只匏瓜，光挂着，不能吃吗？”

饥不择食，慌不择路，就这样应验在“中庸之道”和“君子固穷”的孔夫子身上。因为子路的阻拦，这些冲动，未造成实质性后果。

二级强风冲动

二级冲动，小有损失，多数都是头脑发热立即行动的小事，无伤大雅，不会伤筋动骨。比如，一些单纯的红色，想到就做，大脑还停在“过家家”上。

小燕子在外买东西，认识一个朋友，很说得来，情如姐妹，就搬到一起合租。没几天，觉得不合适，又搬出去自己住。

她的华为手机丢失后，一直寻思用哪款。某日，经过数码城，看到三星新款，立即买下。过了一周，见苹果更火爆，又下手购苹果。苹果还没焐热，新的三星发布，她觉得还是三星好用，重投怀抱，而此时，距离上次买苹果还不到两个月。而她手上已经同时有了三台手机，两台都用不上，她抓耳挠腮，只能痛苦地送去回收点，能回多少算多少。

红色多属“叶公好龙”，喜欢刺激，害怕挑战，内心胆小，缺少暴力，除了易被人当成“冲头”，暂无大危害。

三级烈风冲动

三级冲动，开始有难受的后果。这种冲动，“舍得一身剐，也要把你拉下马”。只可惜这种风，敌人毫发未损，自己损兵折将。

红色朋友赶飞机，没带驾照，在双向单车道上行驶。有一辆车从右侧非机动车道强行插到前面。他极度生气，借红绿灯路口，从对方左侧超车，欲将对方逼回非机动车道。对方见状停车等候。谁想，他并不罢休，继续向右侧逼，结果，自己车右前侧与对方车左前侧擦撞，最终，导致误机，懊恼不已。

一个公厕，某男方便后，看厕人朱师傅让他交 1 元如厕费。男子认为收费不合理，拒绝缴费。随后，朱师傅报警，民警赶来。最终调查，厕所自管自建，收费合理。男子弄明白后，同意交钱，但不愿亲手交到朱师傅手中，让民警转交；可朱师傅不同意，要求当事人必须亲手交到他手中。两人僵持一个多小时，男青年发飙，先后两次将一枚 5 角和一枚 1 元的硬币扔到公厕房顶。这时，两人都情绪激动，最后，民警将二人带到支队处理。僵持四小时后，男青年终于答应“亲手”交给朱师傅 1 元，并花 6 元打出租车将朱师傅送回家中。为了 1 元，硬生生耗了四小时，真有时间呀！

甲家中电话被停，气势汹汹来到电信窗口质问“未缴费并罚滞纳金”的问题。原来甲负责公司财务，他耍了心眼，将自家话费私纳公司账户，却不知，电信系统仅单位号可托收，电脑系统遇私人号码，会自动避开，甲的如意算盘没用。电信公司柜员见甲蛮横咆哮，火速求救隔壁窗口打抱不平的大猛。红色的大猛，闻之大怒，飞奔至现场，见甲还在那里撒野，气不打一处来。“你别以为她们是女孩，就这样欺负……你不服，出去单挑。”就这样，哼哈对阵。本来，甲拒缴理亏，且所作所为不上台面，但因为大猛的冲动，形势逆转，适得其反，顾客的“无理投诉”成了“有理投诉”，最后，电信公司只能将费用不了了之，大猛则被全局通报。这伤害了大猛脆弱的心。此后，大猛热情不在。

现实生活中，有不少简单直接的管理者，并没有深刻理解，其实，在批评红色前，应该对他们的好心和热情予以安慰和保护，因为人家毕竟出发点不坏，是为了维护正当的利益。结果，骂得太狠，红色以后连好事也不愿做了。由此可见，在对红色教育批评前，先给点表扬是多么重要。记住，大棒之前先给颗枣吃。

回头来看红色当事人，大猛觉得自己的冤屈在于，原本“路见不平，拔刀相助”，最后好心办坏事，落得“我本将心向明月，奈何明月照沟渠”的结局，痛苦郁闷，想拔胸毛。他还不明白的是，“热情助人”与“克制冲动”，完全可以放在同一起跑线。

为什么红色性格在面对冲突时可以激动到不顾一切?

红色性格在面对剧烈的冲突时，经常会浮现一种念头:“就算死，也要一起死，舍得一身剐，也要把你拉下马。”结果，“舍得一身剐，反把自己拉下马”。其实，一个真正有力量的人，会懂得保存自己，“不与傻瓜论长短”，只要“留得青山在，不怕没柴烧”。如果大家一起死，不值啊。所以一个有力量的人是不会经常感到愤怒的。被无力感侵蚀的红色性格，却常常会被激怒。

如果此人的性格是红 + 黄，那么除了红色情绪化容易激动，再加上黄色的攻击性，合二为一，形成冲动，这就进入四级冲动。

四级暴风冲动

四级冲动，后果严重，凡经历者，终生不忘。有时，一次冲动，逆转人生。

希腊国王亚历山大一世，在后花园为了保护自家的狗不被欺负，和野猴子打了起来。虽然打赢，但也被咬了一口。这还不算完，猴子也不一般，算是不讲武德的典型代表，叫来了它的猴子兄弟，又朝亚历山大一顿咬。当人们在他的哀号声中赶来，他的伤势已十分严重，不久，伤口就发生了细菌感染，所有医生都束手无策，年仅 29 岁的亚历山大永远离开了这个世界，也让希腊的 25 万人的生命，面临着严重威胁，这便是历史上真实存在的“蝴蝶效应”。

汉景帝刘启，还是太子的时候脾气就火暴，堂兄刘贤入京，和他喝酒下棋。两人下棋，不知谁先悔了第一步棋，引发骂战。刘启气急之下，抡起棋盘砸向刘贤。古代皇家棋盘的威力可不是盖的，一下把刘贤砸死了。这成了后来“七国之乱”的重要原因。

老刘，年近六十，国企技术员。单位分房方案尚未出台，同事私传分房名单，老刘不在其中。老刘认为自己大学本科，工作年限长，能力有口皆碑，于是，想找领导反映个人情况。走到领导办公室门口，听见领导在里面打电话训斥某人不够条件，不要妄想分房。老刘字字入耳，芒刺在背，火冒三丈，冲进去直面领导问道：“为什么这次分房没有我？”因老刘长年待在技术部门，领导不熟，以为是没资格的职工闹事，遂板起面孔教育。老刘面红耳赤，憋了许久，问了句：“你到底给不给？”“你条件不够，不能给……”话音未落，老刘一拳上去，领导天旋地转。事后，老刘得知，自己早就在分房名单里。受此事影响，老刘被通报批评，记大过，暂缓分房。更让老刘追悔莫及的是，后来国企改革，企业不再解决住房问题。

无锡市梁溪区繁华街道服装店的店主格格，平日笑脸迎人，生意兴隆。某日清晨开店前，跟老公拌嘴，心情不爽。这时，一女孩拿来衣服想退，说昨天买的不合身。若是平时，格格二话不说就退，今天因心情不好，就说：“昨天买的，为何今天才退？我怎知你是我这儿买的？”女孩刚高考落榜，心情不好，吵了起来。格格是红色，女孩也是红色。女孩吵不过，气冲冲走了，随后，叫来几个男同学。一男生进来，双手叉腰，让格格识相些，赶紧退货。这下，惹怒格格，抄起凳子砸在男孩头上，男孩倒地。之后，格格进了派出所，赔了钱，服装店名声坏了，疯传她跋扈凶悍，都不愿到她这儿买衣服，最后，她开了 13 年的服装店关门大吉。

红色一生的错误决定和冲动，皆由情绪所致。假如，他们在心情不好与心情愉快时，做出的抉择一致，在遭遇坎坷与顺风顺水时，做出的抉择一致，那么，一生的成就将高十倍，生活也会愉快得多。事实上，红色常受情绪驱使，做出令自己后悔莫及的事。

性格色彩识人024式

为什么有的红色性格冲动时摔碗，而有的红色性格冲动时烧房子？

在性格色彩学的性格组合中，当第二色为黄色时，往往起到催化作用；当第二色是绿色时，往往起到延缓作用。黄色堪称性格组合中的“催化剂”，黄色作为性格的第二色，能改变主色的速率；绿色堪称性格组合中的“安静剂”，绿色作为性格的第二色，能延缓主色的震荡。黄色催化了红色情绪波动的性格特点，故而，破坏力升级。

说白了：

- 如果你是红＋绿，那么，红色情绪波动的特点，在你身上就很少；如果你是红＋黄，那么，红色情绪波动的特点，就容易升级为冲动。一旦冲动，会比单纯的红色更冲动，产生更大的破坏。
- 如果你是蓝＋绿，可让蓝色中的紧张和忧虑，缓和乃至消除，趋向轻松平和；蓝＋黄，则让原来就紧张的蓝色进一步升级，加重内心的压力和负担。

（本书书签中的性格色彩卡牌测试，是你自我了解的开始；《性格色彩原理》将帮助你更好地在本书基础上解读你自己，在“性格色彩识人Ⅰ阶”的课堂上，将详细阐述性格色彩的组合规律。）

五级飓风冲动

五级冲动，破坏程度不见得超过四级，在性格上，必是红 + 黄，特别独立出来，是因为这种冲动的爆发者，常在组织内担纲重要角色，故而，具有更大破坏性。

《教父》中的大哥桑尼（红 + 黄）在老教父遇刺后，开始代理老大的权力。在这位冲动易怒老大的引导下，整个帮派不惜代价对五大家族发动全面战争，最终，双方都受到很大损失。因为他的冲动，成了黑道潜规则的破坏者，让敌人有了不惜一切代价干掉他的想法。后来，妹妹被家暴的电话，让他彻底失去理智。为帮妹妹报仇，他罔顾埋伏，贸然出击，最后，成了影片中死相最难看的人。

对比帕西诺扮演的教父迈克，可看出他和哥哥桑尼的差别。迈克在任何状况下都能保持理智和坚毅，令人欣赏和钦佩。比如，他决定孤身入虎穴刺杀警察局长的计划和行动。因为他长期克制情绪，当情绪偶尔爆发时，就能令人印象深刻。迈克被哥哥弗雷多出卖时所说的一番话："I know it was you, Fredo. You broke my heart... You broke my heart..."（我知道是你，弗雷多。你伤了我的心……你伤了我的心……）这，已算是他愤怒的峰值了。兄妹三人遇事后反应的鲜明对比，是"冲动 = 魔鬼"的绝佳影像教材。

张飞的单纯，体现在他的喜怒不掩饰。但由于他的冲动，最终，因为赶制为关羽报仇的白色战衣，气愤难耐，鞭打士兵，结果，被麾下两名小鬼在一个月黑风高的夜晚，割去脑袋。

李逵的单纯，体现在他具备一种朴素的理想，外表粗鲁冷漠，并不能掩盖他对底层贫民的热心。李鬼"家有九十老娘"的谎言，他也那么容易相信，然后，放其一条生路，还送了许多银子。

李逵在一百单八将中不过是排名 22 号的天杀星。所以，李逵再怎么冲动，也始终会被一干人牵制，闯不出大祸。不像张飞，好歹也是“销售总监”，和“营运总监”关羽并列在“CEO”刘备之下。这厮发作，可惹出不少麻烦。刘老大前半生的征程，经历了种种不如意，屡失机遇和地盘，仔细一瞧，多少都跟张飞爱耍脾气有点儿关系。下面列举一二。

占据平原县后，县城虽小，也可遮风避雨。这时，上面工作组下来调研，当“工作人员”勒索银两时，张飞没按住脾气，把人家痛打。于是，一伙人成了逃犯。

刘老大从救徐州到得徐州，又到接纳吕布，这期间，张飞常哪壶不开提哪壶，说了很多不得体的话。比如，吕布与刘备称兄道弟时，张飞大怒：“我哥哥金枝玉叶，你个三姓家奴算什么东西！”随后，欲与之单挑。这让刘老大很尴尬。

因为酗酒，缺乏自控力，丢了徐州后，张飞并没接受教训，又乔装大盗半路行抢，被人找上门来，还了人家失物，人家还不依不饶，定要讨个说法，最后，连小沛都住不下去了，只好到曹操那里避难。

在京剧中，红色的冲动，诞生了三出著名折子戏，完全是红 + 黄的悲剧。这三出戏，都将红色的冲动，表现得淋漓尽致。

京剧《黄鹤楼》：刘备借荆州不还，周瑜设宴黄鹤楼，邀刘备赴宴，欲劫刘备，逼其交出荆州。刘备唯恐中计，欲辞而不去；诸葛力劝过江以敦睦谊，并遣赵云保护。张飞见到约定时间，刘备未还，遂与诸葛翻脸。

京剧《李逵大闹忠义堂》：李逵误认为宋江掳掠民女，发现自己敬仰的宋江有违道德伦理，于是，怒从胆边生，砍倒杏黄旗，大闹忠义堂，最后，发现自己错怪了宋江，此后，死心塌地。

京剧《洪羊洞》：北宋杨继业遗骨藏于洪羊洞，杨继业托梦于六郎杨延昭让其取回。杨延昭遂命孟良前往，焦赞因未命同去，私自尾随孟良。孟良至洞，正欲取骨，忽觉身后有人声，疑是敌将，黑暗中，以大斧砍之，焦赞死。后孟良将尸身抬出于月光下细看，焦赞也。孟良悲痛引咎，誓不独生，拔剑自刎。

张飞这种人物，在很多古典小说里都可看到。每部演义小说里，似乎都塑造了这么一种形象，胆大、勇武、直率、豪爽、暴躁、有勇无谋、忠心耿耿，这成了小说里的概念化人物。除了张飞、李逵、孟良、焦赞这类黑脸人物，就是现代小说，也脱不出这个框。《铁道游击队》里的鲁汉、《洪湖赤卫队》里的刘闯、《杜鹃山》里的雷刚、《林海雪原》里的李勇奇、《李自成》里的郝摇旗，都属于此类性格。

由此可见，虽然历代编剧不一定懂性格色彩，但“物以类聚，人以群分”，确是真理。大概在长期文学创作中，他们得出这样的规律。只不过，性格色彩中只需一句——“容易冲动的红色”，即可浓缩和概括。

我的一位作家朋友在很长时间里排斥性格色彩，他嘴上说：“人这么复杂，怎能如此简单分类？”其实，他的真实想法是：“简单分类后，作家意义何在啊？”因为作家追求的是人和人之间细腻的差别。故此，他总是把李逵和张飞的差异，用大量笔墨加以分析，最终，得出一个结论：“张飞义释严颜和智破张郃，乃千古名将，上将之姿与声望，绝非仅靠武勇来；李逵焉能相提并论？”以此，来证明张飞与李逵的性格是不同的。

文艺作品的分析，和实用心理学中的性格分析，天壤之别。

殊不知，性格色彩之奥妙，首先，是挖掘人性的基本规律；其次，才是对不同个体的细细探究。对普罗大众而言，有了性格色彩，学习和了解人性规律，会更简单、更方便、更易操作。

9. 信任

为什么有的人最恨被人误解

人生在世，被人误会，很正常。解释下，对方发现是个误会，把话说清楚，不就完了。然而，世上有些人对这种做法完全不接受！尤其是至亲之人和自己在意的人，误会自己，那更是断然不能接受！

“凭什么我要向你解释？你算老几啊？跟你这种无脑之人，根本就懒得解释。”

“你是我亲近之人，你本该对我了如指掌，可你，居然还会误会我！那就更是罪上加罪，罪无可赦，万万不能接受！”

假如有一天，有人对你大发雷霆，你百思不得其解，最后才知，原来是你误会了别人，如果在那一刻，你的想法是“至于吗？犯不着这么激动吧。误会不是很正常吗？人难免被误会，人也难免误会人”，那你可要小心了！因为你已触动了人家的底线，还不自知，若你不能及时将其彻底化解，后果很严重。

误会者和红色的关系，决定了红色的受伤程度

当红色被误会时，其内心的愤怒程度，取决于误会红色的那个人是谁。越亲近的人误会，越在意的人误会，伤害越大。

梁晓声小说《年轮》中的主角王小嵩，童年时，班主任吃野菜中毒，同学们纷纷表示关心。王小嵩把珍贵的四个鸡蛋包起来，准备送给老师，没想到，去学校的路上，鸡蛋落地后全碎，被马吃了。他两手空空到了学校，不管怎么解释，也没人信他，遭到所有同学的指责，尤其是关系最好的那几个同学，对他误会最深，觉得他没有良

心。为此，他和同学大打出手，这事，对他的个性造成了很大影响，之后，越来越自卑，遇事也不愿解释。

红色看重信任，如果被怀疑被误解，会感到痛苦。

有的红色，乐天开朗，对一切怀抱美好想象，因被误会和不信任，心情时常压抑紧张，只有离开那个环境，才能重获自由的心境。

有的红色，乐于助人、愿意付出，喜欢和大家在一起，因被误会和不信任，觉得好心没好报，人间没有真善美，此后，不愿与人接触，患上社交恐惧症。

有的红色，性情刚烈，会因别人赋予自己的信任，披肝沥胆，肝脑涂地，以命相报，也会因自己信任的人居然不信任自己，自暴自弃，万念俱灰，引以为恨。

这还是被朋友误会导致的结果，当至亲误会了红色，对红色来说，打击更是持久而深刻的。

学员幺幺在“性格色彩识人”课堂上，谈及自己多年不与家人联系的经历。

我在农村长大，18岁离家漂泊，35岁任销售总监，在北京有车有房。某日外出旅游时，接到大哥电话。侄女高考分太低，求我帮忙，我就立刻结束旅游，返回老家。一进屋，大哥大嫂带着侄女在家等着。

兄嫂觉得侄女分数低，问我能否将侄女带在身边找工作。我看着侄女稚嫩的脸，想起当年独自漂泊的经历，没关系没学历，连基本的社交经验都没有，非常辛苦，就建议兄嫂，还是要让侄女上学，上个职高掌握一技之长，将来走遍天下都不怕，远远好过现在就直接进社会打拼。我说自己愿意为此张罗，可兄嫂二话没说，扭头走了。

第二天起床后，父母数落我不念亲情，嫌家人是负担。原来是兄嫂告状：“她自己也是18岁闯荡江湖，为啥咱闺女不行，况且，她在公司做大官，把侄女带在身边轻而易举，她肯定是不愿带自己的侄女，才找出百般托词。”

我很委屈，这么多年自己在外漂泊，朝不保夕，吃亏上当，各种骚扰，从未向家人提过，怕他们为自己担惊受怕。忍辱负重到现在，居然还被家人猜疑。我不愿向兄嫂和父母做任何解释，可时不时想起家人的辱骂，觉得自己的真心被家人践踏，最后，与他们渐行渐远，13年了，未曾回过老家。

幺幺原本愿为家人付出一切，可是被冤枉后，心如死灰。

当红色被家人不信任和冤枉后，感受是：“你对我很重要，我是如此在乎你，而你却如此不理解我！”这对红色来讲，打击之大，无以言表。

有的红色，受到如此打击后，与家人的关系渐渐疏远，如幺幺般，老死不相往来。

有的红色，会向家人表达不满，但越解释越说不清，越表达冲突越大，从此长期不睦，同在一屋檐下，仿若陌路人。

当无法让对方明白自己的心迹时，还有些红色，会通过自残来发泄，尤其是，关系越深，你对我了解应该越多，可你还对我产生误会。这种情况下，内心越恨，自残越狠，而在外人看来，这些行为，简直不可理喻。

当然，以上种种反应，跟红色遭遇的不信任和误会有关，也跟红色自身的修炼有关。修炼好的红色，会即时觉察和控制好自己的情绪，不走极端，也能很快从负面感受中走出。

红色性格被误会后的三层反应

天性中大大咧咧、随性不较真的红色，很多事回头就忘，但委屈和误会，是为数不多的底线，一旦触及，便是踩雷。

识人之道

为什么红色性格被自己信任的人误解时会心生怨气？

红色性格享受“信任别人”和“被人信任”的感觉，当被误解时，内心的声音是：“我痛恨我在乎的人不信任我。亏得我一直以来对你这么相信，而你对我，不仅不相信，而且还不理解，那还有什么意思呢？我觉得你很没意思，我觉得你这样，让我觉得自己也很没意思，我觉得我们的这段情感和关系，更是毫无意思！我恨你！”

1. 说反话

因为信任被破坏，情绪爆炸，发泄怒吼，这容易理解；而被人们忽略的是“说反话”。

金庸小说《连城诀》中，水笙与狄云被困雪山半年，水笙青梅竹马的表哥前来救她时，被奸人的诬陷迷惑，连同众人，都以为水笙必和狄云有私情，认定她名节败裂，有辱家门。在电视剧中，水笙双眼含泪，极其愤怒，斥曰：“别人说我，我全不在意；但表哥，你，你却不能不信任我！可是……罢了，你终究还是不愿相信我……你好啊，表哥，你真好……”

“你好啊，你真好……”这是内心愤怒到极点的反应，可惜，世间迟钝者无法察觉，而说反话的人，那时，也找不到合理发泄愤怒的途径。

“我明明没有，你硬要说我有；那好，我就做给你看。”这正是发泄情绪的做法，至于具体说哪些话，只是表现不同。

譬如，婚姻中常出现的场景是：当伴侣怀疑红色出轨，有时，不管红色怎么解释都解释不通，索性一气之下，说反话："你说我和她睡了是吧？好，我就是和她睡了，她身材比你好，脾气也比你好，所以我变心了，这样说，你满意了吧？！"而这，并非报复心理，只是为了发泄内心"被冤枉"的痛苦和委屈。

《红楼梦》中，红色的晴雯临死时对宝玉倾诉情绪激昂，自己本和宝玉没什么，但别人都认为两人有私情，早知如此，还不如真做点儿什么，也好过枉担虚名。

当红色被误解而说反话时，往往意味着一种在乎，越是在乎，反话说得越猛烈。比如，恋爱时，红色的男人工作忙没有及时回复信息，女友说："你只顾工作，心里根本就没有我。"其实，红色男人工作时心里一直想着女友，听到女友这么说，感觉自己被冤枉，就会当场生气，说出反话："是是是，工作就是比你重要，对男人来说，事业当然是最重要。"但这么一说，双方的关系，自然是不进反退。

2. 做反事

销售员老六常出差。每次出差，妻子必有三问——"去哪儿""多久""和谁"。某日，老六告诉妻子，这次单独出差。出发当天，财务部的一位女同事也去同城出差，相约同往。

不料，老六将手机遗失，工作中多次借用同事手机联系工作，因担心妻子疑心，没打电话说明具体情况。

几天后，老六和同事返回，刚出机场，就被妻子抓住。

原来，妻子无法联系到老六，心急如焚，到处打听，最后，根据老六身份证查到返程航班。无论他如何解释，妻子都不相信。妻子认定，老六就是欺骗，以出差为由，和"小三"约会。老六想到多年夫妻情，仍挡不住这般猜忌，甚至都不听听自己解释，在人来人往的机场，让自己颜面扫地。老六越想越气，打了妻子一耳光，转身而去。

妻子被打后，更加坚定老六和这女人有一腿，天天到老六公司闹，要求领导惩治这对“狗男女”。最后，满城风雨。原本，老六与那位女同事八竿子打不到一块儿，现在，索性，两人就相好，一起过了。

没多久，老六净身出户。十年后，妻子从朋友处得知，老六离婚后，和这个女同事结了婚，很快，彼此发现并不合适，就离了。当年，老六决定和那个女同事成婚，没有想得非常清楚，完全是被妻子所逼，想用这样的方式，发泄不被至亲信任的愤怒。

红色的情绪演变，必有过程。误解不大，怒吼可宣泄；误解扩大时，亲人的理解就是最后的依托，亲人的信任就是力量的源泉。如果此时亲人对立，会让最后的一丝希望也彻底破灭。这时，“做反事”所释放出的就是“天地间已无清白”的绝望，既然无可证明，索性不管了，何必苦苦坚持。

如果“说反话”会给关系造成破坏，让信任进一步断裂，那么“做反事”就会导致两人真正走向反方向，难以回头。

“说反话”伤的是心情和感受，“做反事”则会是实实在在地表明立场和态度，甚至带来可见的后果。

“性格色彩识人”的课堂上，有位同学分享了和母亲是这样对着干的：

我母亲说话有个特点，喜欢用反问句“你没有……”“你不是……”“你没听……”等等，比如她前天给我买了个锅，隔天来我家就直奔厨房，远远看见灶台上的锅，开口就问：“你没有用我给你买的锅啊？”因为从小就听多了她的反问句：“你没按时吃饭啊？”“你没写完作业就出去玩了啊？”“你没加衣服啊？”但凡她问了十次，有九次都是与实际的事实不符的，所以，我一听到这种句式就很逆反。

起初，我可能会说“我吃了呀”“我写完了呀”“我穿了两件衣服了呀”，次数多了，我被这种不被信任的感受压垮了，就会反着说

“我不想吃”“我就要先玩再写作业”“穿那么多干啥，又不冷”。

这次她说锅的事情，睁眼说瞎话，明明灶台上放的就是她送我的锅，我一气之下，把锅拿走，放到阳台的杂物堆里：“你送我的锅不好用，我扔了。”

无论亲情还是爱情，都是影响人至深的情感，倘若说了反话，做了反事，带来的破坏和伤害可能长时间都无法抚平，甚至带着心里的伤过一辈子。

如果你和一个红色有了婚姻，没信任，对方可能会造反，有信任，自己可能会受伤，那么，到底该如何平衡此中之微妙？在《性格色彩恋爱宝典》和《性格色彩婚姻宝典》两本书中的外遇章、出轨章，均有详细阐述，可去参详。

3. 自我毁灭

“说反话”和“做反事”，常见于红色和红＋黄两种性格，不会出现在红＋绿身上。而因为被误解而“自我毁灭”的人，几乎全部是红＋黄，连红色亦罕见。原因在于，红色情绪来得快去得也快，即使有冤屈、愤怒，说说反话，做做反事，气消了，也就没事了。但红＋黄，因为性格中有“不达目的誓不罢休”的黄色成分，两个性格组合后，当情绪化时，更有可能走向极端和极致，撞到南墙，死而无悔。

作家邬峭峰早年曾写过一篇文章《砸脑袋》，阅后可知，当红＋黄不被信任又无法自辩时，唯有自我毁灭以证清白。

C是我在澳大利亚期间重要的朋友。当年，一位对C有好感的澳大利亚女人，抵押自己的房产为C的生意筹了款。事后，C在处理澳大利亚女人对他的好感上，遇到了麻烦，而事实上，他与澳大利亚女人之间并无出格的事。当时，C的女友经过漫长等待，刚从中国来澳大利亚，她愤怒地发现，几次自己和C手牵手时，一旦澳大利亚女人的目光扫来，C就触电似的甩开她的手。C像是十分忌讳在那个澳大利亚女人面前和自己亲近。该举动，日后成为C和女友剧烈争执乃至决裂的起始缘由。

一日，C的女友在和C争吵后，决定分手，C堵住门，不予通行，一个如此能说的人，居然无法道出隐衷，可见这个隐衷的尴尬，也可见C在坚持野心的同时，也坚持着不丢失女友对自己的敬重。在一阵撕扯后，C的女友仍不放弃出走，C做了一个令人咋舌的自虐动作，他抓起一个石头烟灰缸，猛然砸向自己的脑袋。然后，他的双眸在鲜血后面直视着自己亲爱的女友。

十多年后，我问C当时的女友，C砸自己脑袋时的复杂心情你懂吗？她说，现在懂了。

大宅千金小鹿，一边抗击父母的反对，一边辞去前途无量的事业，随大鱼到天津创业。因发展不顺，两人过着一周开销20元，近乎茹毛饮血的生活。对这两个尊严感极强的人来讲，每日需为生计奔波，囊中羞涩，压力巨大。

对两个红+黄来说，心情好时，两人在寒风中相拥，品尝三元的砂锅菜，洋溢着幸福；压力大时，“情绪控制”就成为俩人需共同面对的问题。对两个同样容易激动的人而言，一方激动，很容易激发另一方的负面情绪，并随之带来严重后果。

那时，小鹿姑娘背叛家门，随大鱼远行，本身就压力巨大，常常疑神疑鬼，总质疑大鱼的爱。俩人在生活的重压下，性格碰撞愈演愈烈，关系处于危险的边缘。恰巧，大鱼的前女友朵儿，因父亲过世，沉浸在悲痛中难以自愈，常给大鱼打长途，大鱼在电话中尽量安慰，也会将自己无处宣泄的压力倾诉给朵儿。小鹿姑娘得知后，内心抓狂，认为大鱼对朵儿旧情复燃，准备放弃自己，不依不饶，定要让大鱼证明心无旁骛，心中只存她一人，若不能证明，就要鱼死网破同归于尽。

大鱼百般解释无法取信于小鹿，遂怒发冲冠，你不是要证明吗？那我就证明给你看！当着小鹿的面，眼睛盯着她，含着泪水，烧掉了过往所有与朵儿的信件。在那个瞬间，他很清楚，形式上的烟消雾散，只不过是增加了内心对小鹿的恨和怨。

那些信件，代表着大鱼对过去的珍视；而被迫的“烧信”，代表着大鱼彻底割裂过去，将过去埋葬，在人为的干预下，被逼抹掉属于自己的那段回忆。当大鱼为了发泄自己内心不被信任的情绪，采用了这样的极端手法，切断联结时，目断魂销。

其实，“以情绪制情绪”，是无比愚蠢的做法。好比砸头与烧信，表面上是听了对方的话，实际上内心还是不听。很多人，一时冲动，把恋人的短信删除，手机号和微信号也没幸免于难，可最后，也没起多大作用，反觉得自己天真，以为删除联系方式就能忘记一个人。这应验了《简·爱》中的那句话：“他纵然可摆布杯盘外表，但其内部，远非他所想的那样可以随意干涉。”

结局，就是强烈的逆反。

方晓所著《性格色彩品红楼》中，有段精彩描述：

尤三姐痴恋湘莲，获湘莲转赠鸳鸯剑为信物，以为有了依靠，喜出望外。哪知，湘莲得知尤三姐是宁国府的人，认为东府里除了两个石狮子，连猫狗都不干净，跑来和贾琏说，他姑姑已给他订下亲事，没办法，只得索回宝剑。

贾琏一听着了急，婚姻岂作儿戏，既然定好，不能反悔。湘莲说他宁愿受罚，亲事也不敢从。这时，三姐在房内听得一清二楚，知道湘莲一定在贾府听了什么闲话，把自己也当作下流人物。她从床上摘下鸳鸯剑，走出来说：“你们不必再议，还你的定礼。”说完，泪如雨下，一手把剑递给湘莲，一手拿剑往颈上一横。顿时，“揉碎桃花红满地，玉山倾倒再难扶”。众人急来抢救，可已经晚了。

又是一场“你既然误会我，我自然不屑解释”的悲剧。

三姐平日作风大胆，以“老娘不怕你们，要玩就玩个够”的姿态，吓退登徒子们。对于外人的非议，她看起来毫不在意，其实，心里认定“你们的看法我不管，懂我的自然懂我”。当她遇到柳湘莲将真心托付时，也就将他变成了自己的软肋，湘莲的误会和猜疑，是在她最脆弱的地方扎刀，一刀，足以让她生无可恋。

为什么红色性格被误会时不愿解释？

当红色性格觉得自己在意的人对自己的误会太大时，会混合着委屈、伤心、失望甚至绝望等各种复杂情绪。越在乎这份情感，越不愿解释，越鄙视解释，越憎恶解释。

原因有三：

第一，解释是你想要的方式，自己去用心感受是我想要的方式，我若解释，就意味着你对我的怀疑是对的；如果你的怀疑是错的，我为何要按照你想要的方式去向你解释？这不是解释不解释的问题，而是大是大非的问题。

第二，当我向你解释时，就代表我对你的绝对失望和我已经放弃掉我们的关系，我现在心中还有期待，不想放弃掉我和你的关系。

第三，这次我向你解释了，下次你再有怀疑，难道让我再次向你解释吗？有了第一次，必会有第二次，我对你能意识到“你让我解释这件事是错的”毫无信心。

对情绪很容易就被挑起的红色来说，情绪的发作，需要一个出口。遗憾的是，红色容易在释放负面情绪时伤人伤己，而当红 + 黄的人一旦被刺激走向极端，甚至产生了毁灭自我或毁灭对方的念头时，情感早已战胜理智。

当愤怒的火光熊熊燃烧时，合理不合理，不在乎！后果不后果，不在乎！

所以，红色需要学会提高对“他人误会自己”的容忍力，因为，生活中误会无处不在。

当然，还有很多情况，红色的确遭受了不白之冤，感到愤怒、委屈、痛苦是合理的，但切莫为了“自证清白”而做傻事。就如社会新闻中报道过一位 10 岁女孩小敏，因为被老师冤枉偷了两千块钱，为证清白从四楼一跃而下，导致终身残疾。可见孩子的内心当时是多么绝望。作为红色孩子的家长，如果能了解孩子的性格，及时洞悉孩子的心理状态，跟孩子建立相互信任的连接，那么当孩子蒙受冤屈的时候，也会第一时间想到找家长倾诉求助，而不是沉浸在“没有人相信我”的绝望之中。

红色性格被误会后的正确反应

若论红色一生中的愤怒排行榜，高居榜首的必是“背叛”，位居第二的就是“被误会”。但相比前者，后者发生的概率其实更高。

人生误会，通常可分两种：

第一，自己问心无愧，莫名其妙被误会；

第二，自己事没做好，难怪别人会误会。

前者，是别人的错，但红色常傻傻地拿别人的错误惩罚自己；后者，如果你沉浸在痛苦的情绪中，对事无助，还不如快速承认自己的问题并补漏，扭转他人对你的印象，皆大欢喜。

为什么红色性格会拿别人的错误来惩罚自己？

红色性格在意别人对自己的评价，很多时候，会因别人对自己不正确的评价而影响到自己对自己的看法。其深层原因在于，红色性格的自我评价体系不够坚固，容易听风就是雨。当别人错误评价自己时，自我评价动摇，产生各种负面情绪，从而让自己痛苦不堪。

在前面砸脑袋一事中，C之所以被误会，他自己也要承担一大部分责任，对澳大利亚女人的感情没处理好，才是事情的起因。在烧信事件中，小鹿因为过着与原来反差巨大的生活，无法解压，很容易疑神疑鬼；而大鱼在高压状态下，也没能力解决问题。显然，大鱼自己也须为处理前女友和现女友的关系不周，深刻自省。

理论上，越是重情重义的人，越容易遭遇背叛或误会，因为重情义的人把“情”看得太重，如同一件珍爱的瓷器，捧在手里，时刻小心地看着，反而更容易滑手摔破。一旦有了一丝裂痕，红色便觉得它不再完好，甚至产生破罐破摔的心理。

既然“被误会”是红色的死穴之一，那么，到底该如何解决？

红色面对误会，但凡还想解决问题，要特别避免两种危险的处理方式：

其一，沉默，不解释，任由事态发展，或心灰意冷，或内心怨恨；

其二，冲动，导致生命中不能承受之重，冲动是魔鬼。

红色应该如何自控，才能使事态不恶化，也需分两步：

第一步：洞见自己，被误会时的内心反应是什么？多数红色在被误会时，都会产生愤怒和委屈，愤怒于你怎么能误会我，其实，是一种遭受否定之后的痛苦向外释放的反应；委屈的是你怎么不相信我，其实，是对于过往付出的情感没有得到信任回报的一种不平衡的感觉。这些感受，如果能很好地捕捉洞见到，并自我接纳，就会好很多。

第二步：洞察对方，你会发现，由于对方的性格也有局限，他可能一时没看到真相，可能也被自己的情绪影响而做出错误判断。要知道，对方也是人，也可能犯错，理解对方后，你的情绪又会有极大缓解。

当情绪调整好了，自会妥善解释或想办法解决问题。

当然，以上两步，说说容易，做起来相当不容易，往往是走进课堂，经过系统学习的人才能轻松自如地做到。如果你暂时还没达到那个境界，有“情绪自控五步法”口诀自救，诀为“生气不见人，见人不说话，说话不议论，议论不决定，决定不行动”。

1. 生气不见人

随时洞见自己的内心，当你察觉到自己有负面情绪，只要没有必须见人的理由，可以自己待在家里一天，减少遇人后祸水东引，情绪不小心转移引发大战的可能性，平息一下自己的情绪。

2. 见人不说话

如果非得见人，能不说话就不说话，别人无论说什么，点头微笑即可，内心可以思索自己的问题，在没有自我梳理清楚之前，莫张口莫发言，沉默是金，以免擦枪走火，误伤友军。

3. 说话不议论

如果非得说话，只说客观事实，不发表主观判断，更不要对他人发表任何评价，可以说“今天下雨了，雨很大”，不要说“你真笨，这么大的雨，也不知道带伞”，前者只是陈述，后者可能掀起人际关系的暴风雨。

4. 议论不决定

如果你一定要议论，无论议论人还是议论事，由于你带有情绪，所以，极大可能会与他人发生碰撞，你来我往，可能已经吵起来了。那么，无论吵得多厉害，千万不要做决定，“你给我滚，我不想见到你了”“合同立即就签，一秒钟也等不了了”“我现在就要退出”……因为你在气头上做出的决定，之后，多会追悔莫及。

5. 决定不行动

亲爱的朋友，如果你很不幸，之前的四步，都没有遵循。情绪化的时候出了门，见了人，说了话，议论了，还做出了一个非常冲动的决定：“分手”“离婚”“辞职”“散伙”，请切记最后一步——莫行动。你只需将决定搁置一个晚上，当你一觉醒来，看着早晨的阳光透过窗棂洒落你床头，听着窗外的鸟儿悦耳地鸣叫，你的心情会发生很大的变化，再想想昨天的决定，你会非常庆幸自己读过一本叫作《性格色彩识人》的书，因为那个决定简直是不可理喻自寻死路的一个决定，幸好，你并没行动。

有此“性格色彩情绪自控五步法”，当可安身保命，这也就是性格色彩中所说的“个性修炼”。各位看官，藏好不谢。

第三章

蓝色性格

Chapter 3

1. 多虑

为什么有的人想得那么复杂

世上有一种人，天生就能多角度考虑问题，再细的琐事，也能看到别人看不到的角落，想到别人想不到的问题。别人想一，他能想十，防患于未然，这种人，就是蓝色。

蓝色的杰出人物就是诸葛亮。诸葛亮思维缜密，考虑周全，从草船借箭到空城计，算无遗漏，但当司马懿打听到诸葛亮每天吃得很少，像处罚二十军棍这种事都要亲自过问时，断定诸葛命不久矣！结果，给说中了。人一旦长期多虑，除了伤身，更可能伤心。

为什么这种人可以考虑得那么周全，却很难遏止过多的担忧？这其中蕴含着性格色彩的识人原理，来看看这些多虑的人能多虑到什么程度，又是为何如此。

健康的多虑——靠谱

遇事想一想，是个好习惯，可惜很多人生来反应快，脑子停也不停，张口就反应，未经思考，率性而为，脚踩西瓜皮，到哪儿算哪儿。如果你不懂性格色彩，遇到事情时，找这样的人帮你做决定，那注定了，问道于盲。

多年前，外地好友到上海出差一天，希望我作陪游城隍庙，一睹繁华上海。因那里并非我的活动地盘，遂紧急电话向红色的胖胖求助，请他推荐一个合适的餐馆。胖胖在斥责完我的土气之后，推荐天地轩。我问那里怎样，他回答“非常好”。

“你去过吗？”

“没有。”

“没去过，为何推荐我去？”

“我朋友去过，听说很好，没错的。”

如此对话后，我携友人欣然前往。用餐完毕，无论是价格、味道、服务、环境都令人大失所望，搞得我很尴尬，一肚子怨气，发誓此生不再问胖胖任何问题。

胖胖先生的不靠谱在于，他把自己不知道的事，说得就像自己烂熟于胸；而我在这事上的愚昧在于，虽然屡屡被他忽悠，却还是会再次轻信于他。

如果我能像下面这位蓝色一样，明明知道红色说话夸张，就该和红色在事前反复确认，那样，也不会落得每每失望的结局。

某公司一行九人去长沙商务考察，想在当地租车用一天。其中一个蓝色的人曾在长沙工作，朋友旧部众多，就找了个老部下小朱帮忙。

小朱是红色，不多久，回电话。

红色：“老大，搞定了。”

蓝色：“多少钱？”

红色：“啥钱不钱，你的事就是我的事，你不用管，我都会搞定。”

蓝色：“那可不好，钱要给的。呃，是啥车啊？”

红色：“新车，别克。绝对 OK！”

蓝色：“我们可有九个人啊！”

红色：“我问了，就是九座的。”

蓝色：“连驾驶员九座还是一共九座？”

红色：“没事，市里跑跑没事，我们这里交警管得不严。”

蓝色：“你这车不会是 GL8 吧？”

红色：“对对对，就是 GL8。”

蓝色：“据我所知，GL8 最多七座，还是含驾驶员的。麻烦你再确认下吧，我们九个都是大人啊！”

红色被蓝色说得有点儿发虚，去确认了。结果就是一辆连司机带加座一共七个位子的别克 GL8。

当面对不靠谱的人时，若有周到细致的蓝色就显得弥足珍贵，犹如危急时刻的护身符。

当遇见不靠谱的人，你必须要反复确认，如明代小品文集《呻吟语》所说：“再之略，不如一之详也；一之详，不如再之详也。再详无后忧矣。”意思就是，一件事情做完后，能再粗查一遍，不如头一次就做得详细；头一次就做得详细，不如能再做一次详查。再次的详查可以保证没有日后的忧虑。

后来，我有事要问，就不找红色，直接找靠谱的蓝色询问，省得有后患。

当我问蓝色，我要带朋友去吃好吃的，有啥推荐？蓝色听完的反应是：“你朋友吃不吃辣？”“你们想吃什么菜系？”“环境喜欢热闹还是清静？”“要不要乐队伴奏？”“预算是多少？”

问的时候，你觉得这人好啰唆，实在麻烦。问好后，人家会给你两个地方选择，并帮你分析各自的特点，供你决定，最终结果，让你舒心、称心、放心、省心。

以考虑问题的周全而言，二十年来，我给不少企业做训练，耳濡目染，各路高手见识不少，唯独在中欧国际工商学院（CEIBS）培训时，曾经发生的一幕，让我赞叹不已，想起来，肃然起敬。

中欧国际工商学院于 2003 年 10 月准备在深圳召开 EMBA 校友会活动，红色的菲菲老师在二月被通知负责此项目，菲菲请深圳同事爱莲帮助在深圳寻找合适的宾馆，以举办这次会议。爱莲承诺帮助后的五天，写了封邮件回复，随信附了 46 页宾馆调查报告 PPT。

菲菲拿到报告，激动得当场乱喊，奔走相告。

先不谈PPT的各项信息，单单提醒主办方注意大会召开时间要和高交会时间错开，以及将十月气温提前备注以便通知学员，就这两项，足以竖大拇指。

这事过去那么多年，我的印象仍无比深刻，这是因为菲菲收到这封邮件时，恰是我给中欧国际工商学院性格色彩课程培训课间休息。休息前的五分钟，我刚刚分析完蓝色的考虑周全。

这封邮件，恰巧踩到最准的那个点。我清晰地记得，菲菲像鸟儿一样从办公室飞出来，嘴巴张成巨大的O形，唾沫星子横飞地讲了这个故事。她就像是我的托儿，证明给所有人："刚才老师说的蓝色就是这样，就是这样啊，就是这样啊！"

考虑周全的蓝色，就像围棋高手，每次落子之前，都会设想二十步以后的情况。决定那盘棋胜负的，并不是面前的棋盘，而是脑中的棋盘，肉眼看不见的小棋盘。这种防患于未然，能将所有可能的问题在还没发生前，悉数消灭；万一有没法控制的，蓝色也想好了备选方案。

蓝色健康的多虑，是为周密！

性格色彩 识人028式

为什么蓝色性格给回话最靠谱？

红色性格的嘴巴比脑子快，蓝色性格与之相反，脑子在前，嘴巴远远在后，不经考虑成熟，绝不开口。蓝色性格既是最麻烦的性格，也是最让人放心的性格。麻烦，是因为你觉得他会把简单问题复杂化；放心，是因为他的确考虑到所有你想不到的细节，比你自己想得周到得多。

亚健康的多虑——耽误

当蓝色多虑过头时，做很多事，为了周全，反复测试，在过程中，增加过多环节，会导致效率下降，贻误战机。

在一个新加坡企业内部培训时，学员分享了在一个企业文化是超级蓝色的公司，因为大家的多虑而损失了即将到手的大鸭子。

我最早是物业经理，然后是调研经理，由于做事比较细，前任走时，安排我接手的第一个工作，是争取一个商业项目的运营。其中，项目能耗测算一块，占合同总额的30%。对方告诉我们时间紧，尽早提交方案，可以让老总尽快拍板。在我面前，当时，有两种选择。

方案一：用估算软件自己算，计算结果和事实，有20%误差，但时间仅需半天；

方案二：请专门工程师测算，结果精确，但需对方提供各项参数，并由几个工程师一起计算，时间要两天。

和前任商量，她毫不犹豫地告诉我：我们这行，“专业”是无上准则，怎么能用“估计”来敷衍客户。而且根据程序，这个流程当由工程部进行。我深表认可，选择了第二方案。

由于和公司一群蓝色的工程师关系不错，我们一起加了班，赶在一天半内做了文件。当我们把建议书递交出去时，对方老总在当天早晨飞了北京，出差三周。等他回来，黄花菜已经凉了。结果，完全可趁热打铁的项目，就没了。

这就是多虑的后果。原本，完全可以先快速把结果抓住，再图谋细节，但想多想全了细节，目标早就没了。

由于多虑，蓝色即便在情感交流时，也会谨慎作答，殊不知，这种谨慎，给对方的感受很压抑，反而会拉开彼此心的距离。

小莉姑娘群发信息：“你第一眼见我的感觉是什么颜色？ 1/ 太阳红 2/ 鹅黄 3/ 森林绿 4/ 海蓝 5/ 深夜黑 6/ 水晶紫 7/ 婴儿蓝 8/ 荧光绿 9/ 橘子橙 10/ 天使白，可多选。”

一个蓝色追求者的回复，让原本只想轻松搞笑下的小莉瞠目结舌——

蓝男：什么时候的第一眼？

小莉：现在。

蓝男：现在我哪看得见你呢，时空转移？我想下吧，好吗？（沉静 15 分钟后）

蓝男：1、6、10。

小莉：1/ 依赖的人 2/ 感觉陌生的人 3/ 知己 4/ 深爱的人 5/ 厌恶的人 6/ 注定要在一起的人 7/ 依赖你的人 8/ 感觉变态的人 9/ 朋友 10/ 珍惜的人。

蓝男：幸好没选 8。

蓝男：白的，我很喜欢的衣服颜色，所以选 10；笑眯眯开朗的，所以选 1；看你的眼光总是用我喜欢的颜色，所以选 6。以上，是我的理由。

红色的小莉从蓝男的回答中，能感知到对方释放的好感，但整个交流过程尴尬生硬。女孩，更想得到的是即兴回答，哈哈一乐，心情轻松，但蓝色认真思考后有条不紊地答复，反而让人觉得生分疏远。从追求的角度，蓝色的多虑让追求过程荆棘密布，如果一个脑筋急转弯都要花费这么多心神思索，累啊。

为什么蓝色性格毫无幽默感？

蓝色性格骨子里认同严肃的生活哲学，认为搞笑很肤浅。当自己的角色要求展现适当的幽默感时，会刻意训练自己，即便讲笑话，也专注在不出一个字的错误，可惜，这种模仿难免显得生硬。须知，幽默感的前提就是充分放松，而蓝色性格不仅擅长让自己紧张，还能时刻让别人紧张。和他们在一起，总会担心犯错，骨子里根本无法做到放松，当然也就没有搞笑的效果。

性格色彩识人029式

不健康的多虑——多疑

当多虑难以自控时，会情不自禁地多疑。去餐厅吃饭，会担心厨房是否干净，食物会不会污染；去超市购物，蔬菜农药有多少，到处都是病菌，禽流感暴发，所以鸡是不能吃了，疯牛病泛滥，牛肉也不能吃。这些思维，往好了说，是危机意识；不好了说，就是疑神疑鬼自我折磨。

为什么蓝色性格很难相信别人？

从根源上说，蓝色性格不相信所有人，包括自己，他们相信的东西需要具备两点：有证据和事实；经过自己的验证和推敲。无论关系如何、人品如何，单凭别人说的就让蓝色性格相信，那是不可能的，必须经过举证和验证的过程。

性格色彩识人030式

一位老学员复训时说：我母亲是蓝色，非常在意别人的话，她很少从正面想儿女对她的好。有次，她来我家，我告诉她，我这儿有很多粗粮吃不掉，让她拿一半回家。临走时我问她袋子是否太重了，我本意想表达：太重，就下次我送过去。可是，她回家后，就开始生我的气，不愿搭理我，我百思不得其解，我以为是她要帮我打扫房间，我制止她语气重了，她不开心。后来，学了性格色彩课后，我找了我母亲，向她道歉那天语气太重。结果，她说生气不是因为我跟她发脾气，而是因为我问她，东西是否太重了。她觉得我是在暗示——她从我家拿的东西太多了，这严重伤害了她的自尊。天地良心，我绝对没有这样的想法！

当多虑指向人，本质就是不易相信人。疑心成了心病，不仅让蓝色自我折磨，也让他人如履薄冰。假如蓝色一直放大这种怀疑，变成疑神疑鬼，那么，问题会更严重。

萨特在他的代表作《恶心》中，刻画了一个疑心者的形象——洛根丁。他怀疑一切，什么也不相信，只凝视着眼前的一种现实：虚无。极度的孤独和清醒地理解自己的处境，使他产生了一种病态的敏感。他看什么都觉得讨厌，鹅卵石、树根、纸团、衬衫上的吊带、胡子上的香水，都使他反胃和恶心。因为“怀疑”，他对人的存在丧失了信心，索性抛弃存在，走向虚无。

识人 識人之道

为什么蓝色性格让人感觉城府很深？

当外人不了解蓝色性格时，只能通过外在的行为和表情来推断。蓝色性格奉行“逢人只说三分话，不可全抛一片心”，他们言行收敛，绝不轻易表态，所以，那些喜欢直来直往、有啥说啥的人当然会觉得蓝色性格很有城府。

2. 规则

为什么有的人甘愿墨守成规

某航空公司培训空姐，要求客户至上，规定服务时不能说“没有”这两个字。

一位空姐推着饮料车问乘客：“先生您好，我们有可乐、雪碧、橙汁、苹果汁、咖啡、茶，请问您要哪样？”

客人说：“我要啤酒。”

航班没啤酒供应，空姐愣了下，想了半秒钟，按照标准话术，重复了一遍：“先生您好，我们有可乐、雪碧、橙汁、苹果汁、咖啡、茶，请问您要哪一样？”

客人很不高兴，大声重复：“我要啤酒！”

当空姐再次耐心重复同样的话时，乘客疯了，怒目圆睁：“你是复读机啊，我要啤酒！酒！酒！酒！”

空姐如此尽责地遵守规则，为何会让客人抓狂？她完全可以换种说法，告诉客人“本航班不供应啤酒”。但即便把一个原本血压正常的乘客逼得血压升高，蓝色空姐就是坚决不打一丝折扣。

最遵守规则的性格

公司举办培训，请老员工分享，前辈讲了很多经验总结的规则和注意事项。

倾听培训时，不同性格的新人反应有什么不一样呢？

四种不同性格的新人听前辈讲座时的反应

♣ **红色性格：** 天马行空，思路活跃，能不能这样啊，能不能那样啊。

■ **蓝色性格：** 理解并验证规则的正确和必要，内心认同后，才会遵循。耐心听完，做好笔记，逐项发问，搞清细节和过去的失败，推敲规则漏洞，之后，成为最佳的执行者。

▲ **黄色性格：** 不想遵守规则，想制定规则。自己如果没疑惑，就希望快快讲完，别费时间。

● **绿色性格：** 前辈讲多久，就听多久，不着急，不打断。既然有现成的规矩，照做就是。

蓝色和黄色更关注事。

■ 蓝色：注重规则，既要结果也要过程，抓老鼠很重要，用什么猫抓老鼠，也很重要。

▲ 黄色：只要结果。不管黑猫白猫，抓到老鼠就是好猫。

红色和绿色更关注人。

♣ 红色：喜欢打破规则，彰显与众不同。有时为了强调自己英明，得到大家认同，红色也会成为规则的捍卫者，前提是，他自己遵守规则比别人好，才会把规则挂在嘴边。

● 绿色：因为不想改变，所以顺着规则走。

在此，我们把蓝色死守规则的人，称为“求完美的规则控”，把红色死守规则的人，称为“求认可的规则控”。

真假规则控

多年前，我做客温州电视台《马津龙财经会客厅》，对谈时，老马提出一个初学性格色彩者的常见问题——人们只要看到某人身上某个特点，立即贴标签对号入座，这种做法对吗？

马教授提到，奔腾公司董事长做事特别仔细严谨，记者去他办公室，拉开抽屉，从钢笔、圆珠笔到铅笔，整齐有序，令人惊叹。所以，肯定是蓝色。

另一位企业家，美特斯邦威的老总，同样做事细致、追求完美，可是，脾气也很激烈（像是红色），也有很强的支配性（像是黄色）。这样看来，岂非蓝红黄三种性格色彩混合？该怎样区分哪种才是最主要的性格呢？

好问题啊，性格色彩初学者最常混淆的问题，就是几种性格混杂时，该怎样分辨。

让我们先尝试从一个故事中区分真蓝色和假蓝色。相比区分真假美猴王，这里，是有性格色彩技术可遵循的。专业术语，我们称为“洞察”。

性格色彩 II 阶课现场发生了一件事：

小鹿同学那个红色的老公和她说好，晚上6点半下课来接。她老公在教室楼下，一直等到8点，小鹿才出来。老公很生气：“你怎么现在才下来，我等了这么久，这里不让停车，交警都说我好几次了……”而这种说法，居然和那个接小雀同学的蓝色老公说的话几乎一样！小鹿迷惑了，明明这两个老公的性格完全不同，怎么说的话会一样？

初学者不解，两个人说的话一模一样，为何会是不同的性格？当然！因为两个人话虽然一样，想传递的内心感受却完全不同。

■ 蓝色：说这些话，是想表达“请你注重时间规则”。他们讨厌你不守时间，更讨厌有变化你不事先告知。蓝色最恨，明明你错了，你还不认，反觉自己有理。蓝色希望你能遵守说好的规则，看重你的承诺。蓝色会指出你在这件事上的错误，并且希望你能下不为例。这是“求完美”的真规则控。

♣ 红色：说这些话，是想表达“你看，我等你等得多辛苦，你看，我受了多大的委屈，你看，我对你多好”，简单讲，就是自我表现，让你赶紧给他一个巨大的认可和安慰。这是“求认可”的假规则控。

性格色彩识人032式

识人

識人之道

为什么蓝色性格非常痛恨他人改变自己的计划？

蓝色性格的座右铭是“做任何事都要先做好计划，一旦做好计划，就必须严格按照计划执行”。计划代表了事情可控和有安全感。而改变，必然牵一发动全身，这样，就等于事情不可控，并且毫无安全感。如果有人试图强行改变蓝色性格的计划，蓝色性格要么拒绝，要么放弃，要么坚守不让。

当你违反规则时，搞定真假规则控的绝招

因为性格不同，同一件事就不可一刀切，面对不同人的应对方法就要不同。这就是——钻石法则（详见“性格色彩宝典系列”）。本案例中，你可用的钻石法则如下。

情况一：如果对方是蓝色性格，你就应该……

当蓝色说："你怎么现在才下来，我等你等了这么久，这里不让停车，交警都过来说我好几次了……"

你应该：非常真诚地表示歉意。蓝色不能接受的是，明明你错了，可你还振振有词，强词夺理。万一你预估自己会迟到，提前告知蓝色，你无法按时的理由，然后重新预估时间。如果暂时无法提供准确的时间，你宁可和人家说"到达时间不详"。

蓝色痛恨那些乱估时间、随口应承的人，所以，如果你是一个考虑问题简单的红色，务必要提高你的预警意识，宁可给的时间宽松点，也别满打满算，搞到最后自己没余地，那多尴尬。

情况二：如果对方是红色性格，你就应该……

当红色说："你怎么现在才下来，我等你等了这么久，这里不让停车，交警都过来说我好几次了……"

你应该：马上向他强调，你是多么在乎他，并且，你要感谢他能有这么大耐心等你这么长的时间，对他给你的关爱超级认可并且表达幸福感，"夫君如此，妾身是何等的三生有幸啊"。记住，红色没兴趣听你跟他解释道理，"刚才为什么拖堂啊，为什么下来晚了，到底发生了什么鸡毛蒜皮的事啊……"

人家更在意的是，你看到了他的付出，你认可他的付出，所以，你不需要翻来覆去地说明"迟到不是你的错"，其实，错了也不要紧，你的重点要放在——"有你，真好"。

区分真假规则控的秘法

当你明白两种性格在规则问题上的不同出发点，你就会明白蓝色和红色的真正差别。再举个例子：

公司高管讨论如何处理违纪。这桩违纪事件，让前来视察的投资商对公司印象糟糕，导致合作终止。会议中，负责内部运营的副总裁不停地说："我早就说过，电梯不好，应该及时修理；我早就说过，仓库里不要堆放自行车……"原本半小时可结束的会议，因他的啰唆，足足开了一小时。请问他是什么性格？这位副总裁做事的规则感非常强，但在人际交往时又非常热情，不像蓝色。

这位副总裁反复强调自己说过的话，看似在强调"规则"，其实，强调的是"我早就说过……"。将这事与上文案例联系，就会发现，关键在于他要"自我表现"。核心是表达自己的先见之明，能够发现，他渴望成为众人关注的对象，渴望得到大家对他英明的认同。副总裁的性格，其实是红色，此时此地反复强调"规则"，心里的小九九，不过是想"得到大家认可"。最想见到的场面是，大家赶紧认真地举手作揖，集体吹捧：大人真是有先见之明啊，当初不听大人言，吾等好生羞愧，悔不当初啊。自今日始，必奉大人马首是瞻，从今往后，大人指哪儿打哪儿，绝无二话……

生活中，很多貌似"规则控"，喜欢把"规则"挂在嘴边的，往往不是蓝色而是红色，因为红色把"规则"挂在嘴边，而蓝色把"规则"记在心中。

识人之谱

为什么蓝色性格总喜欢翻旧账？

蓝色性格翻旧账不是为了表现自己，说明自己曾经如何如何付出，而是出于两个原因：第一，提醒对方，彼此曾经有过承诺和约定，不可以忘记，甚至蓝色性格心里会记数，对方犯了一次两次三次，次数越多，蓝色性格心里的失望越强烈；第二，暗示对方，如果依旧不改，对两人关系的影响会很大，但因为蓝色性格的表达比较含蓄，不会直接发泄情绪，所以有些时候即使翻了旧账，对方还是不明白，这时蓝色性格会陷入更深的痛苦之中！

真正追求规则的人皆源于完美

如果你没和蓝色长时间相处，你自己也不是蓝色，就很难想象这种人注重规则的程度是何等夸张。

性格色彩亲子课堂上，我问，哪位同学在细节上平时很注重规则？

一位母亲高高地举手。她说：“我的衣柜里，衣服挂得很整齐，深色挂一起，浅色挂一起，而且，会按照赤橙黄绿青蓝紫这样的颜色顺序排列。”

一位霸气侧漏的父亲发言：“这样挂衣服，毫无意义。我的衣服就分两大类，正装和休闲，正装挂一起，休闲装挂一起，这样，够有规则了。”

请问，听完两位学员的发言，他们哪位才是蓝色呢？

答案 A：第一位，因为衣服排列更细致，第二位很粗放；

答案 B：第二位，因为挂衣方式更合理，第一位只是好看。

无论你选 A 或 B，全错！

以上两位，都是假蓝色。

当继续追问这两位学员，为何要这么排列？他俩给出了不同答案：

第一位，按赤橙黄绿青蓝紫排列。原因是："我每天要穿不同颜色的衣服，这样早起打开衣柜，看到这些颜色，心情很好。"

第二位，按正装和休闲两类排列。原因是："拿起来方便，穿衣服只要快速想一下，是去哪个场合，随手一抓，就行了。"

真相大白！从动机分析：

第一位学员是红色，排列的动机是"心情""感受"；

第二位学员是黄色，排列的动机是"实用""需要""结果"。

两个人，都不是真正的蓝色。

一个真正蓝色的衣柜是怎样的呢？

一位蓝色母亲告诉我：首先，她家有两个衣柜，一个用来放春夏衣物，一个用来放秋冬衣物。这样，每次穿衣服，不用跑来跑去。

其次，同一个衣柜里，会把一套套衣物搭配好挂起来，因为她认为搭配不能乱，在买衣服时，就考虑好搭配了。

最后，衣物间排列，重点不是先后，因为都搭配好，打开柜门，一目了然，重点是衣服材质是否会掉毛、会磨损，比如金属衣饰不能和真丝衣服挨在一起，否则会钩破……

你看，真正的蓝色执行规则，绝不仅从一个角度考虑问题，而是各方面都想到，都按规则执行。

换位思考，如果你跟一个蓝色生活，一起作息，一起出门，一起旅行，一起工作，感受怎样？

如果你没有计划性，而这个蓝色，又时刻用他的要求去框你，你会很辛苦，因为，不同性格看重的东西不同！

红色看重开心快乐，黄色看重结果效率，绿色看重安稳轻松，这些都与蓝色看重规则感剧烈碰撞。

蓝色那么注重规则，甚至拘泥于条框，归根结底，是由于完美主义。而这种完美，无所不在。我们常听红色嘴巴上说“我很追求完美”，但其实，距离真正蓝色要追求的完美，不可同日而语，完全天壤之别。更何况，真正的蓝色，认为“完美”二字不可说，说出来，就不完美了。

正所谓，“不可说，不可说，一说就错”。

性格色彩识人034式

为什么蓝色性格啥事都能想那么多？

“一次理想的旅行，就是一切都如期发生。”旅行开始前，蓝色性格尽可能考虑一切，为这次旅行编写了一个完美的计算机程序，只要这个程序里面没有漏洞，运转时一切如期发生，就是最完美的，这就是蓝色性格严格执行规则的动机，要把一切做到自己可控的完美，这样，才安全。

3. 固执

为什么有的人就是油盐不进

若论坚持原则的楷模，上文中那位神奇空姐，你已有所领教。

蓝色，是最靠谱的性格，没有之一。在工作中，把一个既定流程和标准任务交给蓝色，大可放心。但是，一个过于坚持原则的人显然会很死板，易坏大事。很多时候，极不起眼的小环节到了蓝色这儿，被卡得死死的，等跟他说通，时机已逝，前面所有人争分夺秒抢下来的时间，全部白瞎。

不懂变通、坚守原则、固执己见的人，到底在想什么？

要想洞察蓝色的原则性，你需先从理解蓝色的坚持开始。

你能坚持多久？

若论性格中的坚持，两种性格都很出色，一为黄色，一为蓝色。差别从追求自己喜欢的人这事上就可见一斑。

▲ 黄色：发现自己用的第一套追求方案不行，立即更换，上第二套，再不行，就第三套。转变起来，毫不犹豫，用什么方法，不重要，抱得美人归，最重要。

■ 蓝色：从头到尾，就那么一套方案，如果不行，仍旧继续；还是不行，继续坚持，直到海枯石烂。

不仅对爱情，对其他事情也是如此，蓝色之所以坚持，就是因为相信时间方可证明一切，明月照我心，此心日月鉴。

新领导上任后，一番新气象。

公司内部举办管理人员宴请，领导酒量好，为表亲民，按序下桌，轮番敬酒，和每位同事招呼。

心情好，要求人人喝酒。

蓝色的财务经理，从不喝酒，领导劝酒，不喝。

今日高兴，举司共饮，来，喝一个。

实在抱歉，此生未曾饮酒。

老马老牛老李老杨皆不可饮，为啥人家可喝，你却不可，今日大庆，莫扫众人兴，来一个，唯此一杯。

人各有别，他们能喝，我不能。

周围观者见气氛凝重，无比紧张，纷纷出来打圆场。

领导自己一饮而尽，将已见杯底的空杯展示于他眼前，然后笑眯眯地盯着他，这样吧，无须一杯，一口罢了。

此君漠然。

喝了一口，含在口中，拿起餐巾，缓缓，将口中酒，吐于毛巾上。

举座哗然，瞠目结舌，不出大气。

领导哈哈一笑，归位继续。

次日，此君辞职。

换作是你，如果滴酒不沾，遇见这样的场景，会怎样？来看看其他三种性格的反应。

♣ 红色：如果现场大家都很激动，看到其他人都喝了，舍命陪君子，那我也来一遭。如果没喝，可领导施压，最后，不想搞太僵，或许就屈服了。

▲ 黄色：不喝，领导没面子，之后怕不好过，权衡利弊，倾向于喝。但喝之前，先和领导打哈哈，争取更多利益。

● 绿色：既然领导命令，不喝，就是不给领导面子，不太好，那就勉强喝点吧。

蓝色在原则问题上极为决绝，不受权威裹挟，若用权威打压他，会以“暗反击”明志。

由此发现，蓝色的决绝，是出于对原则的坚持。这个原则，并非喝不喝酒，而是“不对权势妥协，不做不正确的事”。这点，蓝色内心，无比坚持，虽然喝了一口，但是是在你的淫威之下被迫喝的，接下来，立刻以吐出来的方式反击，表明了自己的尊严：我不想破坏我的原则。假如领导因此怪罪，你无根无据，不过是穿小鞋罢了。蓝色宁可丢掉工作，也不肯丢掉原则。

对蓝色而言，内心对错分明，对就是对，错就是错，一旦他认为这个是错的，即便你用利益诱惑，用权威压制，没用！他不和你吵，不和你闹，只是用执着告诉你：杀了我可以，同流合污，没门！因为这种特点，他们吃了很多亏，付出很多代价。并且，这种原则深藏于内心，不会因为顾及朋友利益或大众看法而改变，蓝色是最不会变通的人。

坚持原则VS死板固执

坚持原则是好事，但是，过于坚持原则就变成死板固执，会要了人命。

多年前，我父亲来听我讲课。课上，分享了一件我从不知的秘闻，令我冒汗。我父亲的性格是蓝色，我母亲的性格是红+黄，两人常为小事冲突。

当年，我母亲怀孕时，两人为鸡毛蒜皮争执，母亲说不过父亲，就耍赖，开始躺在地上打滚——重点是，我在里面七个月啊。而我那坚持原则的父亲，始终双手交叉，虽然担心我母亲和肚子里的我，但面沉似水，不为所动。我父亲心里想的是，你怎么可以这么不讲道理，如果我现在去扶你哄你，岂非一个有道理的人要去迁就一个没道理的人，人间正道是沧桑，胡搅蛮缠不入堂！无论如何，士可杀，原则不可破。

母亲原本只想吓唬一下父亲，结果发现，这个男人居然在那里漠不关心，无声看戏，这下子，她内心愤怒的熊熊之火被彻底给激发了。于是，情绪发作，鬼哭狼嚎，撕心裂肺，更加用力地在地上打滚，就是不肯站起来。

如果不是邻居听到动静，把我母亲从地上扶起来，假如她再多打滚那么一会儿，乐嘉先生怕是此生就无法来到世上，你也看不到这本书了。

这个危机，话分两路，既与我母亲的红色情绪化冲动有关，也与我父亲的蓝色执拗死板有关。换了其他性格，甭管谁对谁错，肚里的孩子是无辜的，先把孕妇扶起来再说，否则，再大的理，也抵不过孩子的命。也不知父亲那时是不是脑子"锈了"，后来一想，喔，忘了，他是蓝色一根筋，正常。一旦认了死理，就有种宁死不屈的气概。

除此以外，死板的人，有种神奇的能力，他们总是可以非常轻松地让身边的人非常不轻松，总能成功地搞得周围的人心情凝滞，即便是艳阳天，也能快速实现晴转阴。

一家人去金鸡湖拍照，父亲为母亲和我各拍了完美的单人照后，把相机交给我，详细告知拍摄方法，让我也为他拍摄一张一样的照片。

当父亲站在他精心选择的那个位置上，我拿着相机，调好焦距，然后蹲下，准备拍照。因为他交代了，摄影师蹲着，可以把他拍得高大些，与蓝天和湖水更相衬。这时，父亲突然皱眉，走开了，我很奇怪："爸，你怎么不拍啦？"问了几声，他才说："你忘记我告诉你什么？"我还是想不起来，他只得说明："先蹲下，再调焦距。"我恍然大悟："噢，没事，焦距我已经调好啦，您快回原位，我们拍完赶紧坐船。”父亲见状，紧抿嘴唇，拉着脸直接走开了。

之后，无论我怎么喊，他就是不回头，我只得收好相机，怏怏跟上。之后，我心里也不舒服，他也不和我讲话，全家人彻底没玩好。

在这位父亲的心中，“先蹲下，再调焦距”，这可是个原则问题，非如此，不能保证更好的拍摄效果，而儿子对原则问题的漠视，令他不想再拍照了。亲生的儿子，居然会如此漠视规则，不能忍。

理论上，只要儿子焦距调得正确，“先调后蹲”，还是“先蹲后调”，对相片成片的最终结果，没有多大影响。但是，对于蓝色而言，判断一件事的标准，不单单是结果，还有过程！

蓝色是过程和结果同样追求、同样在意的一种性格，如果你没有按照他的方式达成最后的胜利，那是不讲武德的小人行径，非君子所为，即便你赢了，蓝色也会嗤之以鼻。

蓝色对他自己认为的这种原则的坚持，的确会令人发指，不，不，不，对不起，我说错了，是肃然起敬，敬佩得心里发毛。即便父亲的原则是要坚持“先蹲后调”，儿子有不同意见，父亲大可以再次跟儿子说明道理，让儿子再来一遍的。但是，突然拉下脸离开，一声不响，比狂风暴雨般地发飙，更加让人觉得阴霾密布啊。最终，让一起出游的全家人，游兴大减，得不偿失（父亲一声不响离开的心理动作，在本章“猜心”和“不说”中都有详细阐述）。

识人 识人之道

性格色彩识人035式

为什么蓝色性格如此注重流程？

哪怕在别人认为很小的事上，蓝色性格也会讲究先后次序。因为思维是环环相扣的，一旦先后次序被颠倒，既打破了计划，影响到效果，也破坏了思维的逻辑，让蓝色性格感到混乱和难以忍受。

死板，在工作中，也可能带来巨大损失。

原因在于，工作中少不了流程、计划和方法，任何一项，都要坚持标准，但如果拘泥于某个环节，不考虑突发事件和变通可能，整个项目的进度一旦被卡死，损失难以弥补。

麦克风的组装过程中，金环清洗是必需的环节。忽然有一天，蓝色主管发现竟然没有文件规定这一流程，但是，生产线一直在执行此操作。于是，紧急召集开会："你们必须给我一个理由，为什么要执行此操作，不然，生产线就要先停止此操作，由相关部门评估其可行性及必要性，等相关文件出来后，生产线再恢复执行。"

"金环进料时表面有油污，必须清洗后才能使用，不然，会影响品质。"

"你们有相关试验数据吗？"

"此项操作一直都在执行，试验数据是几年前的了。"

"几年前做的，也有数据保存啊，如果没有的话，那就要相关部门重新评估，然后，再更改相关文件，生产线不可以执行没有文件支持的操作。"

于是，众人回去翻找几年前的试验数据，更改文件。结果，当时只有口头支持，但是没有正式的文件下发。最后，此事惊动了上级，上级要求生产线先复工，随后，快速补发了这个文件，事情才了结。

最后，因为蓝色主管的坚持，整条生产线暂停了一天半，生产进度受到极大损失，整个部门受罚。

为何会如此？核心原因在于蓝色主管的不肯变通，把坚持原则变成了死板，其实，以他的经验，不会判断不出，金环清洗是肯定要做的，即使没有文件，也是保证品质的必需步骤，但他出于"原则性强"，一定要把原来的文件找到，耽误了时间，让公司受损，若是换作更大的项目，损失更是难以计算。

为什么蓝色性格对数字和图表是那么乐此不疲？

蓝色性格的内心深处，对外界是怀疑的，只有经过事实验证后，才能相信和确认。而数字和图表在他们看来，少了主观偏差，更具客观性。经过核实的数据，让他们感到放心和相对可以信任。

千万不要小看了性格中的固执，当蓝色的死板遇上重大事件，可能会以生命为代价。

在《阅微草堂笔记》中，记载了一位医生因不知变通而杀人的案子。

某医生谨慎忠厚。一天夜里，有位老太太拿着一对金钏来买堕胎药，医生很害怕，拒绝了她。第二天晚上，老太太又多拿了两支珠花来买药，医生更加惊恐，赶走了她。

过了半年多，医生梦见被阴司拘传，说有人告他杀人。到阴司，只见一披头散发女，向阴官哭诉，向医生买药不成。

医生说："药物救人，我怎敢杀人图利！你自己因奸情而死，能怨我吗？"女子说："我求医时，胎儿未成形，如果堕它，就可不死。这样做，不过毁掉一块没知觉的血块，保存一条等死的人命呀！可没有药物，我就不能不把孩子生下来，以致孩子遭到扼杀，受了种种痛苦，我也被逼上吊。这样一来，你想保全一条命，反害了两条命！你不担罪，谁担？"

阴官叹息："你说的，是斟酌当时的处理方法；他坚持的，是理。固执理而不考虑事实利害的人，世上不止他这人呢。算了吧！"说着，敲桌子发声，医生一惊，醒了过来。

作为医生，坚持原则，不开堕胎药，原本没错，但医者仁心，原来的规定也是基于对生命的尊重和保护。如果只是坚持这个“原则”，不看原则背后的原理和这个原则的出发点，可能结果就会南辕北辙，为了保护人命（胎儿），结果却损害了两条人命（孕妇和孩子）。虽然只是故事，却很好地说明了不可死板固执的道理，凡事需要究其事理，看是否需要变通。

所谓“变则新，不变则腐；变则活，不变则板”。

马嘉鱼是深海里的一种漂亮的大眼睛鱼，到产卵季时，就会漂到浅海，渔人捕捉它们，就一招：拿个竹帘网，竹帘下系块铁，放入水中，由两只小艇拖着，拦截溯流而上的鱼群。

这么简单的方法，超级好用，根源就是马嘉鱼的性格。这种鱼，很有原则性，只会随着既定计划的海流走，就算明知已经闯入罗网，既不回头也不转弯，一定要按照原定的路线前进。就这样，马嘉鱼们前仆后继地游入网中，成为猎物。

像马嘉鱼一样的人，他们只认死理，只钻牛角尖，不会转弯，而那些懂得适时转换角度，开放思维的人，可轻松地找到问题的突破口。

树挪死，人挪活。萧伯纳曾说：“明智的人使自己适应世界，而不明智的人坚持要世界适应自己。”须知，变通是解决问题的关键环节，也是处世的大智慧。

识人

識人之道

为什么蓝色性格如此不懂变通？

蓝色性格既关注结果也关注过程，不仅仅追求把事情做好，也同样追求避免一切可能的风险。当蓝色性格面对规则时，严格遵循的其实是内心认定的规则，内心的认同会产生强大的定力，不易被推翻。

性格色彩识人037式

4. 责任

为什么有的人宁可放弃真爱

如果你在婚姻中遇见了真爱，你会跟他走吗?

《花样年华》中，苏丽珍和周慕云都已婚，伴侣都出轨，因同病相怜，两人常在一起交流，发现彼此是真爱。影片最后，周慕云问苏丽珍："如果多一张船票，你会不会跟我走？"苏丽珍沉默，周慕云便走了。

为了爱情，可一生一世把爱人放在心中；为了责任，可一生一世不和真爱见面，用自己的生命尽到责任。苏丽珍，就是如此。

还有一个人也是这样，知名度更广。她，就是《廊桥遗梦》的女主角。

为什么这种人明明遇到真爱，却不跟真爱走?为什么要留在不爱的人身边，把自己爱的人放在心灵深处呢?为什么既然留下来承担责任，却还对另外的人念念不忘呢?

四种性格中，相对比，最渴望情感默契的是蓝色，蓝色也最重视承诺及由此而来的责任，这就造成了一旦爱情和责任放在天平两端，蓝色的抉择会非常痛苦。最终，蓝色会选择承担责任，但把爱情放在心底永存。那么——

1. 蓝色为什么如此强烈渴求默契，视为情感需求之首?
2. 蓝色为什么将责任视为婚姻之首?

蓝色性格为什么渴望情感中的默契？

蓝色在情感中的核心需求是“默契”，不论是友情还是爱情，蓝色最渴望找到的，是知音。

四种不同性格对知音的看法

♣ **红色性格：** 白发如新，倾盖如故。知音的存在，有极大不确定性，也许是人群中多看了一眼，也许是一句话让红色觉得这人懂我。

■ **蓝色性格：** 盈盈一水间，脉脉不得语。蓝色的知己，往往用时间来证明。

▲ **黄色性格：** 能共担风雨相互协作的，便是知己。

● **绿色性格：** 能长情陪伴，就是最好的知己。

蓝色的人际交往通常窄而深，要求和标准又很挑剔。对蓝色而言，能称为“朋友”的，本就不多；能成为知音的，更少；既是知音又是爱人的，是奇迹。奇迹发生，终生难忘。

识人 识人之道

为什么蓝色性格看上去拒人于千里之外？

因为蓝色性格认为交朋友贵在深而不在广，对主动靠近自己的人，蓝色性格天然会设防，通过层层考察之后，才会予以信任，加上蓝色性格习惯性地多思考少说话，所以，由内而外散发着一种“生人勿近”的气息。

性格色彩识人038式

《廊桥遗梦》情节非常简单，女主角弗朗西斯卡已婚，偶遇摄影师罗伯特，四天四夜的激情后，她没跟罗伯特走。临终时，她留下遗书给儿女，告诉他们，罗伯特才是自己的真爱。弗朗西斯卡和罗伯特都是蓝色，彼此的默契，酿出最深的挚爱，一生难忘。

换作其他三种性格，遇到婚外恋，会如何？

♣ 红色：易被婚外的新鲜和快乐诱惑，一旦产生婚外恋，陷入到底如何选择的迷茫，或许因冲动放弃婚姻，或许因无法承担离婚的压力而回归家庭。

▲ 黄色：先问自己想要什么，哪一方对自己而言更有价值，就选择哪一方。

● 绿色：尽量保持稳定，不想离婚怕麻烦，但如果婚外恋人的吸力大过伴侣的拉力，可能会被吸过去。

而蓝色的选择，如同《廊桥遗梦》中弗朗西斯卡的选择，留在家庭，把爱情放在心底，正如《花样年华》中蓝色的苏丽珍的选择，没跟周慕云走，但却在之后的很多夜晚，独自待在曾经一起看武侠小说的 2046 房间，点燃一支烟，任烟雾缭绕，怀念他的味道，一遍遍回想他的邀约："如果多一张船票，你会不会跟我走？"

而弗朗西斯卡则用遗书讲述了与罗伯特相爱的历程：

亲爱的卡洛琳和迈克：

虽然我现在还感觉良好，但我觉得这是我安排后事的时候了。有件非常重要的事你们应该知道，因此我才写这封信。要给我的孩子们写信讲这件事对我来说极为艰难，但我必须这样做。这里面有着这么强烈、这么美的东西，我不能让它们随我逝去。而且，如果你们应该全面了解你们的母亲，包括一切好的坏的方面，那么你们就必须知道这件事。现在，打起精神来。

请你们理解，我一直平静地爱着你们的父亲。我过去知道，现在仍然知道是如此。他对我很好，给了我你们俩，这是我所珍爱的。不要忘记这一点。

“平静”两字，清晰准确地表达了她对丈夫爱的程度和情感类型，这种“爱”，更多的是“亲情”，而非“爱情”，更像是责任和回报。

请你们不要把他想成一个到处占乡下姑娘便宜的浪荡人。他绝不是那种人，相反，他有点儿腼腆，对于已发生的事，我和他有同样的责任，事实上我这方面的责任更多。手镯里那字条是我钉在罗斯曼桥上的，为的是我们初次见面的第二天早晨他可以见到。除了他给我拍的照片外，这字条是他这么多年来拥有的唯一证据，证明我确实存在而不仅仅是他的一个梦。

我知道孩子们往往倾向于把自己的父母看成无性别的，所以我希望以下的叙述不至于对你们打击太大，我当然希望不会破坏你们对我的记忆。罗伯特和我在我们这间老厨房里一起度过了许多个小时。我们聊天，并在烛光下跳舞。而且，是的，我们在那里相互拥有了，还在卧室里，在牧场、草地里以及几乎你们可以想到的任何地方。那是一种不可思议的、强有力的，使人升华的美好，它连续几天，几乎不停顿。

在想他时我总是用“强有力”这个字眼。因为在我们相遇时他已是这样。

在蓝色心目中，爱人是完美的，即便发生了世俗排斥的婚外恋，她也坚决维护爱人本身的道德品质。两人一见如故，相处四天，不停交流，对平时少言寡语的蓝色而言，只有遇到知音，才会如此。一旦穿透蓝色的精神和心灵，对灵魂与肉体间完全融合的投入和享受，蓝色将终生铭记。

如果不是因为你们俩和你们的父亲，我会立即跟他走遍天涯。他要我走，求我走，但是我不肯。他是一个非常敏感，非常为别人着想的人，从此以后没有来干扰过我们的生活。

蓝色女主人公因照顾家庭的责任，即使内心情感驱动巨大，责任的力量最终压过内心强烈的真正需求。蓝色会因责任和承诺，放弃自己的快乐，当然，这也是因为有了一对子女。在没有子女的婚姻中，蓝色可能选择分手。

蓝色为什么如此渴望情感中的默契，因为它太难得，对于蓝色而言，更难。所以一经遇到，便无法忘记，整个身心为之倾倒，而蓝色却还是用理智装点自己的表面，理智的外表之下，深情激荡。越是压抑自己选择责任，这份深情越难忘记。

性格色彩识人039式

为什么蓝色性格对默契那么看重？

蓝色性格不轻易表露情感，又非常在意情感，还很善于品读细腻的情感，以上三个原因叠加，一旦遇到可以读懂自己的人，蓝色性格会有“愿为知己者死”的感受。

识人必谱

蓝色性格为什么选择承担责任？

对蓝色来说，真爱和责任，都重要。但在对方没有强力推动的情况下，还是选择“尽忠职守”，继续做个好母亲、好妻子。正如这封遗书后半段所说：

事情就是这样。如果没有罗伯特，我可能不一定能在农场待这么多年。在四天之内，他给了我一生，给了我整个宇宙，把我分散的部件合成了一个整体。我从来没有停止过想他，一刻也没有。即使他不在我意识中时，我仍然感觉到他在某个地方，他无处不在。

此处，我想引用乔治·桑的一句话——我并不是一个道德完善而且高尚的人，我的爱，就是我的全部。但是我爱得强烈、专注，而且恒久。

不过我必须坦诚地告诉你们，从一开始，罗伯特比我更了解我们两人是怎样天造地设的一对。我想我只是随着时间的推移才逐步理解这意义的。如果在他与我面对面，要求我跟他走时，我已真正了解这一点，我也许会跟他去了。罗伯特认为这世界已变得太理性了，已经不像应该的那样相信魔力了。我常想，我在做出决定时是否太理性了。

她一直知道，这事没有标准答案，然而，至少在四天以后的那个当时，她仍旧选择了传统和道德，选择对家庭的责任和对道义的维护。

当然，蓝色男主人公也没给予有力推动，想象下，如果男方是红色或黄色，当时给女方强烈推动，也许，结果会完全颠覆。

对男主人公而言，他没强力推动女方跟他走，从性格角度很容易理解，因为他也是蓝色——他期待对方自愿提出和他走，如果一切话都挑明，那也没什么意思。

我相信你们一定认为我对自己葬法的遗嘱不可理解，以为那是一个糊涂了的老太婆的主意。你们读了 1982 年西雅图的律师来信和我的笔记本之后就会理解我为什么提出这一要求。我把活的生命给了我的家庭，我把剩下的遗体给罗伯特。

如果说，她的历史和生活留给了形式，最终，蓝色的她，希望自己的灵魂与躯体能与真爱在一起。某种意义来说，她把短暂的人生留给应该留给的人；而把永远的灵魂，留给想留给的人。

我想你们的父亲知道我内心有他达不到的地方，有时我怀疑他是否发现了我放在梳妆台抽屉里的牛皮纸信封。在他弥留之际，在德梅音的一家医院里，我坐在他身边，他对我说了以下的话："弗朗西斯卡，我知道你也有过自己的梦，我很抱歉我没能给你。”

从丈夫弥留之际对她说的话，可推测出，丈夫是绿色。婚姻中的蓝绿配，蓝色女人会觉得绿色男人枯燥无味，而蓝色男人却能体会绿色女人的柔情。显然，这封信中，读者可以感受到女主人公内心的痛苦。

我不要你们有内疚或者怜悯，这不是我的目的。我只要你们知道我多爱罗伯特。我这么多年来每天都在对付这件事，他也是。虽然我们没有再说过话，但是我们已紧密地连在一起，世界上任何两人的关系能有多紧密我们就有多紧密。我找不出言辞来充分表达这一点。他告诉我的话表达得最好。他说：“我们原来各自的两个生命已不存在了，而是两人共同创造了第三个生命。我们两人都不是独立于那个生命之外的，而那个生命已被放出去到处游荡。”

蓝色过于追求完美，追求高度的契合。他们常被那种默契感动，觉得那样才最完美。这种心心相印的知音不复存在，使蓝色倍感神伤。

在我这方面，我当然决不以同罗伯特在一起为耻。恰恰相反，这些年来，我一直爱着他，爱得要命，虽然出于我自己的原因，我只有过一次设法同他联系。那是在你们的父亲去世之后，结果失败了，我担心他出了什么事，由于这种害怕，就没有再做尝试。我就是无法面对这样的现实，所以你们可以想象，当 1982 年这个包裹同律师的信一起来到时我是怎样的心情。

如我所说，我希望你们理解，别把我往坏里想。如果你们是爱我的，那么也该爱我做过的事。罗伯特教给了我生为女儿身是怎么回事，这种经历很少有女人，甚至没有任何一个女人体验过。他美好，热情，他肯定值得你们尊敬，也许也值得你们爱。我希望你们两者（尊敬和爱）都能给他。他以他特有的方式，通过我，对你们很好。

望好自为之，我的孩子们。

最后一段，表达了蓝色希望被人理解，尤其是自己在乎的人、自己所爱的人能理解自己的强烈愿望。虽然言语含蓄，然而，你如果了解蓝色对内心默契的向往，就会完全读懂。

换作其他三种性格，会如何看待责任与真爱的冲突呢？

♣ 红色：遇到浓烈的真爱，大概率，在爱情最浓时，不顾一切，奔向新生。

▲ 黄色：对爱情理性，就算是挚爱也会考虑：“除了欲望，我们对彼此有价值吗？放弃现有生活值得吗？”值得，变；不值，不变。

● 绿色：爱情难有浓度，如果对方强烈需要自己，会有较大推动，但也要看离婚的压力大还是不离的压力大，最终，选择那个压力小的。

透过对《廊桥遗梦》女主角的心迹剖析，走进蓝色情感的最深处，看到蓝色的纠结与挣扎，像一条蜿蜒的河流，曲折流淌。如果你身边有蓝色，谨记，蓝色最需要的是默契，最难割舍的是责任，把握这两点，就能理解重大事件的抉择背后，蓝色到底在想什么。

性格色彩识人040式

识人

識人之道

为什么蓝色性格再爱也能自我克制？

与其说蓝色性格选择了理智，不如说是选择了责任和考虑到了其他相应后果。如果选择投奔情感，必须要抛下自己本该担负的责任，蓝色性格本能地会选择承担责任，因为放弃情感，痛苦的只有自己；而放弃理智，痛苦的可能是很多人。

5. 猜心

为什么有的人总想让你去猜

有两个7岁娃娃的搞笑对话在网上疯传。

女娃："你根本就不懂我。"

男娃："你不说我怎么懂。"

女娃："真正的懂不需要说。"

男娃："你说了我不就懂了吗！"

女娃："说出来还有什么意思，我不说你也应该懂！"

男娃："我又不是算命的，我知道你几个意思。"

女娃："我没什么意思。"

喜欢猜心的人，通常对一般朋友或职场关系，要求没那么高；但是，对伴侣的期待值会陡然拉高。那么，到底什么人最喜欢让对方猜自己的心思呢？

四种不同性格对猜心的态度

♣ **红色性格：**"猜"是种太好玩的游戏，常拿奇形怪状的心理测试让别人选，也喜欢让别人猜自己，你猜你猜你猜猜猜。猜到，真是知音啊；猜不到，沮丧3秒，很快就忘。

■ **蓝色性格：**"猜"这个字，说出来就很肤浅，但内心强烈期望自己在意的人能读懂自己。若屡屡无默契，心情失望。

▲ **黄色性格：**对"猜"毫无兴趣。我会有啥说啥，希望你

也有啥说啥，大家都别浪费时间。

● **绿色性格**：不想别人“猜”自己，自己也猜不出别人。可是对方如果主动为自己做，那就免了自己提出的麻烦，真好。

由此可见，最喜欢猜心的，非红色和蓝色莫属，但两者的出发点差别巨大。

举个例子，你和女友去餐馆，点菜时，你问女友吃啥，女友说“你点吧，你点什么，我吃什么”。当你说出自己想吃什么，女友能做到心口如一的，只有两类人，就是黄色和绿色。

▲ 黄色：因为对“吃”这件事毫不介意（除非此人的职业与美食相关），认为无所谓。

● 绿色：因为天生包容度高，吃啥都行。

但是，你千万小心，这话说出来以后，女友翻脸心口不一的，是另外两类性格，红色和蓝色。

◆ 红色：刚开始，的确没啥想法。但当你点了菜后，红色女友会说“没新意，怎么老吃这些”“你明知道我不喜欢吃辣的”……其实，红色是有要求的，只是一开始，没能力说清或没想到自己想要什么，希望对方给出让自己喜欢满意的答案，如果你猜不出来，这顿饭，怕是要吃得不愉快。

■ 蓝色：你还没说，心里就有想法。如果你能记得我的喜好，我不说，你就知道我想吃什么，你点，我吃，君心我心不言自通，那会多么美好；如果你记不得，你也猜不到我，那就说明咱俩没默契，无妨，那我就吃不喜欢的吧，只是可惜“遇到的，是个不懂我的人”，只怕这顿饭吃完，隔阂又多了一点。

在性格色彩中，这样喜欢被人猜和喜欢猜别人的行为，高发在蓝色身上。因为蓝色注重默契，希望能和自己在乎的人心领神会，不需说，就能懂。

蓝色之所以喜欢让别人猜自己，基于三点：

1. 蓝色认为，说出来很肤浅；

2. 蓝色认为，自己已经用行动表示了，你应该看得到；

3. 蓝色认为，说出自己内心的想法，无比痛苦。

猜心原因一：说了肤浅，不说高级

很多时候，蓝色不说，是因为觉得语言的表达，实在肤浅。

蓝色对猜心的诉求，常在别人无知无觉的状况下悄然发作，让你如堕雾中，大声喊冤。

卡牌大师小马说：昨天被朋友拉去大吐苦水，她的蓝色男友离她而去，如果我不知道性格色彩，我绝对没办法理解争吵的原因。

恋爱两年，蓝色男友问："将来想住什么样的房子？"她随口说："别墅呗，带花园的那种。"男友继续问："有几个房间？""院子多大？"她压根没想过，男友问一句，她就随口答一句。聊了半天，她兴致高昂，男友越来越低落。

第二天，她约男友吃饭，男友说，要在家里想些事，她没当回事。又过两天，她再约男友，男友说"我写了封邮件给你，前晚发的"。她去收邮件，发现是分手信，蒙了。

原来，男友有和她结婚的打算，所以问"将来想住在什么样的房子"，但这对于红色的她而言，是道想象力的作文题，于是，随意作答。男友觉得，在她未来的规划里，是一个人潇洒独居，根本没有预留给他的房间，说明她不关心他，没有长远生活的打算。

朋友大呼冤枉，明明很爱男友，只是因为不敏感，没抓到男友问题的意图。我只能告诉她，好好学性格色彩吧。蓝色就是这样，如果你不能读懂他的心思，即便这次复合成功，以后还会分。

蓝色喜欢暗示而非明示，他们不愿意通过语言来直接表达。

遗憾的是，对红色而言，这既令人沮丧，也令人费解。难道，有话不该直接说吗？直接告诉我，多好。

而此时此刻，蓝色心里想的是："难道这个事情你自己不应该知道吗？类似的话，我已经暗示你多少遍了，为什么你就是记不住呢？"

红色崩溃了："大哥啊，我根本不懂你的意思啊！"

蓝色脸色一沉："你既然不懂，那就罢了，说出来有什么意思？"

红色紧跟着嬉皮笑脸地说："可你不说，我怎么改啊？我总要改的，是不是？你不是觉得我做得不好吗，那你说啊。你说出来，我改，我认真改，还不行吗？"

"我说出来，你再改，还有什么意思！"蓝色越想越觉得对面的人不可理喻，"我说了，你再改，那是我让你在改，不是你自己发自内心要改！明明这个事情的漏洞这么大，问题这么多，你和我待了这么久，早就应该自己觉察出来的，你天天和我一起，我要的是什么，为什么会看不出来呢？"

红色腮帮子抽筋，死死拽住头发，用力地向上拔啊，乱成一团，脸上的妆全部哭花，想死的心都有，嘶喊着："哇，呀，呀呀呀呀，啊啊啊啊！我要疯了，我求求你，告诉我吧！我真的猜不出啊！"

蓝色无语，静静地看着红色："算了……别难为自己了。这事你不适合，我自己来做吧。"

《荆棘鸟》中，帕迪的妻子菲奥娜和其中一个孩子斯图，让人印象深刻。菲奥娜深爱着生命中那个不属于自己的男人，却默默无闻、严守清贫的生活，留在帕迪和孩子们身边，直到自己老去。而斯图更甚，他在教会学校，一直沉默寡言，因为思念家和家人，他用绝食的方法表达，却不用语言。直到那些修女激动地问他是不是想回家，他才微笑着说“是”。

“猜心”是蓝色的拿手绝活儿，而对其他性格来说，难似登天。

其实，蓝色是通过这种“高级”的方式间接证明自己的价值，如果对方打心眼里重视自己，当然就可以感知到自己的需求。

性格色彩识人041式

为什么蓝色性格总让你猜？

因为蓝色性格认为“含蓄是一种美”。把爱和思念藏在心中，当众孤独，是一种境界。如果恰好有人能读懂、猜到，那种被触摸内心的喜悦，无以言表，但如果没人猜到，不如沉浸在无人可解的寂寞中。

猜心原因二：我已行动，你当看到

有时，蓝色不是不说而故意让你猜，而是觉得，我说的和我做的，已经足够彰显我的意思，你们不能罔顾自己的粗心和不留意，一味地觉得是我故意让你猜，最后，把问题全部归咎于我的不明示。

可蓝色不明白，在“猜心”这件事上，另外三种性格的反应是：

♣ 红色：很想猜。可我怎么猜也猜不到啊，猜不到，你就说吧，快说呀！

▲ 黄色：不想猜。想说就说，不说？再见！

● 绿色：还要猜？多累啊。你想让我猜，我就猜吧，不过猜不出，你别怪我哦。

不同性格的思维，不在一个频道。

因为蓝色的细腻，所以，与别人相处时，可以敏感地觉察对方的意图和想法。蓝色喜欢观察对方的行为，而非轻信对方说的话。推己及人，蓝色认为，既然别人的想法我能通过行为判断，那我的想法，你也应该通过行为来解读，但事实上，其他人根本做不到。

如果你家有个蓝色，当你傍晚坐在房间看书，蓝色会进来默默帮你把灯打开，让你有充足的光线保护眼睛；当你做事时，蓝色站在旁边一声不吭，可能，你做事的方式有问题，他在暗示你有更好的方法完成。蓝色只是不愿直接指出，希望通过暗示，就让你自己明白，因为无声的提示，已经足够明显了。

识人

识人之道

性格色彩识人042式

为什么蓝色性格总喜欢拐弯抹角？

蓝色性格喜欢什么都不说，默默做事，这样的付出，很幸福，他们在乎“平等”，心里期望看到爱的回报，可嘴里绝不承认。因为蓝色性格觉得，说出来就变成了一种“交换”，越是亲密的关系，越希望对方读懂自己。

猜心原因三：说出所想，痛苦万分

不是这种性格，你很难体会这种性格内心的感受，除非，你掌握了性格色彩。

很多人，因为对人心不解，痛苦万分，来到课堂，苦苦求索，找到答案的那一刻，醍醐灌顶，每个毛孔都散发着畅快的气息。

琴小姐课后写了封信给我，她一直对蓝色耿耿于怀，从未放弃去理解蓝色的强烈企图。这种强烈，是基于她的委屈和不知所措。多年后，她终于向正确理解蓝色迈了一大步。

谢谢你，乐老师，帮我打开这扇通往人性探索的门。或许有一天，我可以像你一样去帮助别人，这是我很大的愿望。

你常说，“你困惑很久也找不到答案的问题，也许在课堂交流中，别人的一句话，让你醍醐灌顶”，我以前一直觉得学性格色彩，看本书不就懂了吗？现在，我终于明白你那句话的意思了。

我一直耗费时间去空想为什么蓝色会这样？有什么事直接说出来不就行了？为何一定要憋在肚子里让人猜呢？对我这样的红色来讲，简直是折磨！这就好像饿了吃饭一样正常，想要什么，想怎么样，说出来，不就行了！不管做到做不到，有什么关系呢？

我极不爽地寻找对象发问，试图破解蓝色为何如此对我？直到那个蓝色同学看着我，认真地告诉我：“是的，你逼着我说出来，真的很难受。就好像，你逼着我把我的内脏放在桌上，然后，还要我告诉你，这是我的心，这是我的肺……”瞬间，他让我困惑了23年的问题，全懂了！

原来，蓝色对说出来一件事的看法和感受，如此痛苦。说出来，对红色而言，轻而易举，但对蓝色来讲，那么艰难！

收到这封信，我想来想去，回了她一句话：“你说得对，蓝色用嘴说出自己感受的苦和红色忍住不说自己感受的苦，在级别上，是相同的！”

♣ 如果你不是红色，你永远无法理解，那个人就是死活不说，硬是让你自己去想的时候，内心的抓狂和绝望。红色绝望于非常简单的一件事，说出来不就没事了吗？为什么要把简单的问题复杂化？明明知道我猜不出，为什么还不说？红色纳闷的是：蓝色的你，只要嘴皮子动一动，就可以很轻松地说出自己内心的想法，省掉彼此来回猜测的麻烦，皆大欢喜，那你为何不说呢？

■ 如果你不是蓝色，你永远无法理解，当自己在乎的人就是没法理解自己时，内心的伤痕和痛苦。蓝色绝望于不知道这样的一幕幕还要持续多久，一日日，一月月，每时每刻，都在上演着这样的戏码，蓝色认为这一定不是你的理解能力不够，只是因为你去理解的意愿不强。蓝色郁闷的是：你只要稍微动动脑筋，稍微用点心思，就可以很简单地明白问题出在哪里，省掉让我说出的痛苦，彼此有默契，不好吗？那你为何不认真想呢？就算你想不出来，你能不能主动认错，能不能主动求教，能不能承认自己是有问题的，为什么还要大声喊叫来指责我，试图证明自己没错呢？

蓝色之所以让人猜心，有时，是因为真的无法说出自己内心最细腻的想法，一旦说出，就有极大的不安全感，仿佛自己的什么东西被剥夺了。

这种感受，你如果不是蓝色，很难理解。但对蓝色而言，想提升人际关系的质量，拥有更多知心人，让自己在乎的人更懂自己，必须修炼，学会表达。当蓝色尝试多说点自己的想法，就会发现，周围的人懂他更多，交流的障碍会少许多，人际关系更和谐顺畅。

6. 不说

为什么有的人从不主动沟通

世上有一种人，话不多，衣着精致低调不张扬，不愿在人前展现自己，与人交往有节制，保持适度距离，看上去很难靠近。这种人，在性格色彩中，被称为蓝色。蓝色不善用热情与语言和人迅速打成一片，更愿通过默默做事和时间来影响对方。遇到问题不主动沟通，宁愿自己默默思量。

难道这种人不知道，很多问题可以在沟通中解决吗？难道这种人不知道，很多事说开了都无妨，但积在心中会成为不信任和心结？难道不想更快拿到结果？为什么非得经过很长时间，任由小误会变成大误会，直至无法解决呢？

想搞懂这些，我们尝试通过三个工作场景，进入其内心，搞清楚这种人到底怎么想的。

上级关系：自我反思

文竹，咨询公司高级顾问，年初老板招她进来时曾许诺，如团队业绩超标，会拿出项目净利润的5%作为个人奖励。到年终，事办到，老板打分，只打“中”，实际发放奖金，略高于一个月工资，相当于原先承诺的奖金的十分之一。

四种不同性格的员工觉得老板没有兑现承诺时的反应

♣ **红色性格：**大失所望，愤愤不平，各种抱怨，找同事倾诉，弄得满城风雨，大家都知道这人怨气很重。

■ **蓝色性格：**先看看什么原因，是我的问题还是老板的问题，回顾一年表现，从中寻找老板不满的原因。

▲ **黄色性格**：直接找老板，问为何没给，如果老板提出不给的理由，那就针对性解决问题，达到尽快拿到老板承诺奖金的目的。

● **绿色性格**：不吭声，就像啥也没发生过一样，心里还替老板找了个理由：也许今年效益不好，大家都不容易，算了。

经过对自己全年的详细回顾，文竹发现自己在年中的一个几十万小项目执行时，下属曾有纰漏，团队认为问题不大，建议她先交活儿，再找机会修改，但她执意不肯，导致工期延误，客户不满。于是，文竹反省自身，第二年，更努力，没出错，年终考评，得到的还是“中”。

四种不同性格的员工再次觉得老板言而无信时的反应

♣ **红色性格**：火冒三丈，去找老板，痛诉一年来的委屈和不易，声称要离职。但假如老板安抚挽留，红色气消了，可能还会留下。

■ **蓝色性格**：表面照常工作，暗找下家，找到后，提出辞呈。

▲ **黄色性格**：找老板谈，不但要求兑现承诺，而且，借此争取更多利益，因为老板忘记承诺，给自己带来伤害，要有相应抚慰。

● **绿色性格**：不吭声。老板忘了，就算了，反正这一年我也拿了工资，只是没拿奖金而已，大不了，下一年不那么努力了，也亏不了啥。

文竹意识到老板可能忘了承诺。她第一反应，想找老板去谈，到底是什么原因给她评级“中”，倒并非想改变老板想法，而是要弄清原

因，不想死得不明不白。但转念一想，说了也没用，公司已经在核心人员群里公布的评级，怎么可能变？即便老板知错，也不会推翻重来。此后，她表面照常工作，但暗地里行动，找到新公司后，提出辞呈，老板做出一切挽留的举措，丝毫没用，文竹也没说出辞职的真正理由。

反观文竹内心，她不是不能原谅老板的失误，而是自己心里的阴影很难消除，一定会影响到工作情绪和积极性。看起来，蓝色处理问题好果断啊，啥也没说，既不找老板要钱，也不在公司里闹事，二话不说，默默找新东家走人。

其实，在蓝色默默行动的背后，藏着这样的动机：

1. 既然我已经用一年的努力来验证了你就是说话不算话的人，那还有什么好说的？

2. 那还有什么好问的？

3. 如果你看重我这个下属，怎么会对我的努力视而不见？

4. 如果你看到了我的努力，怎会想不起来曾经的承诺？

5. 既然你想不起来，说明你压根儿不看重，那我继续跟着你干，还有前途吗？

6. 即便我找了你，你也给了奖励，难道以后每次你的承诺，我都不能当真，都要事后找你沟通才能兑现吗？

7. 这样的工作是我想要的吗？

当蓝色连续问了自己七个问题后，便坚定地做出了离开的决策。

这个事件中，蓝色共有两次不说：

第一次不说，是因为要先反思自己，从自己身上找原因。

第二次不说，是因为蓝色期待的“完美”的工作状态已经被破坏了，蓝色希望自己默默付出，老板心领神会；而不是每次做了，都要去和老板说，去和老板要，才能得到，既然“完美”已幻灭，留在此处，毫无意义。

为什么蓝色性格明明对你不满却不告诉你?

首先，当蓝色性格发现事情没做好时，会先想自己的问题；其次，当蓝色性格发现别人的问题时，不会轻易说出，因为蓝色性格考虑得很多，顾虑也很多，所以很多时候宁可不说，懂的人自会懂。

平级关系：按章办事

红色在意工作过程的快乐，与同事相处的轻松，要想看出来红色由晴转阴再转多云的心理变化，不需要什么特别的技能；与之不同的是，蓝色即便内心再低落，也会一如既往地按章办事，想从蓝色的表面探测出其心理的变化，难如登天。

蓝色的清照，在集团行政部细心谨慎，进退得宜。五年前，她开始和玫子搭档，玫子为人嘴碎刻薄，常常让同事下不来台，加之喜欢搬弄是非，人缘很差，平时没人愿意搭理。

清照做事四平八稳，对同事不会厚此薄彼，所以，和玫子平时还能有两句话说。而被集体冷落的玫子，愈加觉得，公司内部，唯有清照对自己最好。

清照认为玫子此人做事有时太过分，但为了恪守自己的待人准则，工作中，对玫子，她既不亲近也不疏远。这种不冷不热不咸不淡的关系，维持五年后，众人都误以为，她俩是莫逆之交，而清照明明知道自己被误解，却始终告诉自己“清者自清”。

五年后，公司重组，行政部被拆成四个小部门，领导让她俩共同组建一个新部门。

清照得知，焦躁不安。过去，即便玫子闹了事，扰了清照清净，但毕竟部门里不只有她们两个，可转移注意力或走开，但今后，如果两人天天一起，必须由自己来独自承受对方的折腾，这是她万万无福消受的。

经过无数个不眠之夜的斗争，清照小姐最终决定，写封信给领导，老老实实地陈述这五年的一幕幕，并以婉转的口吻表示，公司决定将她俩分在一起，对两人来说，都不是最好。

当一个大家都讨厌的同事黏着你，其他同事误认为你俩关系很好时，四种不同性格的反应

♣ **红色性格：**十分郁闷，尽量躲着，他实在不知趣，就大声呵斥，让群众知道自己和他并非一路人。

■ **蓝色性格：**不管他怎么烦，也不管群众如何误会，坚持自己对人对事的方式，按章办事，一视同仁，等距离交往。

▲ **黄色性格：**冷静简要地告诉他，自己很忙，如果继续再黏，视而不见。

● **绿色性格：**其实他也挺可怜，不招人待见，既然别人不理他，他又主动找我，那我就理下吧，也没啥。

因为蓝色的清照一直不表达自己真实的感受，所以，惹得周围误会，直到误会发展到无法忍受的地步，她才用写信的方式，客观含蓄地表明真相，提出“不要和她分一起”的建议。

搭档烦人，蓝色会在较长时间和一定限度内忍耐，不去指责对方，严于律己，按章办事，为大局考虑，暗示那人收敛。可惜，那人没法理解，变本加厉，而领导和同事也不是蓝色，无法读懂自己，险些因为误解，降低了自己的职业幸福指数。

为什么蓝色性格讲话说一半留一半？

蓝色性格不说是因为希望对方自己明白，如果要说，会说得含蓄，原因依然是希望不必说得太直白，对方就能够明白，可惜其他性格并不像蓝色性格这么细腻，所以蓝色性格会继续暗示，直到对这人失望甚至绝望为止。

下级关系：三思而定

2005年，在给中国五百强——中智集团的高管内训时，我曾问过一个蓝色的地区老总："假设一个很有才华的员工离开公司，跳槽去别家，一年后，他想再回来，你会怎么做？"

♣ 红色：心里有气，拒不接受，当初你离我而去，现在让你高攀不起！

▲ 黄色：此人有用，要！但鉴于离职一年又回来，稳定性有问题，要小心，最好让他短期内发挥出作用，这样的话，万一再离职也无损公司。

● 绿色：既然人家来了，能力也行，就用呗，之前的事，也许有苦衷呢。

那么，你发挥下想象，蓝色会怎么做呢？

那时的我，研究性格色彩只有五年，对人性的理解不够深刻，我想当然地认为，蓝色以忠诚为人生最高品质，怎么会接受一个离开又回来的"叛徒"？好马不吃回头草，回来的人必然会自取其辱啊。一个不忠诚的人，能力再好也不能用，肯定不接受。没想到，蓝色最后给出的答案，让我大跌眼镜。这位蓝色的高管告诉我，在做决定之前，他至少要思考如下问题，否则他无法做出判断：

- 看当初他为何离开公司，是公司问题，还是发展受限，要看理由是否能接受；
- 看他离开公司时，以及之后有没有做过对公司不利的事；
- 他这一年的工作经历是否与目前工作相关，现在是否有实力为公司工作；
- 问他公司和一年前的差别，考察他是否真心回来，并能否做到稳定工作；
- 最重要的，看此人品性，是否诚实可靠，足以信任。

也即是说，蓝色在这个问题上极为谨慎，会综合考虑很多因素，才能做出决定。

蓝色不只是不轻易相信一个人，也不会轻易全盘否定一个人，这些回答，远比你以为的蓝色的内心还要复杂得多。

无巧不成书，没多久，公司有个无比重要的项目。突然，项目负责人之一因家里有事请长假，我感到很郁闷，于是，问一位蓝色同行："如果这事发生在你身上，你会准假吗？"蓝色思索半天，提了若干问题，几乎连下属的小学成绩都问到，最后说："我会问此人家里发生了什么事，讨论有什么办法可以协助解决，尽量不影响工作。如果真的事情危急，我会同意，请他做好交接，并尽早回来。如果此人是借口，我也会同意，同样，请他做好交接，但之后，我肯定不会让他回来。"

职场上，要想真正理解不说话的蓝色，可以从这三个角度去读懂他们，让你的蓝色伙伴发挥最大潜能，无须为沟通烦扰；可是，若恰巧你是蓝色，切记：不说，不可能解决问题的！非亲非故，别人没有一定要读懂我们的义务，有问题请及时说出，这样，可以快速止损。

识人
识人之道

为什么蓝色性格与人相处时要有那么多试探?

因为蓝色性格认为，唯有时间，可证明一切，否则，你永远无法真正判断一个人。同时，蓝色性格也不会因为一个人一时的表现，就轻易敞开心胸给予信任，取得蓝色性格的信任有多个关卡，只有成功过好每一关，才能拿到最终的通关文牒，进入蓝色性格的“信任圈”。

7. 自虐

为什么有的人喜欢自我折磨

情窦初开时，你我都曾有过心动，但爱的表现大为不同。

有的人喜欢大声表白，不惧旁人眼光，恨不得围观者无数，不如此，不足以表达行为艺术的激情；有的人，默默爱着，默默痛着，心意不露分毫，藏在深处，才能产生快感。

有的人失落时，要大声呐喊，借酒浇愁，找人倾诉；有的人失落时，会躲在角落，独自咀嚼，把遗憾藏进记忆，即便没有回响，也要念念不忘。

为什么有的人内心炽热如火，宁可深深压抑，也不肯直抒胸臆呢？

为什么有的人面对遗憾时内心剧痛，但居然还能体会到一种快感？

这种也许你听上去玄之又玄的感受，在蓝色的身上，最为强烈。

藏心：为何把情感深藏在心底？

两个人，相爱数年，但两人谁都不愿先开口。最后，无疾而终，抱憾终身。这种故事，是标准的两个蓝色的故事。

为什么蓝色明明感觉到别人对自己有情，自己也那么喜欢别人，却打死不开口，一定要等到别人来主动捅破窗户纸呢？

第一，示爱后如果对方无意，太伤自尊

蓝色无法开口，是因为他笃信一个等式：万一表达后，对方拒绝或不置可否＝没面子＝尊严受损。

由于蓝色内敛含蓄，很少主动追求，如果主动和对方互动，一定

是觉得对方对自己有兴趣，而蓝色对“拿不准”的事，很难果断决定。所以，蓝色可能会一次次试探，确定对方是否喜欢自己。最简单的例子，你如果第一次请蓝色吃饭，吃完后，蓝色以“回请”的旗号约你下次，如果你拒绝了，蓝色会立即就此打住。

只有经过反复确认，十拿九稳后，蓝色才会主动明确心意。蓝色需要有进有退，维护面子的安全感。这样看来，“饿死事小，失节事大”这样的话，最可能是蓝色圣人发明的。

第二，说不出，只能做

蓝色传递爱意，最擅长不动声色。可落到实处，还是要将纸捅破，这里，需要的是勇气，而非技巧。

一个红色学员在英国留学多年，回忆起自己的一个蓝色追求者：

迈克是我同班同学，明知有各路竞争对手，可他一直假装不知道。每天上午 11 点，都会不经意问我，中午要不要一起吃饭？每次问得都非常准点，都要说明还有谁会一起。像我这种单身的，一般不会拒绝，如果有事，就会说明天一起吃。也许，我从没说过“改天”，所以，迈克认为我可能对他有意思。

一学期过去，迈克基本等于好朋友。我生病没上课，就会收到信息：“天气降温 9 度，注意添衣。”感觉像群发。班上大家都在开我俩玩笑，我都笑了，他却一本正经，“别理他们，他们不懂”，特别认真，把我搞得很困惑。不过，追求者有点儿多，我忙于应付，也没多想。谁料，这哥们儿一追就三年，从没超过普通朋友的行为，无非从四人吃饭变成三人（还有我闺蜜），最后，变成两人。每次吃饭，必有理由（愚人节也能成为吃饭理由）。最终毕业，也没从他嘴里听到一句对我来说感觉暧昧的话。

我生日那天，迈克特意跑了很远，送我一本哆啦 A 梦的漫画书和钥匙扣。知道我当时的心情吗？我很好奇，英国无数好玩的东西，亏他想得出送日本书给我。我发信息问他，为什么送这个？他回答："有次你说，如果有机器猫多好。"我当时觉得，他如此贴心，必定是我永远的朋友（永远不可能是男友）。我认为男女间必定存在友情，就是那时深刻根植的观念，也影响了我今后面对更猛烈的追求者，哪怕我也喜欢的，都会采取平静似水的方式。

蓝色的爱，回头想想，就像温柔委婉的宋词，读到深处，纵然弹落眉间闲愁，也不得不轻叹，怎一个"等"字了得。

蓝色，不管做啥，都要合理。有了理由，才能光明正大地去请客。所以，每件事都要憋出冠冕堂皇的说法。可叹，因为暗示对象的性格差异，结果天壤之别。

♣ 暗示红色：如果暗示的是性格大大咧咧、不介意主动表达的红色女孩，只要人家也有意思，很快，说不定女孩就主动表达了。

■ 暗示蓝色：万一暗示的是个矜持女孩，人家会想："我能感觉到你对我的好，可你不捅破，我只能假装不知道，我如果主动说了，我的矜持不就没了吗？难道你不能直接些吗？你不直接，难道你想让我直接？"

在这点上，蓝色远不如那些擅长一指捅破的黄色。

黄色思维简单，谈恋爱，就是为了共同扶持、相互成长、结婚生子、传宗接代、安家立业、稳定后方……所以，打一开始，黄色的目标就无比明确。

黄色开宗明义，直奔主题，上来就说："我要跟你结婚，因为我爱你！"你答："我有男朋友了啊！"黄色说："没结婚前，公平竞争。"即便你跟他说"我结婚了"，黄色也会说："没关系，我等你，说不定有一天你会离呢。"

黄色不达目标誓不罢休，幸福只能靠自己争取。脸皮不重要，目标最实惠。结果最重要，面子算个什么！表白被拒，拒了再来，再拒再来，还拒还来，只要最终答应，就算拒我百次，又有何妨？最终到手了啊。

可怜了蓝色，打死都做不到，就是最后那一指，怎么伸也伸不出。

性格色彩识人046式

识人之道

为什么蓝色性格不愿意先说“我爱你”？

蓝色性格认为，如果自己先说“我爱你”，万一被拒，面子受损，尊严皆无，饿死事小，失节事大，士可杀不可辱。于是，蓝色性格对自己暗中发誓，如果我爱的那人先向我表达，我一定用我十倍的爱回报。可惜，人家不知道，就算知道，人家也会想“为啥你不先向我表达呢，我也可以百倍回报你啊”。

虐心：为何失恋后走不出？

蓝色常因追求默契，不愿意主动把爱说出口，明明互相爱慕，硬是生生错过。当蓝色失去一段缘分，会长时间沉溺于往事，不能释怀，活在过去。蓝色一面接纳这种遗憾，认为人生果然“世事相违每如此，好怀百岁几回开”，一面沉浸在其中，长期郁郁寡欢。

蓝色女子穆念慈爱上了红色男子杨康，两人高中相差一届，因文学社相识。

两人都爱文学，区别是，杨康看完书，会兴高采烈和她分享；而穆念慈只往日记本里添了段文字。穆念慈为人细腻，当杨康说喜欢哪本书，穆念慈会设法找到，送给杨康；当杨康心绪不宁时，穆念慈会静静陪在身边，听他絮叨；当杨康成绩不佳烦恼时，穆念慈会独自一人去庙里帮他求签保佑。然而，杨康只把穆念慈当作知己，他知道她温柔敏感，可自己喜欢开朗善谈的女孩，总觉得这女孩太悲情。

杨康早一年念大学，到大学后，依然什么话都会和穆念慈说，包括自己的恋爱经历。他会兴奋地和穆念慈共同分享那个女孩的事，两人有矛盾了也会去找穆念慈倾诉。更多时候，两人畅谈文学音乐，精神共鸣。杨康不知，那个默默陪他聊风花雪月的穆念慈，将两人的聊天记录保存排版，打印成一本5万字的书。但这书她没想过给他看，只是作为回忆，夜深人静时自己品。

直到杨康大学快毕业，穆念慈知道他又换了女友，很快出国，之后，怕是连聊天都很少了，于是，默默给他发了条信息：祝你幸福。此后，不再联系。

刚到国外，一切都新鲜，加上事多，杨康几个月都没想起穆念慈，几个月后，杨康给穆念慈发消息，没得到任何回复。杨康想，可能她也忙吧，就搁下了。又过一年，杨康在国外结婚，婚后各种事务，更加想不起穆念慈。

婚后两年，杨康回到熟悉的城市，打开手机，想联系以前的同学，排第一位的就是穆念慈，当他拨打曾经熟悉的号码时，手机停机。他找到以前和穆念慈关系最好的女同学，询问穆念慈去了哪里，女同学告诉他，穆念慈因为抑郁症，被家人带回老家休养。临走时，留下一本5万字的书，请她转给杨康。杨康打开，才知穆念慈一直默默地爱着他，爱得如此之深。回首往事，他也说不清，如果当初他知道穆念慈如此爱他，他会不会动心，但是，终究还是错过了。

蓝色遭遇情感打击后，很难走出。如果对方选择了另外的人，蓝色会默默在心里给自己的爱宣判死刑，一思泪断肠。

在行为受情感影响的方面，蓝色和黄色的区别如下：

▲ 黄色：理性。四种性格中，情绪自控能力最强，不为情感左右动摇。

■ 蓝色：理智。因为把往事和想法深藏在心里，故此，少见蓝色流露情感。

在对当下和未来的问题上，黄色和蓝色的区别如下：

▲ 黄色：眼睛永远朝前看，无论遭受多少痛苦，都觉得一切是为了将来。情感冲击也好，事业挫折也好，都是过去式。重要的是，活在未来，把握现在。

■ 蓝色：小心谨慎盯着前方，同时，时刻想着后方，追忆往事。活在过去，常被记忆触动，表面不动声色，内心翻江倒海。

蓝色的沈默，经历了漫长的折磨和痛苦，结束了婚姻，原因是老婆出轨。

离婚十个月后，拜访一位新客户。客户在会议室开会，他坐在客户办公室等，无意中瞟到客户办公桌上摆放的一男一女合影，女人正是自己的前妻，男人是这位新客户（来之前他见过新客户照片）。

在说出蓝色的反应前，请问各位看官，如果是你，遇到这样的情况，你会怎么做？

在客户的办公桌上，发现了和自己刚刚离婚的前妻与客户的亲密合影，四种不同性格的反应

♣ **红色性格：**怒发冲冠，无法控制自己的情绪，要么直接冲过去揍他一顿，要么立刻告辞走人，回公司后把项目推掉。

■ **蓝色性格：**内心翻江倒海，但和对待正常客户一样，把项目谈妥。回公司后，立刻和上司商量，将后续工作转交他人，不再接触这个客户。

▲ **黄色性格：**不动声色，继续谈着项目，努力把钱赚到，用赚更多的钱来代表更大的仇恨。以后，逮到机会再还击这个“隔壁老王”。

● **绿色性格：**按部就班谈着项目，像什么都没发生，古井无波，也不在心中记恨，认为这一切都是命运的安排。

可见，蓝色的“理智”，做不到不被情感影响，只不过面对工作时，必须保持专业，不能掉链子，这是原则问题，但之后，蓝色会自我折磨。

容易深陷痛苦的，是红色；你身边整天找你倾诉的，是红色；因情感挫折连续三个月萎靡不振的，也是红色。因此，红色常常误会自己是蓝色，你看，我在痛苦中停留很久啊，《性格色彩原理》书中说了“蓝色停留在痛苦当中时间很长”，所以，我肯定是蓝色。

但进入两种性格的内心世界，你会发现，天壤之别：

♣ 红色：痛苦感强，短期爆发惊天动地，但持续时间短。

■ 蓝色：痛苦感强，持续时间久，甚至持续一生。

♣ 红色：内心的空白易被填补。失恋后死去活来的红色，常号称此生再也找不到真爱。惊讶的是，下次恋爱，依旧神气活现，上段阴影早抛至九霄云外。如果一个红色跟你说“我还活在上段情感中”，那只不过是因为暂时没找到合适的下一位。

■ 蓝色：即便重启一段情感，回忆的阴影也犹如心里种草，虽然不提，一旦被小事勾起，内心便隐隐作痛。

♣ 红色：好了伤疤忘了疼。红色遇挫后捶胸懊悔，大喊会牢记一生，但恢复后，容易遗忘当初的难受。因为追求快乐，逃避痛苦，红色常在同一个坑里摔跟头。

■ 蓝色：一次挫折，时刻牢记，告诉自己，再也不犯，并保持行动和思想一致。因此，暗恋失败之痛，在四种性格里，蓝色最难释怀。走出痛苦回忆的难度，和直接表达情感的难度，是等同的。

识人 识人之道

性格色彩识人047式

为什么蓝色性格难以走出遗憾和痛苦？

蓝色性格对失败的经历，会不断反思原因，他们善于体察细微，徜徉在过往感受中，可现实里永远无法满足。因为曾经拥有过的人和事已经固化在回忆里，不会再有破绽，而现实中的人和事是不断动态变化的，所以，蓝色性格总觉得，过去的才是最好的，自然难免遗憾和痛苦。

如果你想走进蓝色的内心，进而影响对方，“完美”和“默契”是两个绕不过的坎儿。如果你不是蓝色，可能会惊呼蓝色的纷繁复杂，可相对于真正的蓝色内心，这仅仅是冰山一角。有朝一日若你走进性格色彩课堂，看到真实的人与人的碰撞，方知何为“人心仅一寸，日夜风波起”。如果不懂几招识人之法，真的会错过人生的无数机缘。

8. 完美

为什么有的人不许自己犯错

有一种人，将“完美”作为自己毕生的追求。在性格色彩中，追求完美，是蓝色的核心特质，他们对自己要求高，绝不允许自己犯错。拥有这种特质，最大的好处就是，出手必精品，任何专业领域在金字塔尖取得成就的，往往是这样的人。但坏处是，完美无止境，倘若凡事求全，小到一张没擦干净的桌子，大到缺憾与无奈的人生，都会给追求完美的人带来无穷无尽的痛苦。

既然痛苦，为何还要追求那飘在天上的完美呢？用性格色彩识人剖析，核心秘密就是三句话：给自己交代，对他人负责，让生命不朽。

完美主义的浅层动力：给自己交代

完美主义的精神古已有之。但凡从事自己的事业或爱好且有所追求的人，都不会满足于得过且过、敷衍了事。

中国古代，就有“一字千金”的描绘，有“吟安一个字，捻断数茎须”的形容，更为变态的是唐朝苦吟诗人贾岛的“推敲”。贾岛一生都在写诗，对写诗这件事，他抱持着精益求精的匠人精神。他最看重自己的两句诗是：“独行潭底影，数息树边身。”还专门为此写了一首《题诗后》：“二句三年得，一吟双泪流。知音如不赏，归卧故山秋。”

像贾岛这样，为了一字一词苦心孤诣的诗人不在少数。他们为什么如此认真？写诗不能直接带来收益，也不能加官晋爵，更多的是为了给自己一个交代。在反复推敲后拿出手的诗句，韵律与意象的配合，浑然天成，富有美感，自己看了，怎一个“爽”字了得。

纪录片《寿司之神》中的小野二郎，97岁高龄，做了70年的寿司，把做寿司当作一件神圣的事。从食材、制作到入口瞬间，每个步骤都经过缜密计算，以最高规格要求自己、儿子及学徒，近乎一板一眼地追求每个细节。在小野二郎的手中，简单的生鱼片要手工按摩40分钟，米饭也要贴近人体温度，这样做才能保证鱼片的美味和米饭的弹性。

这样一个极致的完美主义者，不但对自己几十年如一日地自我要求，而且把徒弟们都培养成了完美主义者。

在小野二郎店里做学徒，必须学会用手拧毛巾。学徒在四个月内唯一的工作，就是拧毛巾，要将极烫的湿巾拧到近乎全干。你没学会拧毛巾，就不可能碰鱼。学会拧毛巾后，你才能学会用刀和料理鱼，等到十年之后，师傅才会让你煎蛋。

有个学徒练习煎蛋很久，原以为入门十年已经够格，但始终无法满足师傅的标准。于是苦修四个月，做了两百个失败品，才做出第一个合格成品。当小野二郎终于面无表情点头认可：“这才是应有的样子。”他哭了，背后满是辛酸的味道。但这不过只是第一关煎蛋而已。学习寿司，还得花费至少三年学会准备大米，八年时间学会怎么把寿司按进寿司卷。所以算下来，没个二十年，你都没法出师。

假如你在小野二郎店里当过学徒，最终出师，可以想象，你对自己的寿司手艺精益求精时，对自己的犯错必然也是零容忍。

2020年，小野二郎的店因为不接受预约，所以，被取消了米其林的星级，但他不在乎。对他而言，对工作的严格自律，把寿司做到尽善尽美，在带徒弟这件事上从严要求，都不是为了做给别人看，只是给自己一个交代而已。

性格色彩识人048式

为什么蓝色性格对人对事的标准都那么高？

蓝色性格自己并不觉得自己的标准高，当别人抱怨他们订立了高标准的时候，他们内心的声音是“这难道不都是应该的吗”“这都是很正常的要求啊”，蓝色性格并非刻意去要求别人，而是完美主义让他们推己及人。

完美主义的深层动力：对他人负责

当完美主义者从事个人创作时，想的是为了把自己的事做好，对得起自己，要精益求精；当完美主义者居于领导岗位时，带领一帮人在干，这时他的反复修改，往自己心目中最理想的样子改进时，想的是要对项目负责，对团队负责，故此，很容易把完美倾向投射给身边的人，但凡他负责的事，都不能有瑕疵。

带领苹果发明了iPhone的乔布斯，可谓一个在工作中极其追求完美的人，出于要改变世界的责任和使命感，他把对完美主义的追求，印刻在所有团队成员心中。许多曾与乔布斯共同相处过的人都表示，这位天才在工作时像是“暴君”，经常会因一些细小的失误大发雷霆，甚至将手下骂哭。不过，正是因为这种完美主义的存在，帮助乔布斯创造了一个个跨时代的作品。

当然，追求完美带来的必然结果是成本的攀升，即便乔布斯也不例外。也有很多的例子告诉我们，完美主义者如果不能适当控制自己对完美的欲望，也可能会给公司和团队带来灾难，比如下面就是一位学员告诉我们的事例。

一个金融集团，2018年投入三亿资金、两百多名研发人员，准备开发一个电商系统，增加线上业务板块。因为负责整体需求的副总裁追求完美，开发过程中，不断提新需求、更改需求，总觉得不够完善，希望做到完美了再推出，忽视了时间效率，导致两百多人的团队开发了9个月，一个简单的电商系统竟然都没上线，整个公司被集团彻底给砍掉了。

完美主义者往往孤芳自赏，当他们处于领导位置时，更有孤胆英雄般的悲凉。我为项目负责，我不能容许次品从我手中交出，我不能容许团队如此粗制滥造……但是由于他们活在自己的世界里，这种“负责”的心态，也建立在自以为是的标准上，最终，只能黯然离场。

性格色彩识人049式

识人 识人之道

为什么蓝色性格总是在假谦虚？

分为两种情况：第一种，蓝色性格对自己的标准比别人高，别人认为很好了，蓝色性格真的认为一般，当然不会接受赞扬；第二种，蓝色性格也认为自己不错，但并不想接受大家的关注和认可，所以会推辞。这两种情况，都会被外人认为是假谦虚。

在工作中，蓝色时刻受到责任感驱使，这让他们追求完美的动力更足，却也成了提高工作效率和拿到结果的拦路虎，怎么办？

很多年前，我有一位学员，是美容学校的校长。校园里，矗立着一座古希腊美神的雕像，因为他是一个追求完美的人，所以要求雕像用金色的漆，为保证这个漆的完美，他亲自挑选色板，并且上漆前，让工人把装在桶里的漆给他看过，再次调色，直至他完全满意才上漆。但当漆好后，他发现，那个金色不是他想要的（其实，只是略微光泽感的差异，装在桶里的色泽和漆在雕像上的色泽有细微不同），他也清楚，如果把漆铲掉重新漆，将会耗费很大一笔钱，并不划算，但他痛苦思索了两天后，还是决定，重新上漆。我问他，为何非要弄到那个完美的色泽，他说：“我一想到这个雕像立在我们学校最醒目的位置，无数人会看到，它代表了我们学校的形象，而我本可以让它更完美却没尽力去做，内心就有一种负疚感。”

美国管理学家彼得斯提出了“彼得斯定律”，指为产品最后 1% 的完满性所做的努力，可能导致市场的丧失。它的意思是，市场瞬息万变，如果总是以完美的产品抢占市场，投入过多时间和精力，会失去最好的机遇，最后造成，即便完美的产品，也失去了优势和先机。

许多完美主义者从小接受的是，以分数高低来评定个人优劣，他们从小被教育的就是仔细认真，哪怕考了 99 分，也要再次检查，看那 1 分丢在哪里，如何补上。但只要你仔细思索“彼得斯定律”，就会发现，一个完美主义者，如果可以稳定地每次 99 分，根本就不要多花时间把缺失的那 1 分补上，应该把时间花在创造更多的 99 分，这才是个人价值最大化，也是真正对团队的负责，不是吗？

性格色彩识人050式

识人

为什么蓝色性格用一生来追求无法企及的完美？

因为蓝色性格对完美的渴求度非常高，也许在追求完美的过程中会遇到种种阻碍，但蓝色性格总会发挥自己天性的细致忍耐，滴水穿石地朝着自己追求的境界走去，像唐僧取经，也像愚公移山，最终，蓝色性格只是为了自己心中的完美而无声地战斗着。

完美主义的核心动力：让生命不朽

在加缪名著《鼠疫》中，格朗是个小职员，对他来说，每天晚上的时间，神圣不可侵犯，因为他在为自己做一件事，在写一本书。

“一份五十来页的手稿。稿纸上只写着一句同样的话，抄了又抄，改了又改，增增删删。用各种方式来回排列组合，还注释罗列句子的不同写法。”

有一次，格朗说：“我在这上面花了好些工夫，必然有收获，但也没多大进展。”

他一生只想写好一句话，但是，直到全书结尾，他也没满意。书中有一句贴切的话形容他：“这对他真是个肉中刺，不胜其苦。”——为什么？小说另一处，格朗说：“我希望有朝一日，手稿送到出版者手中，他看后，站起来说：‘先生们，让我们一起脱帽致敬！’”

这就是格朗的追求，如他所说：“要做到十全十美为止。”

格朗只是小说的虚构人物，但在他身上，能看到福楼拜的影子。福楼拜一生只干一件事——写作。写得那么勤奋，每日通宵达旦，晨曦初露才熄灯。他住在鲁昂，书房窗户面对塞纳河，以至于成为塞纳河上渔夫们的灯塔，最终有了“福楼拜先生窗户”的美誉。福氏也是“抄了又抄，改了又改，增增删删”，每句都要改到自己满意。

莫泊桑记述他的话说：“某一现象，只能用一种方式来表达，只能用一个名词来概括，只能用一个形容词表明其特性，只能用一个动词使它生动起来，作家的责任，就是以超人的努力寻求这唯一的名词、形容词和动词。”

福氏出山时，巴尔扎克有了《人间喜剧》，司汤达有了《红与黑》，他得另辟蹊径。从福楼拜开始，文学多了一个评判标准——“完美”，这是最高的也是最不易达到的标准。作为典型的完美主义者，福楼拜身体力行地追寻自己认为理想和满意的作品，不惜耗尽自己的一生。最终，他做到了不朽，成为漫漫文学史上少有的值得“脱帽致敬”的人物。

作为一位狂热地将完美作为毕生追求的人物，福楼拜是成功的，文学史上留下了他不朽的名字。但还有很多狂热地追求完美的不知名的小人物，他们则是痛苦的，因为既没有得到想要的不朽，还过早地消耗了自己脆弱的身体和精神。

在心理咨询师接到的各种个案中，因过分追求完美导致心理疾病的人不在少数。好比有个洁癖者，每上一次卫生间，都要洗澡，最终，只能以少吃少喝控制上洗手间的次数，以此减轻心理障碍与精神压迫。

有的人过分追求完美又无法实现，导致理想与现实的差距太大，个人自信心完全丧失，这种人，由于没有抗压力，就选择自杀来逃避痛苦。过于强烈的完美主义，反映在内心，就会变成心理问题：求而不得和无力感，甚至走向自我毁灭。这是完美主义者对自己心灵的伤害。

对不朽的期盼，鞭策完美主义者不断朝理想化的甚至遥不可及的完美而努力，但过分仰望星空，忘记脚下的大地，必然伤害完美主义者自身。

总之，完美主义者如能兼顾目标与效率，在工作中适度追求完美，会是最佳的执行者，但与此同时，更重要的是，拓宽内心，修炼包容，不让完美成为心灵的阴影，才能拥有更加开放美好的人生。

性格色彩识人051式

识人 识人之道

为什么蓝色性格遇挫后会长期无法走出？

蓝色性格对完美的渴求非常强烈，凡事都会做好万全准备，一旦遇到意料之外的挫折，会长时间反思，并且，从此很难再相信自己，这就是持续低落的来源。

9. 挑剔

为什么有的人永远吹毛求疵

世上有一种人，鸡蛋里挑骨头，看待事物的标准极高。一份经过多人反复检查的报告，到这人眼皮子底下一扫，霎时就能逮出七八个错。要命的是，这人总想着别人跟自己一样，都能把事做到毫无瑕疵。他是不知，他那本事是天眼，寻常百姓哪怕眼睛瞪瞎，也找不出来错在哪儿。

要想走进一个挑剔者的内心，你先要来思考，到底怎样算是真正的挑剔。

挑剔，通常指过分严格地在细节上找毛病。四种性格中，蓝色公认最挑剔，毋庸讳言，蓝色对事情要求最严，做的事，最有希望接近完美，交出来的活儿，也最靠谱。

蓝色的挑剔，无论在“对事”还是“对人”上，都是全方位的覆盖。

对事，蓝色的挑剔指数必然高居榜首，无论结果还是过程，只要有一点达不到自己的要求，都会被打入冷宫。

对人，红色有时为得到关注，会把自己的挑剔说出，但是蓝色，不仅挑剔，而且还不说，让你自己去猜，你猜不出啊。

难伺候啊！

挑剔原因一：你认为的 90 分，在他眼里只有 60 分

性格色彩培训院的周蝶老师说起自己蓝色母亲对卫生的要求，绘声绘色。

母亲作为一名医生，自己住院期间，对卫生的苛求淋漓尽致，最令她放心的护卫，是我蓝色的老公。每次住院，蓝色老公会一丝不苟

地帮母亲清理床位，比如，先用清水擦洗桌面、板凳、床架、床头柜，再用酒精消毒，最后，用大张保鲜膜覆盖，包好母亲有可能触碰的地方，然后，取出个人用品整齐摆放。

某天，母亲又住院，恰好我和老公没空，于是，黄色大姐陪同前往。

雷厉风行的大姐，三下五除二办妥所有手续，提着起居用品进入病房。黄色大姐短平快，引起蓝色母亲的强烈不满。对话如下：

“哎，桌子还没擦，怎么就放东西了？”

“护士都擦过的。”

“你怎么知道擦过的？那有多脏啊！”

“脏什么，每个病人出院都擦过的。”

“那……那谁知道已经有多久了，再说，也还没消过毒呢。”

“哎呀，医院都是消过毒的。”

“那谁知道？你又没看见。”

有点儿不耐烦的大姐道：“医院有规定的，你自己是医生，应该知道的。”

“那这里现在住的都是病人呀。”

“你自己难道不是病人啊？！”

蓝色母亲顿时无语，心不甘情不愿地看着大姐把东西一股脑儿就位。

晚上，我和老公一起到医院，发现母亲一脸不悦。

“妈，你怎样啊？感觉好不好？”

“唉！就这样，有什么好不好的，今天你姐把我送来的，她忙，已经走了。”

“哦，我知道。”

“上次小顾（我老公）送我来时，都帮我安排得好好的。”

“那姐姐今天不是也帮你都安排好了吗？”

“嗯，是，不过小顾这人做事就是心细……”

母亲絮叨地说了半天入院经过。想到自己和老公今天都累了，我也没再搭腔，只说了些安慰的话。

20点50分，眼看护士要来熄灯，我取出带来的饮料点心放在床头柜。

我说："妈，这个给你和爸爸，明天饿了吃，我先走了，明天再来看你。"

看着我的疲惫，母亲说："你快走吧，早点儿休息。"

因为不忍对我发火，她冲父亲说："桌上这么乱，也不知道整下。"

父亲立刻上前，把桌上饮料和点心往床头柜塞。

"里面全满了，塞什么塞？都给你塞乱了！"母亲生气地说。

父亲说："那我先拿回家，明天再拿来。"

"拿回家，拿回家，你明天吃什么呀？"

父亲一听，又取了出来，放桌上。

"怎么放在这儿？蟑螂不会爬的吗？"

"那我还是放起来。"父亲边说，边拿起点心，准备往床头柜里放。

"不是告诉过你，床头柜都满了吗？还放什么？拿走，拿走，看着就烦，烦死人了！"

父亲说："好好好，我拿走。"又准备装包。

母亲又说："干吗要拿走？拿走了，明天有人来，拿什么招待？"

于是，父亲又从包内取出，放桌上。

母亲接着发怒："放在这里，明天护士不要骂吗？堆那么乱。"

父亲这次实在忍不住，怒吼道："那你说，到底是拿走还是留下，你到底什么意思？"

母亲一下没了声音，停顿之后，没好气地说："走走走，都走吧，让我自己一个人……"

站在边上的我，猛地意识到母亲"作"了半天，想表达的意思是，床头柜没清洁，碍于面子和客气不好意思说。于是，我悄悄跟老公说，你帮妈把周围用具消遍毒，说不定，她嫌脏。

当看到我老公主动上前，把东西归类，酒精消毒，保鲜膜覆盖，再把东西重新摆放时，母亲连呼吸都刹那间顺畅了，一改发怒的眼神，变得很温和，终于露出释怀的表情。她非常温和地对着我们说：“快走快走，太晚了，回去好好休息。”

性格色彩识人052式

识人之道

为什么蓝色性格总是挑三拣四很难满足？

蓝色性格并不觉得自己在挑剔，因为，他认为自己要求的，都是起码应该做到的，理所应当。众人心中的90分，在蓝色性格眼里，只有60分，因为蓝色性格对自己的要求非常高，当他以自己的标准去要求他人时，所见，皆为破绽。

在他人眼中，医院的病房已经超级干净，但对蓝色而言，医院到处滋生着病菌，怎么可以想当然地依赖医院去完成全部的清洁？而且，蓝色还会把病菌感染的可能性给无限放大。蓝色认为，病房这么危险，再次消毒，难道不应当吗？这种事，难道还需要我说出来吗？这些难道不应该是众所周知的吗？

正因为彼此对标准的定义差距太大，所以，其他性格做的事，在蓝色看来，漏洞百出。这也正好说明，如果一个蓝色不能够理解人与人对“标准”的解读，就很难让别人达到自己的要求。

一位红色的准新娘，回忆起令人惋惜的差点结婚的经历：

我和蓝色男友经过漫长恋爱，买了新房，准备结婚。当时，男友常出差，新房设计、材料选择、施工监理，就落到我一个人身上。

做企划的我，整天沉浸在对装修奇思妙想的喜悦中。一个月后，男友出差回来，我很欣喜，让他去看新房雏形，他对客厅、卧室设计是否合理，洗手间和厨房设备摆放位是否方便等，提出了许多整改意见，满心欢喜的我，一下被泼了盆冷水。有些他的细节要求，根本没可能改动。

这次不愉快后，男友尽量挤时间看施工，随着去新房次数增加，细节越来越多，每次都会就墙面平整、墙角直度、滑门松紧、油漆颜色、灯具配套等提出具体要求，每次都让我感到非常辛苦和委屈。

有一天，他工作到深夜后，来到新房（此时我离开不久），打开照明，看到墙面上有少许阴影和瑕疵，立即给我电话，我电话里解释：墙面饰物增加后，效果会好的。他列举了一堆德国人追求每个细部精度保证整体质量的例子，不知不觉，我俩电话争到半夜2点，争执最难分难解时，他说了句话，把我彻底打败：“这房子我打算住三十年的。”我似乎明白了他的挑剔，但也无能为力。很快，我们的婚礼就终止了，大家都觉得没做好准备，要各自冷静。

在红色女友眼中，已经经过专业设计，已经用心看过细节，但红色眼中的100分，在蓝色眼中，连60分都不到。这件事，红色认为蓝色的挑剔深深伤害了自己，可是，蓝色想的是，我已经留有情面了，如果不说出来，怎么能过去自己心里的坎呢？可惜了，那个红色的准新娘发生此事时，没学性格色彩，不然，说不定早早地就花好月圆。

面对蓝色的挑剔，红色会情绪化，黄色会反抗，绿色会照做；但如果未经修炼，其他三种性格，永远不可能追上蓝色的标准，更甭提把事情做到让蓝色满意。

性格色彩识人053式

为什么蓝色性格容易较真不讲人情？

敏感的蓝色性格在挑剔他人时，能意识到对方的不开心，但是他们内心无比坚持原则，同时，他们认为“吾爱吾友，吾更爱真理”，所以，尽管知道对方的感受，依然选择了不放低自己的标准。

挑剔原因二：人只有不断要求才会进步

财务主管汤小姐对工作非常仔细，追求完美。对任何事情都不接受口头说明，必须书面或电子邮件，书面文件必须签字，文件装订必须45度，一点歪斜，必须重来。错别字一眼就能看出，页眉页脚必须对齐，标点符号的“半角”与“全角”的细微差别，也能立即揪出。众人八卦是不是因为她太要求完美了，导致男人不敢接近，46岁仍未嫁，把所有精力都花在工作上，搞得下属那么痛苦，有时感觉管得比老妈还细。汤小姐走路没声音，其他女同事穿高跟鞋嘎吱嘎吱，但她穿高跟鞋能走出布鞋的声音。她从不骂人，可员工若不小心没遵守礼仪，举止随意，她眼睛一瞟，就像凉风从脊梁骨上拂过，话还没说，员工就调好姿势。

性格色彩传播大使阿郎说：蓝色的姑妈，对数字极敏感。家里东西放哪儿，不可有一丝变动；出门时，门和窗锁及煤气，要检查N遍才放心；到陌生地方，地图先要研究彻底才可以；绝不可有任何事情打乱原先计划。表妹常常因为把钥匙放在茶几上而非门框里被骂。

姑妈生活很有规律，做事讲究细节。每天准时5点15分起床，6点半早餐，中午12点午餐，晚上6点开饭，十几年如一日。姑妈对晾衣服的方向和顺序也有细则。譬如，浅色衣服一定要用白色衣架，深色衣服一定用黑色衣架，并且，衣服晾晒，要将前面向左，背面向右，一定要将衣服拉平，不能有皱痕。表妹如果稍有做不到，就会被她责骂。一次，表妹晾衣服，一件衣服的一只衣袖没拉平。姑妈收衣服时发现，就将这衣服重洗一遍。此后，只要表妹晾衣服，姑妈都站在旁边指导，令表妹诚惶诚恐。

蓝色根深蒂固地认为，人只有不断要求才能进步。已经做到的事，为什么不做得更好呢？明明知道的事，为什么还会在细节上犯错呢？

为什么蓝色性格喜欢精益求精?

蓝色性格享受这种"发现不足—完善不足—继续发现不足—继续完善"的过程,但当蓝色性格如此要求别人而他人无法同频时,难免会觉得蓝色性格太求全责备。

在给人压力上,蓝色和黄色,两种性格都很擅长。不过,蓝色的挑剔和黄色的批判,有两点区别。

区别一:给人压力的方式不同

■ 蓝色:语气阴寒且压抑,喜欢反问:"你还记得……吗?""你明知道……为什么……呢?"

▲ 黄色:语气硬朗且不绕,喜欢直给:"太丑了,换一个!""不行!不可以!按我说的做!"

区别二:表扬的方式不同

■ 蓝色:倾向于向后看:"你想想,这次还有没有可以做得更好的地方?"

▲ 黄色:本能地向前看:"好,我们的下一个目标是……"

蓝色主管对下属,蓝色家长对孩子,均是如此。虽然细得让人心悸,严得让人窒息,但依然不知疲倦地兢兢业业地担任着品控官一职。

总之,蓝色挑剔,主要基于两点原因:自身标准高、有要求才能进步。读懂这两条,你对蓝色就有了真正的接纳与共情,与他们相处,就多了份无须言传的默契,更可把要求化为进步的动力,而这,正是蓝色所期。

第四章

黄色性格

Chapter 4

1. 批判

为什么有的人嘴里总吐刀子

批判的本质，是指出别人问题，要求别人改正。凡善批判者，性格中必有改造欲。

众人心目中的圣人先师，负有教诲弟子之责，似乎都循循善诱和蔼可亲，其实，圣人的教诲风格，既有菩萨低眉，也有金刚怒目。

譬如，孔子心平气和，诲人不倦，在人们眼中是蔼然仁者；而孟子向君王陈说为政之道，激昂亢奋，言辞犀利，有睥睨王者的风范和气度。关于孟子的批判性强，古人早有论述。理学大家程颢认为，“仲尼，元气也；颜子，春生也；孟子，并秋杀尽见”“仲尼，天地也；颜子，和风庆云也；孟子，泰山岩岩之气象也”。颜回若是春天的和风，孟子就如同肃杀秋风中的泰山。朱熹更是把孟子说成一个挥臂准备干仗的人：“孟子则攘臂扼腕，尽发于外。论其气象……孔子则浑然无迹，颜子微有迹，孟子其迹尽见。”曾经，孟子离开齐国，在昼邑歇宿，某人想替齐王挽留孟子，便大模大样坐着跟孟子说话，孟子不搭理，趴在茶几上装睡，那人不高兴，孟子就直接教训：对一个年长的老头子，你该懂得礼数！在孟子看来，管你是谁，不明礼义，就该骂，勇于批判的孟子，和孔子的气质完全不同。

世人皆知，人际关系圆融者比较吃香，于是纷纷推崇“看破不说破是智慧，揣着明白装糊涂是人生赢家”。但有人确实宁可背负骂名，也要说“坏话”，所谓“坏话”，在本文中的意思，就是那吐刀子的话。

看到问题定要指出，孩子考试 99 分，他不去夸那 99 分有多好，偏说你那 1 分不该丢，我给你讲过了，你还错，真不长记性。你虽然不喜欢他，不愿靠近他，他不留情面的批评，令你非常伤心，但伤心完了，到头来，你不得不承认，他说的是对的。这种人就是黄色。

黄色性格的批判从哪里来？——发现问题很快

如果你不是黄色，会对这种人有很大的不解：

不解一：为什么黄色总在批判？别人觉得没有问题的时候，他觉得有问题；

不解二：为什么黄色总觉得问题很严重？别人不觉得是多大问题，他觉得问题很严重。

其实，这是因为黄色虽然对人不敏感，但对问题很敏感。好处是，黄色容易成为专业纠错员；坏处是，因为总能发现别人的问题，骨子里，黄色忽略人的感受，唯拿到结果，最重要。

魏征总能发现唐太宗李世民的问题，至于小李子你下不下得了台，不管。

有一次，唐太宗去洛阳巡游，住在显仁宫。这个宫殿常年没人来，茶具陈旧。唐太宗将显仁宫总管骂了一顿，贬为庶民。魏征听说后，立即进谏："依据隋朝灭亡的教训，奢侈是一个君主生活上的大忌。"拿亡朝与唐朝相比，还说李世民"奢侈"，简直是触了逆鳞，但李世民辩了几句："国家富强了，一个君主奢侈点，没什么大不了的。"魏征毫不客气："您一个人奢侈，没多大的事。但是，自古上行下效，一旦您开了头，其他官员就会效仿，如何是好？"唐太宗只得承认魏征是对的。

当黄色的魏征抓住了李世民"奢侈"这个弱点后，就死抓不放。

之后，唐太宗要修缮宫殿，魏征毫不客气："你还不如隋炀帝。"拿网红昏君与当朝皇帝对比，这话杀伤力不大，但侮辱性极强。唐太宗想，老子怎么着也开创了贞观之治，你怎么可以拿杨广这厮跟我对比，这次气得要杀魏征。大臣们一拥上前，纷纷劝魏征赶紧给皇上一个台阶下，但魏征脖子一拧，毫不让步，最后，唐太宗只好自己找了个真的台阶，拂袖而去。另有一日，李世民正在逗弄可助打猎的小鹞，见魏征进来，怕他责怪，忙将它藏在怀中，魏征装作没看见，向太宗奏事，还故意拖延时间。等他离开，小鹞已经闷死了。

为什么李世民一直容忍魏征？

主因是，魏征善于发现问题且直言不讳，可以给李世民本人带来实际帮助，而其他臣子不像魏征这样，时刻提醒督促李世民做个明君，这就是黄色魏征的优势；再说了，说话这么难听的人自己都能接纳，是向世人证明自己是个大大的明君的最好佐证啊。性格也是黄色的李世民，虽然痛恨自己的权威被冒犯，但他对“当明君”这个目标，非常坚定，只要最终结果对他的目标有利，两利相权，忍着吧。

很多时候，黄色总在发现问题，容错率太低，甚至把很多原本可以包容或和缓处理会更好的问题揪出来大批特批，未必会带来好的结果，反而破坏了人际关系，导致事情不是向好而是向坏发展，那么，黄色的结局就会悲催。

2007 年，我给清华大学 EDP 总裁班做培训，在讲到组织内不同性格的领导发生碰撞时产生的种种情况以及应对策略时，一个负责人力资源的学员课堂现场分享了职场上的一段经历：

我们董事长是个非常聪明，且思想超前、善于思考的蓝色。他希望逐步从总经理的职位上脱离出来，拿出更多精力考虑公司长远发展。于是，去年 10 月，我们招聘了一位总经理，女性，典型的黄色，比男人还有魄力。可以说，自打她进入公司第一天，所有部门都感受到前所未有的压力。原因是，她用一双慧眼扫描出公司已经呈现的或潜在的很多问题，并以她强硬的方式要求各部门立即改善。

黄色女总经理有句口头禅：“不行，我不接受，你们一定要……”这话用来说普通员工就罢了，但对在公司工作多年的中层管理者，她也会毫不留情地当众甩上这么一句，搞得对方完全下不了台。而且，她对自己的决策非常自信，完全没有向董事长汇报的习惯。比如，董事长要出差，以他按规矩办事的性格，每次离开都要把事情按计划交代好，但是，总经理却会不耐烦地说：“放心吧，一定不会有问题的！”

在她到后不久，就制造了一件震惊公司的“大事”。起因是一个分厂厂长对她的指令配合不好，于是，她越过生产总监直接要开除厂长。生产总监得知消息，极力反对：“没人比他更了解生产程序。”而黄色总经理全然不在乎：“我马上就能招来一堆更了解的人！”最后，在董事长的干预下，此事暂告一段落。

事情到此为止？早呢！

两年前在董事长的带领下，公司研发部花了一百万完成了一套物流系统，而总经理来了后，就对董事长说：“这套系统太烂，必须马上更换。”董事长非常生气：“你知道我们研发这套系统多不容易，花费多少财力、物力、人力……”谁想到，总经理拿出十倍理由，把董事长驳了回去。

一段时间后，董事长征求了几位核心管理人员的意见，最终决定，将总经理辞退。用他的话说：“不能再继续了，她是在拆我的团队。她的方式就是不停地批判和否定，而不是考虑如何去带领整个团队逐步提升。”

为什么黄色性格容易迅速发现问题？

黄色性格对问题敏感，与他们内心的动机——以结果为导向有关。当他们去看待和审视一件事情时，会迅速地找出问题点，因为找出问题和解决问题对结果有利，而不会把时间花在欣赏做得好的部分上。同时，为了让下次不再犯错，黄色性格会尽可能地放大问题后果，刺激和推动执行者改正。

性格色彩识人055式

黄色的总经理初来乍到，由于她的性格，总能发现很多问题，对问题的敏感和对后果的重视，导致了在别人看来，完全可以包容或调整的问题，在她看来，严重到必须“辞退”和“更换”。最关键的是，她忽视了她的董事长性格是蓝色，无论辞退核心员工，还是更换价值百万的系统，都会造成大量的沉没成本，而这点，是蓝色慎之又慎的。

▲ 对黄色总经理来讲，既然很多事交给了我，那就由我说了算，我为结果负责，不能事无巨细去报告，别人会觉得我是一个没有能力毫无担当之人。

■ 对蓝色董事长来讲，做事要讲究规则，讲究程序，不能自说自话，想一出是一出，大事也不经商量，擅作主张。

黄色只关注结果，蓝色不仅要结果还要过程，两人都不懂性格色彩，矛盾避无可避。

▲ 黄色总经理认为解决问题，当用雷霆手段，快刀斩乱麻，及时止损，杀一儆百，直奔目标。治病救人，当不拘小节，不经历暴风雨怎见彩虹。

■ 蓝色董事长认为解决问题，当循序渐进，徐徐图之，既关注事也要关注人，欲速则不达。治病救人，当因病制宜，留有情面，稳扎稳打，步步为营。

由于黄色掌柜与蓝色东家的性格差异，两人甚至都没有主动去读懂对方的念头，按照自己的法子和理解揣测对方，最终导致掌柜的打包回家，东家重新披挂上阵，正所谓“管理不识人，来去一场空”。

批判性强的人，不仅在工作中批判下属，回到家里，对家人一样严格要求，目之所及，皆是问题。对自己的亲生儿子，也觉得每个毛孔都是毛病。

北洋军阀段祺瑞性格强势，对儿子要求很高。有一天，段祺瑞和儿子下棋，儿子输了。段祺瑞生气地说："下棋不过是小儿科的东西，而你在这上面都不能取胜，真是像猪狗一样笨。"第二天，两人又下棋，这次儿子取胜了。段祺瑞又生气地说："像你这样没有大胸怀、真才学的人，也只能在这种消遣的东西上胜过旁人了。"输也是问题，赢也是问题，反正他总能变着法子找到不同的角度来批判。

如果一个人性格中既有红色又有黄色，那么，不仅批判性强，而且嘴巴不停，每发现一个问题就纠一次错，发现两次纠两次，发现三次纠三次，就演变为家人的"魔音贯耳"，家人生活在这种从早到晚的批评否定中，只有雨泣云愁，唯剩无涯之戚。

桃子在外地工作多年，一直很害怕回家面对母亲。闺蜜从来没见过桃子的母亲，不能理解为什么她会对回家一事那么排斥。国庆，有幸去桃子家做客，见识后，恍然大悟。

从她俩进门一直到吃完晚饭后闺蜜告辞，长达四个小时，桃子母亲的嘴就没停，说的全都是桃子没做好的部分："你怎么又穿这个裙子？我不是跟你说了吗，这个裙子不好看，穿起来像个孕妇。""你怎么不把沙发收拾下呢，你朋友来，怎么能让她坐在这么乱的沙发上？""你这孩子，真不懂事，我手里拿这么重的东西，你只顾自己聊天，也不接一下！""你是猪吗，吃这么多，已经这么胖了，还吃？""你疯啦，这个不是干垃圾，是可回收的，你怎么把它放在干垃圾袋里？"……

拥有这样的家人，身处无尽牢笼中，漫天抱怨，一片黑暗，不见光明，永远不满，永远斥责，永远批判，永远否定，永远做不好，永远不如人，永远看不上，永远没希望……啊啊啊啊啊啊啊啊，空气呢？原来，你已无法呼吸。

遗憾的是，很多黄色骨子里根深蒂固的信念是：我所有的批判，其实，都是在帮助你发现问题，让你变得更好，我的责任就是帮助那些对我重要的人变得更好。如果发现问题还不指出，那就是我的问题。至于感受，在你这一生的长度中，微乎其微，这种东西如白驹过隙，稍纵即逝，虽然可能现在你会有短暂的不舒服，但是和你个人此生的改变成长相比，这又算得了什么呢？别矫情了，聚焦在你的成长，良药苦口，忠言逆耳，以后，你会感激我的。

为什么黄色性格好意想帮人却遭人恨?

抗压力最强的是黄色性格，就事论事，藐视情绪。但是，如果被批判者的性格不是黄色，他只会感到“不被认同”“我很糟糕”“你并不喜欢我”，根本不会接收到黄色性格的善意，知耻后勇地立刻改正（那只不过是黄色性格自己单方面的良好意愿罢了）。相反，“批判”只会让被批判者抗拒或延缓对正确批判观点的吸收，不仅如此，连带对批判者本人都产生了强大的抗拒和不接纳。这才是“批判”本身的悲哀，也是黄色性格终其一生付出惨重代价都不明白的最大的悲哀。

黄色性格的批判往哪里去？——解决问题要快

很多人不理解黄色为何把人往死里骂，其实，核心就在于“要解决问题”。黄色认为，假如你有问题，那么今后你做的所有事都会有问题，为了解决当下以及今后的问题，必须让你牢牢记住和彻底改掉，那么最快的方法就是——批判。

见到墨之，是在2006年我的性格色彩领导力培训班。

他作为公司的销售业绩头牌，且带着一个还算不错的销售团队，他的老板平时里还是一直会骂他，这让他觉得老板对他很不满。这次，不容他询问，老板直接把他送到了课堂上，要求他必须认真学习课程。莫名其妙来到课堂的墨之起初怀揣防卫，在听完我对性格色彩的诠释后，立即发问："我是个红色，我老板应该是个黄色，每次我不小心犯了错误，他就骂我，搞得我现在都不知道该怎么办，我一直在想，到底还能做多久？他到底想让我怎样呢？"

听了墨之的讲述，我重新梳理了他的问题：

● 一个红色下属屡犯低级错误，被黄色老板骂了多次，红色死活没改。

● 红色下属，擅长跟客户打成一片，嘴甜讨喜，能说会道，灵活多变反应快；但红色的毛病也很明显，总是忘了跟进，让到手的生意拖延甚至泡汤，情绪波动严重，随性做事，让人感觉不沉稳。

● 每次黄色老板发火，红色下属总是连连道歉认错，但认错后，下次照样重犯，让黄色老板觉得自己说的话如同放屁。

● 对黄色老板而言，这个红色下属有他的优点，老板并不想解雇他，否则也不会花钱送他来学习了，但如果这个红色下属继续如此无可救药的话，保不住哪天老板就会动了"杀机"。

为什么黄色性格只给刀子不给温暖？

黄色性格内心认为，“好话”人人会说，但“好话”除了听起来让人舒服外，没有任何价值。但“坏话”不一定人人能说出来，因为说“坏话”，给刀子，首先要有本事发现问题和指出问题，还要愿意帮助你成长，如果我不认为你很重要，你求我说“坏话”，我也不屑说。

为了帮助墨之深刻理解这一难题，我当着全班同学的面，示范给大家看。我找了两个和墨之老板一样性格的老学员——他们都在经营着自己的企业，分别给他们打了电话，采访了同样的问题。在这个过程中，我运用了性格色彩中非常重要的技术——“追问”“探询”“借力”，当被采访者分享完内心真实的声音后，全班学员如梦初醒。

老板甲：道歉没有用

我：下属犯错，你会发火吗？

甲：错误可以犯，要看是什么错。如果是低级错误，而且重复犯，我肯定不能忍。过去，我会直接发火；现在，我会考虑是否他不适合目前的岗位，要不要调岗。

我：你发火时，下属知道自己错了，道歉可以吗？

甲：如果我在愤怒情绪的顶峰，说什么都没用，道歉也没用。

我：那个节骨眼，你希望下属怎样回应呢？

甲：啥也别说，别解释。我希望当我怒火平息后，他能提出一个改正方案给我，并且做到。

我：我曾遇到过这样的情况，我不止一次地忘记了事情，老板很愤怒地质问为什么会忘？我答最近太忙了。他更加愤怒，难道你有我这么忙吗？

甲：是的，我以前常说“我都能做到，你们为什么做不到”。

我：这话我也常听到，不知该怎么答，只能说“因为我能力比你差”，而且，我真的这么觉得，所以没做到。

甲：其实，我讨厌听到这样的回答。我不希望你觉得自己能力差才没做到，否则，下次你还是用能力差的理由。我希望你能更努力地去达标。

墨之做梦都想不到，黄色老板的内心，居然会是这么想的！这个答案，把他震傻了。

与此同时，我向大家提问，性格如果同样是黄色，是否会因为职业、地域、生活背景差异，在处理问题上手法有异呢？如有差异，会在何处？于是，我拨通了另外一个被采访者的电话。

老板乙：你必须先听我骂完

我：下属犯了低级错误，你会怎么做？

乙：要看是什么错，也要看是第几次犯。第一次，我会告诉他，他不会，我教他；第二次，我会警告；第三次，直接开除。

我：一旦下属犯了重复的低级错误，就一定开除吗？

乙：要看有没有造成严重后果。公司发邮件要有签名档，这个很简单吧，但有人就是忘了加签名档或写错，而且多次这样，但我不会因此开除他，不过只要他犯，我见一次就骂一次。

我：看来你特别不能容忍低级错误。

乙：是的，我常说，不犯错等于不做事。如果是复杂错误，那是宝贵经验，但低级错误是没有价值的，从中学不到东西。

我：如果下属犯了低级错误，你发火了，下属怎样做，你才接受？

乙：任何解释都没用，说任何话，都不能接受。最好别说，就听着，等我发火完了，你去把事情搞定，下次不再犯，就行了。

我：我也有犯低级错误的经历，比如容易忘事，当对方说“你为什么会忘”时，我不知怎么回答。

乙：其实，黄色老板自己也会犯低级错误，他能做到这个位置，一定是他自己很清楚有些错误不能犯，因为，黄色不具备蓝色的那种仔细，故此，他一定会强迫自己重复检查来达到高标准。所以，他有种微妙的心态，觉得我都不忘，我都不犯低级错误，你怎么会做不到呢？你会忘记，说明你没用心，你在敷衍，你根本没认真做。

挂电话后，我问墨之，想说点什么吗？

墨之看着大家，推了推眼镜，吸了口气：“我发现，原来我真的很蠢。过去这些年，每当我犯错，老板大光其火时，我采用的所有方法，全是错的。那些做法，不仅没有解决问题，反而让我一直从各个角度全方位成功地激怒我的老板。他的反扑让我非常伤心，我辞职过好多次，又回来过公司好多次，为了对老板表示不满和凸显我的价值，我给他看过脸色，我放弃了很多公司给我的机会，我因为情绪化也丢掉了很多大客户。如果我早点懂性格色彩学，早点知道今天你说的这些，我赚的钱早就足够我退休了，我现在的发展也不会这些年一直原地踏步。原来，这一切，其实不是他的问题，是我用的方法大错特错。”

还有很多时候，黄色批判只是为了解决问题，让事情结果更好，可惜在不适宜的场合批判，伤害了对方的感受，适得其反，或者给自己带来不好的影响。

林徽因为人心直口快，没什么城府，同辈至亲都说她是“刀子嘴，豆腐心”。她的这种性格不仅容易得罪人，有时弄不好，还可能造成严重后果。

据一位早年毕业于清华的女士说，林徽因自己才情高功底好，因而对学生的要求也很严格，教学时，不免急于求成。在清华，学建筑的都要求会画素描，林徽因从前教过一个女学生，限于天赋，那女学生的素描确实画得不咋地。一次，林徽因看了她的作品后，急得脱口而出："这叫什么画，简直就不是人画的。"那女生自尊心受打击后，一气之下转了系。

林徽因热爱建筑，视建筑为第二生命。20 世纪 50 年代北京城扩建，拆城墙，拆楼牌，建现代化。林徽因看在眼里，急在心里，呼吁却得不到支持，她无计可施却又忍无可忍，就骂梁思成"堂堂男子汉却保不住一堵墙"。一次，林徽因出席文化部酒宴，碰上也是清华出身的北京市副市长吴晗。大庭广众之下，林徽因当面指责吴晗保护城墙不力，弄得吴晗不知说啥，心里直叫冤，城墙又不是他叫人拆的。其实，在当时的情形下，换谁都无济于事。

作为老师，自然希望自己教的学生有所成就，但是批判的话语过于严重，可能会让学生彻底丧失自信，甚至放弃学习。

需要注意的是，林徽因是红 + 黄，而非黄色。最容易出现"刀子嘴，豆腐心"的，也是红 + 黄性格，而非黄色。因为红 + 黄批判时，既想解决问题，又想发泄情绪，所以，说话容易过头，容易放狠话，这与黄色为了刺激对方放大后果而说狠话不同，而且，当对方示弱或表现凄惨时，红 + 黄的同情心会发作，这就是"豆腐心"的由来，而黄色则不会。

性格色彩识人058式

为什么黄色性格要骂人?

黄色性格骂人不是为了骂而骂，而是为了解决问题。在黄色性格看来，话不说狠，对方根本就记不住，说了也白说。解决问题比顾及感受重要，既然骂可以让对方记住，那就骂。

另外，黄色批判也需看对象，对有些人，批判的话语轻如鸿毛，过耳即忘，对另一些人，批判的话语重如泰山，足以压垮一段关系。

沁小姐离婚后，来学性格色彩，说起离婚原因，坦承与她的批判性息息相关。

当年，她全职主妇带俩娃，把家务料理好，让老公无后顾之忧，专注打拼事业。老公工作压力山大，不想过这样周而复始的生活，下班回家，跟沁小姐说想辞职，她一听就觉得老公是抗压力不行，在逃避，批判的话脱口而出："你还有没有基本的责任心？你有没有考虑过我们娘仨？这是人说的话吗？工作有困难，就去解决困难，动不动说辞职这算怎么回事？谁没压力，你说说，这个世界上谁没压力？人家能解决，为什么你解决不了？"

每每总是如此，还没等到老公说出心里话，她就劈头盖脸先骂上一顿。老公哑口无言，听完后，垂头丧气走向书房。当晚，两人分房而眠。事后，老公并未辞职，而是继续努力工作，沁小姐觉得问题解决了，继续专注家务和育儿，全然没发现，老公在家话越来越少，两人交流也越来越少。更没想到，当老公熬过平台期，职位高升后，提出离婚，因为性格不合，你不懂我。

类似这样的画面，红色的女性读者很容易不经思考就陷入一个常见误区：这必定是一个现代版的陈世美飞黄腾达后忘了糟糠之妻的故事。本能地，将沁小姐在生活中的种种批判和男方感受到的羞耻置之脑后并自动屏蔽。婚姻中这样的问题很常见，这个问题的解决，在《性格色彩恋爱宝典》和《性格色彩婚姻宝典》中，有很多具体的场景、心理分析、性格分析和解决方式，在本书中不做赘述。

黄色需要明白的是，只关注事，不关注人的感受，必然会在人的问题上付出巨大代价。黄色最重结果，但是一味批判，要求强压，猛推死踢对方，可能对方真的进步了，拿到结果了，但过程中的痛苦，势必造成反噬，最终得不偿失。

为什么黄色性格对越亲的人骂得越狠？

我骂你，是为了解决问题，让你更好。如果你跟我没啥关系，我为什么要对你好？我根本就不会来说你。因为我重视你，所以才要说你。骂你，是为了解决你的问题。如果我说了一次，你彻底改掉了，我当然不会再说；但如果我说了，你还不改，下次我就会说得更狠。你越是难过，越是忘不掉这事，对你解决问题越有帮助，所以，我不会因为你难过而不说或少说。

2. 还击

为什么有的人凡事睚眦必报

某人接到一个打错的陌生电话，正好心情不佳，骂了几句，挂断。此后，连续一个月，此人每天都会接到不同号码打来的无声电话（手机客户多，此人无法换号），任凭他喂喂喂，对方就是沉默，只要你不接，就一直打。被折磨了许久以后，此人才醒悟，是先前被骂那位仁兄的报复。于是，在电话里对那头求饶：“对不起，兄弟，我错了，还是你厉害，饶了我吧。”此后，人家不再打来。

世上有一种人把“有仇不报非君子”作为人生格言，不仅自己切身实践，还将这一思想传递给下一代。孩子从幼儿园回来，哭诉自己被打，不会去哄，只说了句：“没出息！哭什么哭！人家打你，你就打回去！哭有什么用！你不保护自己，谁保护你！”

这种人，就是求胜欲强的黄色。

性格色彩识人060式

为什么黄色性格什么事都想赢？

因为黄色性格喜欢竞争和挑战，永远把焦点关注于胜利。黄色性格认为自己不过是接受挑战，并没有一定要击败他人的意图，可事实上，他们随时随地都想击败别人，让他人臣服于自己脚下。

当黄色被击败时，会觉得自己受到伤害，颜面无光，脸上无彩，为了维护至高无上的面子，会反戈一击。通常，这一击的分量，要超越自己被伤的分量。黄色认为，只有这样，才能显示强大；只有这样，才能杀鸡给猴看；只有这样，才能让你们知道我的厉害。对这样的行为，人们称为“报复”。

人们一直把“报复”当作道德的问题来鞭挞，事实上，将这一行为升级到道德层面，解决不了任何问题。从性格角度分析，“报复”就是因为有些人太喜欢竞争，太想赢，只要“赢”，就可以证明自己是个强者，所以，哪里丢了面子，吃了亏，受到伤害，就一定要从哪里站起来。哼，此仇不报非君子！

初级报复

初级“报复”，毫不稀奇，在生活中，随处可见。

黄色的老婆早上出门前正冲洗着太阳镜，老公开个玩笑，在后面偷拍她一下，老婆被惊吓了一大跳，当场火冒三丈：“这个眼镜很贵的，坏了你再给我买吗？”于是，就狠狠地打了老公几下，作为还击。想想还不解气，在老公出门上班时，又在他背部狠狠还击了一下，把老公吓得公文包落地，这样，她自己心里才感觉舒坦些。

黄色的司机在高速公路夜行，有人在后面打算超车，拼命打着远光灯，反光照射，让人眼花缭乱。黄色的司机内心愤怒，将车道让开，待后面的车开到自己前方，然后，紧紧尾随，打开远光大灯直照。从苏州到南京，三个小时，一路跟车。“哼，我让你刚才不守规矩。”

后来，我听说了一个更厉害的版本：另外一个黄色司机面对这样的事情，采取的做法是，人家早早就在汽车后屁股上，加装了两个超级无敌的大灯，夜里谁要是敢用远光灯照他，他就按下按钮，超级探照尾灯反杀回去……

初级“报复”的特点是，只要最后我感受到你输给我了，那就算了。因为我“赢”了，所以，我就原谅你了，放过你了，瞧，我还是很大人大量吧。

中级报复

到中级阶段，那就不仅仅是“我舒服了”的问题。除了“我舒服”以外，必须要让“你难受”。前面“挨打的老公”和“被光射的司机”，难道还不够难受吗？当然，读者诸君，前面讲过，你忘了吗？不同性格对同一个词语的定义完全不同啊。

在你看来，很“难受”，可在黄色看来，并不觉得“难受”。黄色感到“痛苦”的阈值，比其他性格都要高得多，因此，黄色还没觉得前面的司机有什么损失，不行，到了这个阶段，我一定要让你付出代价。

张君，穷苦出身，少时闯荡江湖，20岁赚了百万，却被地下诈骗团伙骗光。张君安排好后事，腰别菜刀，到骗子面前，拉开衣服，“要么还钱，要么同死”，同归于尽的狠劲儿震慑了骗子，讨回了钱。

此后，张君在广州房产中介行业卧薪尝胆三年，积累了足够的资金和人脉后，带着从广州请的人到山东共同创业。

同去创业者，有位大姐常年做行政，文笔、谈吐和形象甚好，为其所用。后因张君没有兑现当初许下的承诺，大姐内心伤感，想“我从广州抛夫离子，人已中年，还跟随你从头开始创业，怎可这样对我”。大姐不愿当众撕破脸皮，不辞而别，回到广州。

张君得知消息，怒目圆睁，心有不甘，实在无法忍受居然有人会抛弃自己，遂多次邀请大姐归队，大姐没有理睬。

于是，他飞到广州，再三恳请，大姐仍不从。

突然，张君下跪痛哭，表示必将悔改先前之种种，哀求大姐务必返回山东，否则，长跪不起。

大姐终被张君的苦心感动，共返山东。

不料，三个月后，张君发出公告——开除大姐。

旁人不解，张君道："宁可我负天下人，不可天下人负我。怎么可以她离开我呢？要走，也是我让她走。"

你说，如果曹孟德九泉有知，会不会大怒："张君小儿，成大事者，不拘小节，何须计较一时得失？当年关羽离我而去，想想我是怎么待他的，最后，方能逃过华容道一劫。像你这种不入流的做派，念我名句，毁我声誉，罪无可赦！"

如果说张君的报复只是为了证明自己比别人厉害，那么，更厉害的黄色，会置之死地而后快，得饶人处不饶人，这里，典型的代表就是慈禧。

对于她认为负她的人，西太后决不吝惜报复。西太后眼里，最大的负心人就是光绪——她从小拉扯大的皇帝。戊戌变法后，西太后不仅将谭嗣同的事算在光绪头上，而且越发恼怒，发动政变，夺回权力。在西太后想废掉光绪，遭督抚和洋人反对无法实现后，光绪就成了世上最可怜的人，衣食不周，且不时需要忍受无休止的精神折磨。

宫里的演戏，也成了西太后折磨光绪的最好方式。政变后，西太后宫里最爱的戏是《天雷报》，这是一出养子中状元后不认养父母，最后遭雷劈的戏。戏演的时候，西太后特意要求加五个雷公和电母，狠狠劈那不孝子，同时，将不孝子换成小丑。面对这出明摆着讥讽的戏，光绪必须陪西太后从头看到尾，边看边发表意见，痛骂自己。对光绪的恨，西太后至死未消。

光绪 37 岁生日前一天，西太后特意安排演出三国戏《连营寨》。这出戏，满台白盔、白甲、白旗，气氛压抑。其实，平时宫廷演戏讲究吉祥寓意，而在皇帝生日的"前三后五"庆贺期，演哭灵戏，无疑是诅咒。此时，光绪病入膏肓，经这刺激，几个月后，撒手归西，拉稀拉了几个月的西太后，却熬过了比她年轻三十几岁的光绪。

话说慈禧这人的战斗力还真强，硬是熬到光绪走后第二天才咽气，人都快不行了，还能硬撑着，一直吊着这口“战胜对方”的气，此患不除，死不瞑目，咱就比比，看谁撑得久。这种为了报复那个自己瞧不上的人，拧着脖子，该死不死，和阎王爷抗争命运的信念，该有多大的决心和毅力。

高级报复

中阶，已经让人“白刀子进，红刀子出”，什么，还有高阶！？难道还有更恐怖的结局？当报复者的力量不足以强过对方时，有的人为战胜对方，会玉石俱焚，既然你不让我活，那我也不让你好好活，要死我们一起死。

希腊神话，有个伊阿宋盗金羊毛的故事。但很多人不知，帮伊阿宋从父亲处夺金羊毛的女子美狄亚，比伊阿宋本人更传奇。美狄亚为了爱情，不惜背叛父亲，拿着宝物与爱人逃奔时，又带走亲弟弟。

父亲追近，她就把弟弟杀掉，丢下弟弟的碎尸，让悲痛的父亲忙着收拾儿子的尸体，以此阻慢追兵。美狄亚后来成为伊阿宋的妻子，生了两个儿子，但是伊阿宋移情别恋，娶了科任托斯城的公主。被抛弃的美狄亚悲痛欲绝，决定报仇。

她先让两个儿子带着沾了剧毒的衣冠，送给情敌，科任托斯公主穿上这一身毒衣，立刻被剧毒焚烧惨死。美狄亚知道伊阿宋一定会找她算账，在伊阿宋未到前，把自己亲生的一对儿子杀掉。因为她知道伊阿宋最爱这对儿子。把儿子杀死，是对自己痛恨的丈夫最大的报复。

这个为爱情杀弟叛父，又杀戮亲生儿子的母亲，究竟是什么人？

这个狠心和悲哀的女人，没有一个女人比她的哀伤更重，最后，她双手滴着儿子的鲜血，独自走上失落的归途。当美狄亚决定手刃儿子时，说：“一切都已决定，再也没有回头路。我不能让心爱的儿子落在他人手上。我给了他们生命，就让我把生命取回。”

我从希腊神话中看到，高阶“报复”，才是人类真正的悲剧。遗憾的是，“我得不到你，谁也别想得到”，这样的思维和话语，在现实生活中，依旧不乏。

在美狄亚的身上，有很多黄色的特点，但事实上，她是红 + 黄。

性格色彩识人061式

为什么黄色性格可以把仇恨埋藏很长时间后才报复？

因为黄色性格骨子里的目标感特别强，而且并不需要别人的认同和支持，就可以自燃，所以，当别人认为已经没事的时候，黄色性格的仇恨其实是在积蓄力量，储存实力，一旦时机成熟，他们会毫不犹豫采取行动，直达目标。

“恸哭六军俱缟素，冲冠一怒为红颜。”吴三桂有个爱妾陈圆圆，被李自成抢了，吴三桂镇守山海关，本来已与李自成达成协议，因爱妾被抢，一怒之下，打开关门，放清兵入关，把李自成灭了，成了千古罪人。吴三桂就是一个红 + 黄，如果他能不受情绪影响，可能会忍一时之辱，与李自成联手，先把清兵赶跑，再打败李自成，最终自立为王，到那时，什么仇都可报。

吴三桂成为千古罪人或千古一帝，仅仅一线之隔，不知道如果他投胎穿越到现世，看了本书之后，会不会抬望眼，仰天长啸，悔不当初？如果他能按照一个黄色的皇者思维行事，历史也将改变。可惜，情绪爆炸的他，在伤害对手的同时，也同样彻底损耗了自己。他为了宣泄情绪而进行的报复，将自己陷入“杀敌八百，自损一千”的窘境，让他的吴氏后人想起这个老祖时，只能哀叹，一个位高权重的男人，爱美人不爱江山，命运也就只能如此，怪不得别人了。

如果你的性格和吴三桂有一拼，你越读懂性格，越该设法规避损人不利己的行为。最简单的方法，就是将本书赠送给身边亲近的那些人，让他们也能了解你的短板和局限，下回，在你走错路的那个瞬间，提醒你，把你拉回到正轨。

健康的黄色，他们明白“胜者为王，败者为寇”，尊重强者，通过公平竞争让自己成为强者；他们努力取得胜利，却不将敌人的尊严踩在脚下；他们给予宽容，避免猛追穷寇。不健康的黄色，只会单纯地追求赢，丝毫没有觉察到自己的攻击性，而且会给自己涂脂抹粉，“我不过是比较直截了当罢了”。

健康的黄色，他们有深层次的爱，保护他人，给予力量，用自己旺盛的精力和天生的权威，为了社会的正义而战斗；不健康的黄色，愤世嫉俗、硬逞威风、破坏规则，完全体察不到别人的心情和感受。

3. 霸道

为什么有的人永远死不认错

霸道者之所以给人感觉霸道，有两大原因：

1. 他们认为自己一定是对的，即便错了，那也是别人的错；

2. 他们只想着达成自己的目标，完全不顾他人的感受。

四种性格中，霸道特质最明显的是黄色。

另外有些官宦人家的孩子或纨绔子弟，从小到大倍受宠爱，那种趾高气扬的霸道，多来自后天环境的影响。周围一群吹捧的人，也没人提点自己的问题，终日马屁环绕，感觉自己高高在上，这种霸道，是环境造就的产物，不在本文解读范围内。

霸道原因一：认为自己永远是对的

两人为一件事激烈争执，结果，一个正确一个错误。那个正确的，或许可坦然面对一切，不会扬扬得意。而错误的，在正确那人的面前，反会百般难受。

在这个方面，人分三等。

一等，得知过错，闻过则喜。知道自己的过错后，不但不会懊恼，反而庆幸知道了自己的过错，有了变得更好的机会。这样的人，天下极少。

二等，坦然认错，心中复杂。反思自己错在哪里，为什么错，以后怎么办，也会觉得，自己错了还与人争，错上加错，难免懊恼。

三等，千方百计，把错变对。明明错的是自己，还不让人说，不但不承认，还指鹿为马。

一位外企的学员分享自己跟上司工作的感受：

作为下属，我与她共事两年。举个例子，她10点钟打电话问我要数据，我立刻在电话里给出答复，勉强属于合格；10点01分答复，她就已经不满意；要是10点半还没答复，肯定有问题。她经常不分青红皂白劈头就骂，骂到后来，发觉自己错怪了下属，怎么办？道歉，不是她会做出来的事，下属没向她道歉已经很好了，她的脸上也不会有愧疚的神情……

“第一，我永远不会犯错；第二，如果我犯错，请参见第一条。”这句话，虽是调侃，但霸道的人，恰好就是这么做的。哪怕生活小事，也自以为是。

有一个笑话，很好地说明了“只要黄色认为你是错的，你就一定对不了”。

小白兔散步，大灰狼迎面走来，“啪啪”给了小白兔两个耳光，说：“我让你不戴帽子！”小白兔委屈地撤了。

第二天，她戴着帽子走出家门，又遇见大灰狼，大灰狼“啪啪”又给小白兔两个大嘴巴，说：“我让你戴帽子！”

兔兔郁闷，思量许久，最终决定找森林之王老虎投诉。说明情况后，老虎说：“好了，我知道了，这事我会处理，要相信组织。”

当天，老虎找来哥们儿大灰狼：“你这样不妥，让老子很难办。你看这样行不行哈？你让她给你找肉！找来肥的，你说要瘦的；找来瘦的，你说要肥的。这不就可以有理有力有节地揍她。”大灰狼对老虎的崇敬冲向巅峰。

不料，以上指导，被窗外给老虎家除草的小白兔听到了。恨啊！

次日，小白兔出门，迎面走来的还是大灰狼。

大灰狼说：“兔兔，过来，给我找块肉去。”

兔说：“你要肥的，还是瘦的？”

大灰狼沉默了两秒，抬手更狠地给了兔兔两个耳光：“混蛋，我让你不戴帽子！”

当他认为你是错的时候，不管你怎么应对，他总有办法证明他是对的，你是错的。

自以为是，死不认错，是黄色霸道的一大理由，正因为如此，黄色在工作中令人生畏。请问谁愿意跟一个永远不会犯错的人共事呢？这意味着“自己总归会是错误的那一方”。

性格色彩识人062式

为什么黄色性格死不认错？

第一，黄色性格要面子，认错，就等于权威扫地；第二，黄色性格要赢，认错，就等于认输，黄色性格不能承认自己输。

结合本章另一文“还击”中对报复的心理剖析，你会更深刻地理解黄色。

霸道原因二：不顾他人感受

霸道的人，不听别人意见，只盯着自己的目标，也不管这个目标或完成目标的过程中是否伤害他人，只管自己像推土机一样向前，还要求别人一定要做到。

卫姐到按摩室的时候发现，已经有顾客点了她常用的那位技师，而且人家已经等了半个小时。

当技师出来的时候，卫姐一个箭步冲上前要插队截和。前台急忙和技师说，今天要先给那位男士做，人家先来的。

卫姐置若罔闻，死盯着技师问：“你愿意先帮我做的，是吧？”搞得技师非常无奈，怯怯地看着前台说：“我，我服从组织上的安排。”

这时，卫姐矛头迅速转向那位顾客，笑脸迎上去：“这位技师一直是我用的，您另选一位好吗？”

人家不同意。

“您看，您是个男子汉，咋还能和一位女士抢呢？”

对方仍旧不肯，卫姐再笑说道：“应该女士优先，你发扬下绅士风度，让给我好不好？”

那位仁兄也执着，继续摇头。

现场的人，这时都已经目瞪口呆。

卫姐再次提出一个让众人大掉眼珠的建议，两人猜拳定输赢，谁赢谁先做。

男士左右为难，最后在前台的帮助下，终于躺在了按摩床上。事情到了这份儿上，卫姐提出了最后一个要求：“你应该感谢我，因为我把这个机会让给了你！”

最后，那位仁兄为息事宁人，只好表示感谢。于是，卫姐心满意足地甩步离开。

“强词夺理，指鹿为马”，大概就是上面卫姐的做法。黄色的霸道在于，习惯以自我为中心去思考问题，非常容易忽略他人感受。他们习惯于“我打哈欠了，全世界都该疲倦了。如果我打哈欠，你不疲倦，肯定你有问题；如果我提要求，你不满足，你这个人问题很大；如果我勉为其难让了你，你不感激，你这个人简直不可理喻”。即便在其他性格的人看来，压根儿就不好意思提、不该提出的要求，黄色也能面不改色心不跳，说道：“就按照我说的做，我肯定是对的。”

黄色的霸道、不顾他人感受，绝不仅仅存在于普通关系，在亲密关系中，更甚。

黄色老公准备到深圳创业，背着老婆安排好行程，临行前一天，跟老婆说："我跟你商量个事，明天我想走了……"老婆只回了一句话："说的是啊，票都在你口袋里了，您还和我商量什么啊？"

创业大事，本当夫妻同心，在黄色老公这里，却变成了先斩后奏，最后一刻知会一声，其霸道程度比抢技师者，有过之而无不及。

在象牙塔的学术界，也能发现霸道者的身影。比如，哈佛大学前校长萨默斯，他本想推行学校改革，破旧立新，把企业竞争机制引入学校管理，董事会很支持。但是，哈佛大学文理学院的教授们集体给他投了不信任票，而美国大学教授地位极高，最终，萨默斯黯然请辞。为何如此？因为萨默斯是典型黄色，只想推进自己的目标，不管别人感受，触犯众怒。

黑人教授韦斯特是哈佛大学仅有的十几位校级教授之一，著作等身。同时，声望超出学术圈，从音乐到政治，均有涉足。他在哈佛上课，学生爆满，打分宽松。萨默斯觉得韦斯特代表了哈佛的许多问题。比如哈佛分数膨胀严重，2001 年竟有 91%的本科生成为优秀毕业生。真正的好学生靠成绩却看不出，另外，哈佛教授常是社会明星，周游世界，各种活动，忽视教学。

面对获得大众认可和极具影响力的明星级教授，萨默斯希望教授们改变工作方式，他本该更加审慎，找他人转达，或先开个头，看看教授反应，再进一步推进，但他太着急了。

萨默斯约见了韦斯特，直接提出要求，要他带头治理分数膨胀，同时多从事学术活动。性格火暴的韦斯特，勃然大怒，中断谈话，扬长而去。韦斯特和几个从事非洲和非裔美国人研究的同事，认为萨默斯不仅对韦斯特不恭，而且对整个学科不恭，扬言离开哈佛。哈佛的对手闻风而动，立即向这几位教授示好，结果不仅韦斯特去了普林斯顿，其他几位教授也另谋高就。哈佛一个本来在世界范围领先的学术领域，受到沉重打击。

黄色的萨默斯太着急了，他的改革并没有因为最重要的那位核心教授的激烈反应，而有所慎思，寻找更迂回的方法达成目标。他过于自信，继续大步快速推进改革，又去找了另外几位教授谈话，希望寻找到突破口。他也不先调查一下，那几个人和第一个人是不是一条心。事态发展到这儿，身边的很多人也会向他提议，放缓脚步，先安抚心情，再处理问题，但是，黄色认为，感受和心情不重要，解决问题最重要，于是，不顾他人想法，继续快刀斩乱麻。

接下来，萨默斯动用校长权力，否决了两个文科终身教授。美国大学评终身教授，最体现教授治校的原则。萨默斯一次砸了两位教授的饭碗，造成了校长和教授对立。

萨默斯的理由是，哈佛总雇用有名无实的教授。学者在成名前创新力最旺盛，成名上年纪时，江郎才尽。哈佛不是养老院，要雇用正当年的教授而不是躺在功劳簿上吃饭的教授。两位教授已经过了创新高峰期。更糟的是，萨默斯放话要取消终身教授制。

须知，西方国家的大学有几百年历史，终身教授制，是历史的结晶。这个制度，首先，保证了教授言论自由；其次，使教授免于饭碗之忧，潜心于学术，这对出成果较慢的人文学科，特别重要。萨默斯是经济学家出身，在他眼里，哈佛教授就是华尔街股票分析师，必须在市场挣扎，才能有效率，这就破坏了教授最基本的安全感。

由于激起教授集体反对，造成知名教授流失，最终，萨默斯失去董事会支持，离开学校。

为什么黄色性格会毫不顾及他人感受？

因为黄色性格连自己的感受都不关注，怎么可能会关注到别人的感受。在所有性格中，黄色性格是最迟钝的，他们认为过多感受只是人生中的累赘，毫无用处。他们并非存心伤害他人，而是压根就没想过感受的重要性。

宋神宗时，王安石力主变法，他以为有了皇帝支持，就万无一失，瞧不起任何不同意见，招来士大夫的群起抵制，终因反对势力太大，最终，遭皇帝罢官，满腔的改革理想，以失败而告终。

当时，宋神宗和大臣文彦博之间有段对话，宋神宗对文彦博说："新法施行以来，百姓交口称赞，都说对百姓有利，为什么你们要激烈反对？"文彦博答："皇上，您是用小民治理国家，还是用士大夫治理国家？"这句话，命中要害。任何改革，纵有崇高理想，若失去相关共事者的支持，最终要失败。约一千年前，立志革新宋朝的王安石，与雄心壮志改革哈佛的萨默斯，虽然时间和背景不同，教训却如出一辙。霸道者即便天赋异禀，才华横溢，也需关注人心和人情，方能立于不败之地。

4. 自控

为什么有的人愤怒不发脾气

项羽和刘邦争天下，项羽实力远超刘邦，结果，刘邦赢了。一次，项羽把刘邦父亲押到阵前，扬言要煮了吃肉，刘邦却说：“咱俩结拜，俺爹就是你爹，如果你煮了咱爹，分我杯羹吧。”项羽无计可施。这就是刘邦的厉害！即便亲人遭险，依然情绪不动；不管对方怎么威胁，绝不动怒。黄色的这种“淡定”，与那些凡事无所谓的绿色的“淡定”，是两个完全不同的概念，这种“淡定”，是为了达成目标展现出的对情绪的高度自控。

往小了说，减个肥，没有自控，就会越减越肥；往大了说，成功者的必备就是自控，试想，古今中外，多少英雄，赢了天下，却毁于情绪化。

在所有性格中，自控力最强的人，就是黄色。为什么黄色的自控力会那么强呢？盖因黄色有三步绝招，可快速驯服“情绪”这匹野马。

第一步：如果目标大于情绪，让情绪去死！

为什么黄色性格很少生气？

黄色性格认为，动怒的都是弱者，是无能的表现。只有弱者，才会忘却目标，任凭怒火毫无意义地发泄。真正的强者，既要有自己的志向，也要有匹配志向的能力，对一切无力的喧嚣，均可视而不见（你所看到容易生气和愤怒的人，几乎都是红＋黄）。

识人

性格色彩识人064式

玄幻小说《史上最强赘婿》中有段精彩对话，展示了一个冷酷无情的黄色父亲是如何教育情绪冲动的红色的女儿。

张翀道：“我这人从不恋战，一局棋输了，立刻抽身而去，绝不身陷其中。”

张春华咬牙切齿道：“女儿发誓，要为兄长报仇，一定要将沈浪碎尸万段。”

“不，不要想着报仇。”张翀道，“政治场上有敌人，没有仇人。”

“明天，我就去和沈浪谈，做个了结！我要将他碎尸万段，碎尸万段。”

这句话，几乎冲口而出，但张春华还是收了回去。

父亲一再警告她，人可以示弱，但不能有弱者心态。有些话，永远不要说出来。比如，永远不要说：“谁谁谁有什么了不起的？我又不求他。”

你在肚子里想想还行，但是千万别说出来。

此时，她如果叫嚣着要将沈浪碎尸万段，这也是一种弱者心态。

发泄的话，千万不要说。

张翀所说，正是黄色的内心所想：“永远不要示弱”“政治场上有敌人，没有仇人”。这就意味着，不要有情绪，一切看目标，在目标面前，情绪是个屁。

黄色本性强势，为了目标，瞬间可以变为勾践，甘受欺辱。所以，如果你是个容易受情绪困扰的人，向黄色学习吧，想想自己要达到的目标，那个目标若是你真正要的，请瞬间放下情绪，全力开拔，直奔目的而去。

春秋时的郑庄公，因为钻出娘胎时脚下头上，他母亲难产七死八活，所以，很不喜欢他。他有个弟弟公叔段，是母亲的最爱。庄公即位后，母亲让他给他弟一块最好的封地，他就给了；公叔段把城墙修得比王城还高大，大臣说公叔段有谋反之心，庄公也不理；公叔段越来越狂，要求郑国西边和北边的边邑都听他的，大臣们惊慌失措，说公叔段想自立为王啊，庄公依旧置若罔闻。

公叔段终于起兵造反，他一造反，庄公立刻出手，瞬间秒杀，雷霆手段，众人惊呆。原来，庄公一直在扮猪吃老虎，容忍，是为了让弟弟掉以轻心、失却人心、大意轻敌，还能为自己博个尊老爱幼的好名声。一旦谋反，庄公就是正义之师，势如破竹，没人会说他自残手足，反而个个拍手叫好。

郑庄公，正是一个自控力极强的黄色，看起来像弱鸡，身为一国之君，居然忍受着弟弟长期以来在自己头上拉屎拉尿。其实，内心非常清楚自己到底要什么，这就是他能控制住自己情绪的核心关键！

性格色彩
识人065式

为什么黄色性格能不被情绪干扰？

对黄色性格而言，负面情绪就等于挫折，情绪必须为目标让路，有了情绪就要立即解决问题，只要问题解决，情绪自然消失，故此，第一本能就是：“怎么做，才对结果更有利？”加之，黄色性格的自控力强，而自控本身就能带来“胜利”感，战胜自己和战胜别人，对黄色性格来说，同样富有价值。

第二步：没有永恒的敌人，只有永恒的利益

能够自由转换朋友与敌人的角色，必然了解人性的普遍规律，深知他人所需，又懂如何攻其弱点。在美剧《纸牌屋》中，弗朗西斯夫

妇俩都是黄色，为达目的不择手段，为了利益，可随时与自己的对手联盟，和曾经的敌人，瞬间化敌为友，堪称黄色的典范。

《纸牌屋》第二季，克莱尔和她的丈夫弗朗西斯希望通过联署法案，却遭到杰姬的反对。此后，在弗朗西斯竞选总统时，杰姬不但向媒体爆料克莱尔有婚外情，还致电节目，当着全国观众公开指责克莱尔。克莱尔明白这对正在竞选关键的丈夫是一个致命打击，夫妇俩几个月的努力，可能瞬间化为泡影，那一刻，克莱尔无比愤怒，想杀了这个女人，但是，她的理智并没被她的愤怒所掩盖；相反，她很清楚，弗朗西斯处于紧要关头，必须化敌为友，团结一切应该团结的力量，特别是位于要职的“党鞭”杰姬。于是，克莱尔主动找到杰姬，冷静地展开了一场以退为进的谈判。

克莱尔：“我不是来这里吵架的，我是来结束争论的。”

杰姬：“法案投票后，就会结束的。”

克莱尔：“不会投票了，我会收回法案。你之前说的话，有一定道理。早些时候，你提议折中法案，而我设下底线。更勇敢的做法，应该是收敛我的傲气，坐下来和你谈。如果你依然愿意谈，我愿意重新来过。”

杰姬：“你和弗朗西斯有什么阴谋吗？”

克莱尔：“我们只想要一部能通过的法案。”

杰姬：“他让秘书监视我，他把我的私人生活……”

克莱尔：“弗朗西斯习惯了获胜。他会做任何事达成目的，尤其是对我重要的事。”

杰姬：“我不知道，克莱尔，我有疑心。”

克莱尔：“我们很抱歉那样对待你，我们想重建失去的信任。你觉得这有可能吗？”

杰姬没说话，但典型的环抱双手的防备动作慢慢放下，神情不再紧绷。显然，克莱尔成功地化敌为友。

这场谈话，表面看是克莱尔的妥协，但其实，她成功地拉拢了一个重要人物，将原来的敌人变成现在的朋友，帮丈夫完成了总统梦想。

弗朗西斯和克莱尔这对夫妻，两人都恪守黄色的准则——凡事以目标和结果为导向。两人各自出轨，却可以在需要竞选总统时，精诚合作，相互支援，为共同的目标而努力。

黄色在被背叛被攻击时的愤怒情绪，能被控制的秘诀是：“想想看，自己到底要什么！”于是，瞬间冷静。

在黄色的心目中，没有绝对的好人，也没有绝对的坏人，没有永远的敌人，也没有永远的朋友，一切，都取决于目标和利益。

Ada的老公是黄色，创办了一家年营业额二十亿的公司。她进入这家公司的财务部工作，一次偶然，发现财务总监每年拿好处上百万，她义愤填膺地告诉了老公，但老公非常平静：“我早就知道了。”她不解：“这种狼心狗肺吃里爬外的人，你为什么还要留在公司？”老公说：“那你知不知道因为他的成本管理和风控，每年能为公司节省上千万？”她说：“那不管，他拿好处，就说明人品有问题，你怎么能用一个人品有问题的人呢？”老公说：“水至清则无鱼，要抓大放小，我们这种私人公司只要不违法，不违规，没损害公司利益，没必要管得太死，何况人家帮公司每年赚了很多。”

识人

识人

性格色彩识人066式

为什么黄色性格能和敌人做朋友？

因为黄色性格天生有个本领，能把一切人际关系都自然地换算为利益，衡量出这段关系是有益还是有害于目标，让情绪为目标服务，然后，就可迅速判断是否与之交往。

《纸牌屋》的编剧，曾担任希拉里的资深竞选顾问，其中一句男主角的心声，道尽了黄色为达目标不惜牺牲一切的性格特点：“For those of us climbing to the top of the food chain there can be no mercy. There is but one rule: hunt or be hunted.”（对爬到食物链顶端的我们而言，绝不能心慈手软。我们的世界，只有一条规则——弱肉强食。）

所以，如果你想要达成大的目标，就要努力学会黄色的第二招——“世上没有永恒的敌人，只有永恒的利益”。

第三步：为了目标，要断情绝欲

电影《投名状》，讲述胸怀大志的庞青云与两位绿林好汉——赵二虎和姜午阳结拜，想借助他们的力量，推翻清朝的统治。攻打苏州时，赵二虎费尽九牛二虎之力，终于劝降了城内饥饿的守兵，苏州长官以自杀换取了二虎的承诺——不杀降兵且给粮吃，庞青云也默许了。但进城后，庞青云翻脸无情，为了省下粮食，把降兵全部射杀。这一举动，粉碎了赵二虎对他的幻想，也是兄弟反目的重要原因。

从性格色彩的角度来看，庞青云是典型黄色，他的决策，都是为了实现终极目标——赶紧摆平苏州，快速出兵南京。如果此刻分粮给降兵，自己的兄弟也要饿肚子，最终，根本无法完成大目标。战争本就残酷，与其如此，不如狠心，全部杀掉。而红色的赵二虎则认为，即便无法完成目标，也不可伤害降兵。结拜大哥表现的绝情，显然远远超越了他对人性的理解。而黄色之所以如此绝情，是因为太清楚自己想要什么了，对达成目标的强烈渴望超越一切，在目标面前，个人情感不值一提。

杀死俘虏，是件残忍的事，西方早就将杀死俘虏定义为战争罪，而中国人自古以来也主张“缴枪不杀”。因为俘虏已经投降，放弃作战，此情况下，还要杀俘，那就是谋杀。

秦将白起坑杀赵国降卒四十万人，算是中国历史上最著名的杀降事件了。除了白起，李广和李鸿章也曾杀降，古人认为此行为不吉利，恐怕他们心里也这么想，但在决定杀与不杀的那一刻，这些人，都把目标放在了第一位——留着俘虏容易造反；有限的粮食自己的士兵都不够吃，多了俘虏，消耗更快；俘虏放回，来年还会成为敌军。无独有偶，历史上杀死俘虏的将领都是黄色。或许，某些其他性格的将领也能想到这些，但未必能像黄色这样狠下心来，在当时当刻，之所以做出违反人性的选择，就是因为黄色对目标的重视达到了极致。

同样心狠手辣的，还有教父的小儿子迈克尔，也是黄色。

《教父2》中，二哥弗雷多被敌对帮派收买，参与了暗杀弟弟迈克尔的事件，这让迈克尔非常生气。

之后，家庭聚会上，迈克尔在妹妹的相劝下与弗雷多见面，把弗雷多的头抱在怀里。画面上呈现了迈克尔严肃的脸，他虽念及兄弟情，但杀意没退。迈克尔让手下陪弗雷多上船，送他们驶向湖中心。枪响的那一刻，站在窗前的迈克尔低下了头，既是内疚，也是无奈。

杀兄是本片的重要情节，只有杀戮，才能表现江湖的残酷，不仅仅意味着某人的心狠手辣。这也是身居高位的教父的痛苦，要想成大事，要想稳固自己的位子，就无法享受普通人家的亲情之乐。

这种人的内心，该怎么理解？或许用金庸小说《笑傲江湖》里的“欲练神功，挥刀自宫”来形容会比较贴切，书中，黄色的东方不败为了练成《葵花宝典》，成为一代霸主，不惜割掉自己与生俱来的随身宝物，堪称为了目标断绝情欲的古往今来第一人。你切莫以为那只是小说里虚构的情节，现实生活中，为了事业放弃感情的黄色比比皆是——对黄色来说，阻挡我目标，即便至亲，也毫无情面可言；假如情欲成为前进的阻碍，那么，也可割舍。

一位黄色的老师突然发现自己身患绝症，在尝试各种医疗手段无果后，突然离家出走。没有过多解释，只留一张纸条：我走了。

妻子和两个孩子犹如晴天霹雳，一片茫然，遍寻无果，杳无音讯。妻子和孩子们在孤苦悲伤焦灼中度过了一年，一年后，黄色回来。

原来，这一年他独自去了很多荒野，寻访名医偏方，最终，治好了自己的病。他一直不跟家人联系，是因为他预料到家人会阻止他的冒险，毕竟他当时比较虚弱，而名医偏方也可能不靠谱，家人如果知道他的打算，肯定会劝他保守治疗。但他不想受到任何情感干扰，只想专注于目标，所以，留下只言片语就走了，没有考虑家人的感受。

对这位黄色来说，活着，活下去，这就是目标，比什么都重要。其他的感受，他一丁点不想去顾及，这，就是他最真实的想法。

性格色彩识人067式

为什么黄色性格可以为目标放弃情感?

因为黄色性格需要控制，就像需要空气一样。假如控制不了别人，黄色性格会无法安生，假如掌控不了自己，黄色性格会怀疑自己存在的意义。所以，黄色性格为了目标而放弃的，首先是自己的情感，只有放弃了自己的情感，才能自我控制；其次，黄色性格也会忽略其他人的情感，只有不让自己为情感所牵绊，才能更好地控制一切。

如果你苦于无法控制自己，虽然做不到像黄色这么极致，但可以适当向黄色学习，放下一些不必要的情与怨，更加轻松地向目标前进。

5. 掌控

为什么有的人想要驾驭一切

“英子，你别跑了！”

“别跟着我！”英子哭喊着对父母哀求道，边跑边扔下书包。

“英子，你快下来，你跟爸爸妈妈说好不好，不要站在那儿，快下来。”父母紧张地哭喊着。

“我怎么跟你说啊，你从来都是凭你自己的想法决定我的人生。”此时的英子，已经爬上了海边栈道的石礅上，试图以死逼父母放过。

这是电视剧《小欢喜》的片段，看到孩子撕心裂肺的呐喊，而父母，仍以爱之名乞求着……

当父母把孩子视为自己的所有物，对孩子的一举一动，一言一行，都会干涉，不给自由。渐渐地，孩子必然成为一个事事依赖、无法做决定的“巨婴”，或是会触底反弹，成为事事对着干的叛逆哪吒。

性格色彩识人068式

为什么黄色性格的家长容易对孩子施以高压？

黄色性格注重权威性，不容挑战和质疑，为了孩子少走弯路，会全情将自己的人生经验倾囊相授。与此同时，他们笃信，人只有在不断的高压下才能快速成长，没想到用力过猛，不知如何平衡，造成了巨大的压迫和操控。

掌控欲强的悲剧一：哪吒

2008年“5·12”汶川地震后没几天，一个朋友去了灾区，在洛川废墟上行走时，捡出一封洛水中学的女学生写给母亲的信。信在书包里已经放了一年多，也没敢给母亲。现在，我把这个女孩不敢告诉母亲的心声，原封不动地放在这儿，供天下掌控欲强的父母阅读。

妈：

我们真的应该好好沟通下，我不想和你吵，或许你看见这封信会吃惊，但是，我还是要把心头想的给说明白，憋得太难受了。

为什么每次闹矛盾，不管是和爸爸还是和我，你总要居高临下呢？难道你就不会错吗？只许你说不顾我们感受的话，我们就不得不忍受吗？你可能会说“说者无心，听者有意”，就拿今天你说的那话：“多你一个不多，少你一个不少……”你知道我哭了多久吗？我承认，昨天不该对你大吼大叫，和你顶嘴，但我今天中午回来就打算认错，可你不在家。

晚上回来，我不打算生气，你却先指责我。而我认错反让你更严厉地批判我，不依不饶，得理不饶人，和我先前猜的完全不同。我以为你会认识到自己也有错，不该不分青红皂白地骂我，但你的反应，让我心灰意冷。可能是我让你真的很生气，请原谅！

我知道我火气大，我也有压力，学习成绩不好，而你们对我一直抱有希望。我害怕拿分数给你们看，怕你们说我没出息，讨厌我，怕你们说，我只知道用钱，不知道收获。如果连我的家人都这么想我了，我感觉像只“无家可归的丑小鸭”。高中真的好累，每次分数的打击，我快没信心了，甚至出现厌学倾向。我怕你们看见我的分数后，会把你们的希望打碎，我每天都在想，你们看见成绩单的时候是什么样，不敢往下想。这是我真正想说的：“妈，你的脾气真该小点，发脾气对身体不好。”至于为什么放学不可以等人一起回家，我真的不明白，为什么必须回来得比穆莎娜早，我也不明白，你能好声好气地给我回答吗？（给我一个合理的理由。）

我知道你关心我，但有时，你的关心让我压力好大，同学今天告诉我，用写信的方式写给大人，大人会理解。我曾经想过，但没写，那是我“有心没胆”，今天，我无论如何写了，我怕以后会把房子吵翻。好了，开个玩笑！

晚安！

你的女儿：丹丹

2007 年 1 月 22 日

一个孩子希望母亲能看到这封信，如此简单淳朴的愿望，却长达一年多无法达成，始终没有勇气拿出来给母亲看，最终遗憾人间。母亲的控制和批判，给孩子的压力，甚至让孩子感受不到爱。在孩子的内心中，多么渴望和谐的家庭氛围，多么渴望一个温柔倾听的母亲，多么渴望被爱、被关注、被认可。

但在母亲眼里，认为“爱”就是用她认为好的方式来对孩子，只有在自己能掌控的范围内，孩子才不会出错——也只有不断挥鞭，孩子才能成长、才能突破，才能成为一个无比正确的孩子。

随着孩子不断长大，父母强硬的态度和过激的行为，让孩子的心门越关越紧，直到渐渐失去。想弥补时，转头一切已成空。

牙医小路，从废墟中的这封信中，得到很大启发，看完后，给了我一份病历，一份开给自己那个超级掌控欲的母亲的性格诊断书。

关于我母亲的“病情”诊断书

性别：女

年龄：58

职业：大学教授

一、主控诉

儿女都想离开我，我很爱他们，把我认为最好的都给了他们，为什么？

二、现病史

儿子已经离开身边，女儿出走预谋中，我开始老了。

三、性格色彩

黄色（70%）+红色（30%）

四、最令人无法忍受的特点

1. 只要她认为对，就是真理，她是永不犯错的国王。

2. 她要求所有人都按她认为对的方式行进，包括孩子的未来与一切。

3. 不会温柔，粗线条。

五、闪光点

1. 非常爱孩子，为他们安排好一切。

2. 逼孩子上进，促其成材。

3. 能干有远见，力挽狂澜。

六、诊断

1. 最大的心理需求：控制（总觉得孩子无力过好自己的生活，只有她才有足够力量掌控一切，包括孩子生活的一切）。

2. 孩子就像手中一块蜡，随意捏成她喜欢的样子。

3. 也许她做父亲，会更好。

七、子女的应对方式

1. 鼓励她继续教书，养条狗，她可以在学生和狗身上，尽情宣泄她的控制欲。

2. 认同她的英明，让她有成就感。

3. 和她耍赖，让她无可奈何，因为握紧的手抓不住水。

4. 适时在她面前示弱，让她觉得你需要她。

八、处方

1. 抓得太紧，最后什么也得不到。

2. 母亲你越想抓我，就越抓不住，最后我只好逃走，虽然我也矛盾和痛苦。

3. 握紧双手你手里什么也没有，摊开手掌，你拥有的便是整个世界。

九、并发症对我的影响

1. 虽然很不喜欢她的处事方式，但悲哀的是，我总是或多或少像她（我终于活成了我讨厌的样子），我很痛恨自己某些像她的特质。

2. 虽然我不推崇她的性格，但见到类似她性格的人，总有亲切感。

3. 希望母亲黄和红的色彩对调。虽然红色相对不太有责任心，但是不会给人太大压力，宽松的环境会让我很放松和愉快。我最喜欢红色，而适当的黄可以约束红的散漫，鞭策我不断努力。绿色为主可能更适合我，更能容忍我，然而太多绿色会让我失去成长的机会和动力。

十、病史小结

母亲，你虽然不够温柔，但你很称职。我不掩饰对你的不满，但我还想表达对你的深深感激。我会常来看你的。

病史整理者：长不大的女儿

这封史上独一无二的性格病历报告，刀刀见血，字字见肉，道出了黄色父母的孩子的心声。更重要的是，孩子提到“虽然我不喜欢，但我变得像她”。少时，学会母亲的语气和神情；成人后，学会强势的思维方式，潜移默化中，变成母亲的翻版。这也正是黄色的家长因为掌控而给孩子带来的两种影响之一：将自己的缺点成功地复制给了自己的孩子。好霸气的复印机啊！

另外一种影响是，孩子与自己完全相反。家长自信，孩子自卑；家长强势，孩子懦弱；家长有主见，孩子没主见……这同样是黄色的父母在教育中最大的悲哀。黄色父母的改造欲，本意只是望子成龙、望女成凤，可是，一不小心，怎么会成了这个样子呢？

更悲哀的是，从来没有自我洞见，也不会自我反省的黄色的父母，最终，可能还是在那儿继续批判着：“你看看，我和你爸，谁像你这副熊样，你是不是我们俩生的？”子女已经备受打击，他们还在那儿继续损，继续呛，呜呼哀哉。

● 当孩子是绿色时，黄色父母的掌控，造成的伤害不大，因为，绿色生来不愿做决定，有人代替自己全部做完了，省掉做决定的麻烦，不错啊。

▲ 当孩子是黄色时，黄色父母的控制必然会激起孩子反弹，孩子会更坚持自己的想法（无论对错），为了反抗而反抗，等到孩子年纪稍大些，会立即离开家庭，自主生活。

一个母亲课程结束后向两个女儿“忏悔”，期待得到回馈。

和她绿色的大女儿交流，除了重复“妈妈很好”外，再也说不出什么。当转到黄色的小女儿，母亲刚说完来意，就听到决绝的声音：“这样吧，我 13 岁了，你前面说教了我 13 年，下面 13 年，你就别管我了，不，应该是加倍，26 年，反正，接下来的 26 年，你再也不要管我就好了。”这位母亲顿时悟到课堂上传授的这句话——黄色对控制自己生命的欲望和反对他人控制的欲望都同等强烈。

有趣的事情在后面，被这个黄色女儿“教育”后，母亲黯然离去，没想到一杯茶的工夫，黄色女儿主动进房间说：“妈妈，给我个赚钱机会吧，我想买个 iPad。”就是这个刚刚信誓旦旦说不要再见面和不要你管的黄色女儿，为了达到目标，瞬间又回头了。

这位母亲是幸运的，因为借助性格色彩亲子课中的练习，她能听到黄色女儿的心声。否则，可能有一天，女儿翅膀长硬，离开她不再回头时，她还纳闷：女儿为什么不回来看我呢？

《封神演义》中，哪吒和李靖，两人都是黄色。李靖对哪吒管束严格，只要错了，非打即骂。结果，哪吒无法无天，搅乱东海，打死三太子，闯下弥天大祸。最后，哪吒面对李靖，反目为仇，剔骨还父，恩断义绝。

这不仅仅是个故事，课堂上，常有父母带着叛逆的孩子来学习。通过性格色彩，发现叛逆孩子的性格，多数都有黄色，而家长恰恰都控制欲极强，家长越控制，孩子越想挣脱，形成恶性循环。

父母过度控制导致孩子的叛逆，能有多严重？

美国福克斯新闻网报道，美国艾奥瓦州 17 岁少年伊桑·奥尔顿用斧头杀死父母，而原因，就是想“掌控自己的生活”。警方到场后，发现奥尔顿很冷静。审讯发现，伊桑的父母有一套专门为儿子制定的生活标准，例如，长期要求他用冷水洗澡锻炼意志；每天必须跑步；不可以去同学家玩，更不可以带同学回家；不可以接触宠物等等。但凡违背，轻则关禁闭，重则打骂。伊桑本身性格强硬，而父母的掌控激发了他的斗争欲，17 年过去了，父母没有意识到孩子的叛逆心理已达巅峰，发展到极端，结果酿成了惨案。

为什么黄色性格的父母喜欢为孩子做决定？

因为黄色性格自己擅长做决定，当看到孩子面临选择的时候，不假思索就有了自己的答案，由于自信和主观，本能就认为我替你决定的就是最好的，既然已经是最好的，还有什么可考虑的呢，干就完了。

父母没有正确认识孩子的性格，一味要求孩子听话照做，强压下孩子只会逆反，想要逃离。须知没有所谓的"完美人生"，更不要想去控制他人，聪慧的父母应该时常检视自己的做法，不给孩子巨大压力，只需引导和建议。

如果你是一个掌控欲很强的人，看了本书，请做好准备，开始修炼自己。从哪里开始？第一个最基本的法则就是，区分大小事，大事掌控方向，小事尽量放手。不要事无巨细，什么都管，连上个厕所用什么手纸也要过问，被你掌控的人，只要是黄色，必然誓死反抗，在窒息的空气中，挣脱牢笼，冲向自由。

悲剧二：巨婴

当孩子是情感高度丰富的性格时，面对黄色父母长年的掌控和严厉管束，情感和心灵都被压制，就这样，"巨婴"横空出世。

一方面，孩子做事极度依赖父母，不敢为自己做决定；另一方面，情感需求得不到满足，内心压抑、不会沟通，不知如何建立亲密关系。

一位10岁孩子的母亲参加性格色彩II阶课，她内向胆怯，不主动发言。到了第二天，大家都把发言机会让给她，她拿到话筒后，分享了自己小时候的经历，讲到父母严厉教育时，眼泪外淌，但她迅速用手按住眼睛，把眼泪按了回去，又讲了几句，又要飙泪，再用手往回按。这时，导师问她，为什么会有这样的动作？她说："我爸从小跟我说，哭，是弱者的行为，无能的表现，再难受，也要打落门牙肚里咽，绝不可以哭。"

后续课程学习，这个女学员发现，其实自己天性是活泼的红色。因为蓝色的父亲从小严格管教，不许她越雷池半步；黄色的母亲更是从不太表达情感，非常严厉，一个严苛的父亲和一个压迫的母亲，双管齐下，导致她从小在高压环境中，慢慢越来越自卑，越来越小心翼翼，变成了一个"压抑红"。在性格色彩的专业术语中，"压抑红"指的是那些原本是红色，但是后天长期被束缚，导致看上去很像蓝色的人。

在父母严格掌控下长大的孩子，一旦压抑，常在人际关系中受挫，消沉郁闷，痛苦只能内部消化，没有正常外化的手段，直至产生很多心理问题。当他们拥有自己的婚姻和家庭后，由于之前从没为自己的人生做过主，婚后，也会习惯性地将主动权和责任全部交给伴侣，自己干脆做个"孩子"，无法在婚姻中扮演好自己的配偶角色，让伴侣也苦不堪言。

性格色彩传播大使素卿，分享了一个故事。

有个朋友，她婆婆的经典名言就是，"你们为什么不按照我要求的做？"

"小李啊，为什么妈妈昨天给你们安排的这个菜，还在冰箱里面没吃？"

"小李啊，为什么宝宝会生病？我给她安排了衣服，你按照我的穿是不可能感冒的！"

他们家，事无巨细，婆婆都要管，虽然老头老太和小夫妻不住一起，但是，婆婆在小两口家里装了监控，监控孙女在家里做什么，阿姨有没有按时给她吃饭，玩什么玩具，所有事情，必须按照她定的时间来，6点毛笔字，7点画画，8点绘本，9点睡觉。

婆婆是医院的护理主任，习惯了控制身边所有的人，小李老公什么事都是唯唯诺诺，但是其实内心应该是个红色，夸两句，就飘了，可是，只要一提到他母亲，又蔫了。

就这样，她老公变成了一个巨婴。夫妻两人刚恋爱一个月出去旅游，怀孕了，女方热恋中觉得男方长得帅温柔又对她好，想结婚又没那么深入了解，可那时男生刚从澳洲回来，不想结婚。女方找到婆婆说我怀孕了，婆婆为了安抚她，为了要小孩儿，让他俩先领证，领证后，我朋友想买婚房，可当时买属于婚后财产，她婆婆就开始了超牛的操作。

先稳住小李，不反对，不同意，等怀孕月份大了，硬气地告诉小李说："不行，房子是婚后财产，我必须要求是我儿子的婚前财产，你们先离婚，我马上买。"我这个朋友，可能也是脑子抽了，同意了。然后，现在，五年过去了，也没复婚。

两家互不信任，夫妻感情也受到巨大影响，结果，两人疯狂吵架，她想要老公撑起一个家，可惜，老公是完全没主见、在母亲掌控下的一个巨婴，水电费都要母亲交，真的就是"妈宝男"，母亲说啥，他就是啥。他母亲常打电话给他，说："今晚你回老宅这儿，我有事要跟你说，咱家的事情，就不要带小李来了。"

由于婆婆的掌控，儿子终于被培养成优秀的"巨婴"。因为过度干涉和介入儿子的人生，婆婆把儿子的婚姻搅得"精彩纷呈"，狼烟四起，鸡飞狗跳，与此同时，还能让孙女在一个缺爱、拧巴、争权夺利、钩心斗角的家庭中茁壮成长。可以说，了不起的婆婆，足足渗透了两代人的生命，让自己后辈人生的衰颓从可能变为现实。好厉害的婆婆！

如果你的性格和这个婆婆的性格颇有雷同，只不过你的孩子还没成家，想象一下：

● 婆婆，你儿子被你那强悍的儿媳指哪儿打哪儿的场景，那种儿媳河东狮吼儿子点头哈腰的画面，每时每刻都在上演啊。

● 婆婆，你儿子成家后被人们背后戳戳点点的场景，“一根银样镴枪头罢了，马粪蛋外面光，家里窝囊着呢”。

● 婆婆，你儿子找老婆，几乎会拿你——他的母亲，作为自己伴侣的模板和参照，你在儿子的心目中，是那么高大有力，那么无所不能，离开你，他怎么活啊？虽然嘴巴上打死也不会承认，但是情不自禁鬼使神差莫名其妙地，他谈的所有对象，几乎全是你这种自主独立强悍睥睨天下的类型。

● 婆婆，恭喜你教育得很成功，成功地将你的痕迹，深深烙在儿子的灵魂深处，让他此生都无法离开你的威权，如影随形，魂必附体。

● 婆婆，你当然会说，“我绝不会让这样的事发生，我的儿媳一定由我钦点，我不能允许任何一个女人掌控我的儿子，我的儿子我养大，我的儿子我做主”。哇，好霸气的誓言啊，气壮山河，掷地有声（此处掌声鼓励五百点）。

● 婆婆，可惜了，没人能比你更掌控他，你儿子此生最大的掌控人，就是，你！

● 婆婆，是你，让他手无缚鸡之力；是你，让他不再动脑凡事必问，反正说了也是错的，不如不说；是你，让他不敢发表自己的想法，讲了就被打压，谁还敢讲；是你，让他毫无自信，因为在你面前，他这辈子就没有对过，到了外面，他也不知自己能不能对；是你，让他一无是处，找不到自己的优势和强项。

● 婆婆，脱离了你，他只能两眼茫然，无所适从，不知所往，不知何求。他如果不去找一个和你一样的人来看着自己，管着自己，帮着自己，你让他怎么办啊？

● 婆婆，下一句话，您千万别说“没事，还有我”，如果你心里真的想接这句话，孩子这一辈子就真的完了！要知道，毕竟，长辈有长辈的路，孩子有孩子的路。即便是血亲，也都有各自的生活。父母最大的责任，是帮助孩子成为更好的自己，当自己离开孩子的时候，孩子依旧可以健康快乐独立自由地生活在世上，可以有自己的人生。我们每个人，都无法替代别人完成他的人生，无论是谁，都不可以。

事实上，掌控欲强的家长，就是自己孩子一生最大的杀手。

他们的一生，为了孩子，呕心沥血；为了孩子，省吃俭用；为了孩子，让自己一无所有。

他们把自己望子成龙望女成凤的无限期待全部倾泻在子女身上，他们生怕自己的孩子做得不够好，生怕长大以后上当吃亏被人害，他们所有的指点和教诲，都是希望自己的孩子能少走弯路，多长点心眼。

他们的眼中，自己的孩子，是世上最好的孩子，自己的孩子如果有什么不是，自己可以骂，但是，绝对容不得外人说一句不好，他们是护犊子的高手，他们从来不认为自己在掌控孩子。我的孩子我来教，难道我不负责，你们其他人会负责吗？笑话！

他们与其说是爱孩子，不如说，是爱自己爱孩子的那种感觉。在那种感觉里，他们看到，自己就是那个为了孩子可以无私牺牲自己的伟大父母，他们每每看到自己为了孩子不惜一切代价的画面，瞬间，都会觉得自己的爱升华了，圣母之光，直冲凌霄。

他们不懂性格，不知道人与人之间的差别，他们以为他们给予孩子的，就是对孩子最好的，却从来没有明白过，他们只是把他们自己认为最好的给孩子，却从来没有真正了解过孩子到底需要的是什么！

掌控欲强的父母，最大的悲哀，就是幡然醒悟的那一刻，他们没法接受这样一个伤痛的事实，那就是，他们赖以为豪帮助孩子的一切举动，他们所有对孩子的好，居然伤害了自己的孩子。

他们很难受，他们很想哭，可是欲哭无泪。

可惜，世上没有后悔药。最好的办法，就是从现在开始，从此刻开始，从你看到这段文字的这一秒开始，顿悟，改变，否则，悔恨之苦，必将伴随一生。

放开掌心，把孩子踢出去，天塌不下来，世界依旧转，人家活得也不会差，你也不会那么累。

6. 强势

为什么有的人爱情必须慕强

强势的男人，容易让多数女人闻到雄性荷尔蒙的味道，心生向往；不幸的是，强势的女人，只会让多数男人瞬间疲软，妄自菲薄，两股战战，几欲先走。这个道理，看上去人人都懂。

可惜，爱她的，她看不上人家；她看上的，人家又嫌她强势。她明知“示弱”可以让自己显得不那么强势，她明知温柔可以让自己更有魅力，可是，为何做不到呢？

为什么强势的女子不能爱上比自己弱但是善于包容的男人呢？唉，臣妾就是做不到啊！

真相都在性格。强势女子，分为真强势和假强势。假强势，作为一种复杂的存在，需前往《性格色彩单身宝典》中参详。

本文主要分析真正强势的黄色女子内心所想。

强势女子恋爱特点：我的爱情我做主

朋友岚，女中豪杰，行业内领军人物，与之接触过的人无不被她的气场所震慑。打电话告诉我，说自己正在看《性格色彩原理》。

我听了很好奇，调侃她：“你怎么会偷得浮生半日闲看这种闲书？你平时不是都看《经济学原理》吗？今天竟然开始看性格分析的书？难道太阳从西边出来了？”

原来这次，是她洗澡时摔断两侧肋骨，只能坐着睡觉。百无聊赖之际，随手拿起一本《性格色彩原理》，一看，发现自己居然是大黄色，找到了自己的问题。之前，我建议她学会放松，享受当下，她置若罔闻，而她这次电话时和我笑眯眯地说“很痛苦啊”“不能上班了，痛苦啊”。原来受伤时，她依旧只对工作有兴趣，皮肉之苦，对她来说算不得什么。

黄色女子的爱情，就像《飘》里的斯佳丽。从小争强好胜，一对碧绿的眸子里散发的美野性勃勃。乱世中，开过枪，穿上窗帘做的裙子去诱骗老情人，每次婚姻，都功利十足。可是，她需要爱。可是，这样一个现实、功利、坚强的斯佳丽，却拥有一段痴迷的柏拉图情结（后来证明，那只不过是征服）。在研究很多黄色女子在情感上的共性后，终于发现规律如下。

1. 炽热

假设黄色外表出众，从小到大表现一直优秀，当她们被追求时，固有的强势，会让她们孤傲不可一世；然而，你越觉得高不可攀，就越可能丧失属于你的一切。她们内心不像红色那样有强烈的被呵护被照顾的需求，但也渴望与人深度交流，她们需要找到港湾休憩，藐视半途而废放弃自己的男人。如果你真的爱她，不要放弃；如果你中途放弃，她们会认为，你太脆弱了。

性格色彩传播大使缪缨回忆为何与性格色彩导师浩然缔结奇妙婚姻时，曾提道：

之前香港有个优秀男生追我，但他语言中总是透露着担心这担心那，有一次想见我，又说太远，开车要一个多小时，我当时对他有的那点好感，瞬间就没了，此后不再给他机会。而我和浩然在一起，是因为当他知道我们的年龄差，以及可能今后不会有孩子后，在当时不知道我收入的情况下（因为当时香港疫情，我说没生意没收入，其实我收入比他高）说他会养我，仍然坚定地要和我一起，从来没有丝毫动摇。这让不相信婚姻的我，一次次地被他击中内心，最终选择了他。

2. 干脆

她们不像其他性格那样婆婆妈妈、拖泥带水，面对问题，快刀斩乱麻，该解决就解决，该分手就分手，该和好就和好，不会“叽叽歪歪”。万一中途你移情别恋，会立即二选一：如果你不值得，快刀结束，不懂得珍惜，是你的问题；如果你值得，就会反思自己的问题在哪儿，把你抢回来，好好经营。如果你恋爱时怕麻烦，黄色是最佳选择，她们不“作”不“闹”，会非常清楚地结束揪扯的关系。不过，她们少吃回头草，眼睛习惯于向前看。

3. 目标

如果你希望自己的事业成功，找黄色，显然比找其他性格，更具商业回报，她们无与伦比的商业头脑，会帮你的事业高速成长。假设你是红色，再找个红色搭配，看起来，对事业没有特别助益，当然，纯艺术领域除外。

你也许会觉得爱情里加进利益考虑，似乎不光明磊落。与自己不爱的人结合，定有一场不幸福的婚姻。其实，那是因为你对“爱情”的定义，与黄色对“爱情”的定义完全不同。

4. 适合

黄色不一定专情，但如果婚姻有存在的理由，就算没有很深的感情，黄色也可接受。可一旦黄色发现自己要的不是这个，会很快转变风向。但如果这个男人就是自己想要的，黄色就会和他一起。婚姻，不是以“爱不爱”来衡量，而是以“是不是适合”和“是不是我想要的生活”来衡量。说白了，不以“情感”为首要出发点，而是以“目标”为首要出发点。

为什么黄色性格可以把情感当成事业来经营？

黄色性格认为情感与事业没有本质区别，当他想要情感时，就会想方设法得到，过程中用到的手段，和追求事业是一样的，一旦得到了，也就放下了，再追求其他目标。其他性格所谓的“经营”，对黄色性格而言，只不过是一个自然的过程。

5. 成长

她们把情感对象，当作学习的榜样。她们从不放弃成长的任何机会，尤其遇到强者时，她们会像干瘪了的海绵，拼命榨干对方身上的智慧作为自己的养分。这使得黄色通常在30岁以前，只对比自己年龄大很多的男人有兴趣，她们需要从对方身上寻找到可学习之处，让自己快速成长，那个人要能让她们崇拜，因为同龄人，远远不是她们的对手。随着年龄渐长，见识渐多，年长的意义渐渐消退，当这个男人不能再让自己崇拜的时候，也许，就是分手的时候。那时她们反而会对潜力股的男人更有兴趣，帮助和支持一个潜力股成长突破，会成为新的人生意义和价值。

6. 富有勇气

如果你是一个名不见经传的穷小子，你的竞争对手腰缠万贯、地位显赫，由于经济窘迫，你的自尊在这些对手面前，会被践踏得体无完肤。但只要你没丧失对自己的信心，只要你坚信有朝一日鲤鱼会跳龙门，黄色的她们，仍会义无反顾地投资在你身上。

如果你喜欢，就以行动表示，说没用，要用行动证明。黄色天性中的力量，会使她们抗拒外部压力，即便是最亲近的家人，也无法改变她们对你的爱。如果她们坚定，她们会做了决定后再告知家人。没人可以改变她们的决定，除了她们自己，觉得需要改变。

不过，痛斥她们的人，批判点主要集中在：

1. 心狠

她们对爱的理解，硬到有时你会觉得她们不近人情。对她们而言，爱是虚幻的、没有实体的东西，很难衡量，她们也难有感觉。

她们不认识“原谅”二字。尤其是，如果她们觉得你有所背叛，让她们觉得被侮辱、被挑战，她们或会报复，狠狠地反击，或不留任何余地，甩头走人。如果她们觉得被你伤害，即便是个误会，也会将误会进行到底。

2. 冷酷

感情结束，就是结束，当她们决定不接你的电话，你越密集地发短信，越痛哭流涕地祈求，越饱含充盈的泪水，换来的，越是鄙视和不屑。你只需要去面对、接受、解决，她们决不会因为你的情绪失控而回头。情绪化的男人，让她们鄙视，紧追猛打，只会让她们更加无视。

一个黄色的女子，当年和无比情绪化的红色男友分手时，不回他的信息，那个男人可以一天打几百个电话，一直打到这黄色女子的手机没电。然后，直接上她家去，等保姆开门后，赖到深夜3点还不走。当时黄色女子在外地，这个情绪化的男人发信息说：“再不回电话，我就从你家跳下去。”黄色女子马上回电，把他哄回家，当时她心里唯一的念头是：“先把他哄回他家，要跳，回你自己家跳，别在我家跳，跳了以后，铁定就是凶宅，必然影响房价。”然后，马上联系物业：从此以后，不许这人上我家。这样情绪化的男人绝不能要，必须分，而且，要在对方情绪稳定的状态下分。

所以，你越呼天抢地希望她们回头，她们越坚定地认为，你这样的男人是弱者，不值得爱。你在分手后的一切情绪化表现，只会让她们与你渐行渐远。

黄色认为，“爱”是虚幻的，不可信；而“值得”包含了客观评价价值的标准，可信。可见，黄色对感觉类的词语毫无兴趣，坚信在择偶的决策中，“理性大于感性，值得胜过爱情”。

3. 闪忘

当一段感情结束，你在那儿顾影自怜、暗自感伤时，她们完全有能力将其视为历史而尘封，丝毫不为其所动。如果她们觉得和这个男人没结果，就会快刀斩乱麻，世上没有过不去的坎儿，难受，不过是个时间问题。没有结果的感情，只是恋爱的过程罢了。当一心想要结果时，所有没有结果的付出，都该立即结束。

4. 硬核

如果你用调情、暗示或隐语希望她们明白什么，很有可能会被气死，因为她们不喜欢拐弯抹角，不喜欢捉迷藏，如果喜欢你，会直接告诉你，你要什么生日礼物，也会直接问你，帮你买。这样简单省心，猜来猜去多麻烦。假设你对这点理解不够，你将永远无法体会和她们恋爱时的快乐。她们完全可以忍住不和你通电话，你有时会觉得她们把你给忘了，事实上，不过是因为她们有控制自己情感的能力。

在《性格色彩单身宝典》中，我详细阐述了黄色女性在情感中需要注意的关键：

独立，让男人觉得在你面前无价值；

强势，让男人在你面前阳刚尽失；

无情，让男人觉得你的事业比爱情重要。

所有一切，都和黄色女性对于“爱情”的定义有关。那么，“爱”对黄色女性而言，到底基于什么？

性格色彩识人071式

为什么黄色性格不喜欢卿卿我我？

黄色性格认为爱应该用做事来体现，而不是整天腻在一起没事干，他们认为好的爱情是共同进步，让彼此都更有力量过得更好，他们无法理解伴侣对你侬我侬的需求，因为他们自己不需要。

强势女子对爱情的理解：值得

某次课上，我发问：“一个温和且从不愿与任何人有丝毫冲突的男人与你热恋，如果父母要拆散，不同性格的你会如何反应？结局会怎样？”众人议论纷纷。

♣ 红色性格对答

问：如果你们非常相爱，此时外力逼迫你们分开，你会怎么做？

答：取决于那时我有多爱他。

问：很爱很爱他。

答：如果真的很爱很爱，没他不行，那就一起走呗。

▲ 黄色性格对答

问：如果你们非常相爱，此时外力逼迫你们分开，你会怎么做？

答：如果他是值得的，我会带他走。

问：当然值得啦，我刚才已经说过啦，你们是非常非常相爱的。

答：如果真的值得，我会带他走。

如果你仔细审视并且思考以上对话，你会发现，红色的语言关键点落在“爱”，而黄色的语言关键点，两次都落在“值得”。

由此看来，不同性格对于“爱情”二字的理解，完全不同！

对黄色而言，如果值得做，就要去做，无论付出多大代价，但前提条件是，她必须觉得——这，值得我去付出代价！

什么叫“爱”？

其他性格的女子如果爱上男人，你问她：“为什么你爱他啊？”她们要么画出具体道道，要么故作娇羞：“这个我怎么知道，感觉呗。”

如果你问黄色女子：“为什么你爱他？”无论她嘴里如何回答，内心共通的是——这个男人，让她尊重。

黄色的爱情，务实而直接，她们鄙视弱者。她们可以和一个好脾气的绿色相处不错，但绝不代表她们对那人有爱。

“爱”对于黄色的女性而言，意味着，内心深处对这个男人有尊重！

为什么黄色性格的女性总想找比自己强的伴侣?

黄色性格女子的爱，是希望那人值得自己学习；希望那人的能力或思想比自己强大，让自己崇拜、欣赏或尊重；希望和那个人在一起，可以碰撞出有价值的火花。即便那人现在不如自己，也希望他有无限潜力，终将超越自己。

7. 迟钝

为什么有的人貌似没有痛苦

世上有一种人，大家称其为“内心强大”。这种人仿佛没啥痛苦，遇到同样的挫折、打击、伤害，别人趴在废墟一蹶不振，这种人爬起来，拍拍灰，头也不回就走了。这种人，不但自己没痛苦，对别人的痛苦也无动于衷。你哭诉自己好苦啊，可不管你怎么哭，都别想从这人那里得到同情。为什么会这么迟钝呢？为什么会感受不到痛苦呢？为什么对别人的痛苦没有同情心呢？

洞察本质，有三大原因：对痛苦的定义与你不同；痛苦解决不了问题；对痛苦不敏感。

迟钝原因一：“痛苦”就是问题，解决它就好

2008 年，我为深圳市福田区所有中小学校长、幼儿园园长及核心骨干教师做了“因人而异，因色施教”的性格色彩教育应用演讲。之后，又举办了深度的“性格色彩学校教育”的课程。课后，雪琴老师分享了她的收获。

我曾布置学生写作文《成长的烦恼》，当时班上有个令我头痛的学生，从他的种种反应看，应该是黄色。他交作业时，居然说自己没烦恼，所以没写。我气得够呛，小小年纪，怎么可以撒谎？启发半天，未见结果，就用完成优秀作文的其他同学刺激这孩子，还是没反应……

当乐嘉老师听到这事后，给出的回应是：“这个黄色学生当时说自己没烦恼，可能是真的，并没骗你。因为黄色更注重事情本身，很

少关注人的内心。”

我当时挺震惊的，因为就我的认知来说，人人都有烦恼。以我从教多年的经验判断，我，乃至多数老师都有如出一辙的做法——拼命读写得好的学生范文，找孩子耐心谈话，引导孩子写出自己的烦恼，却很少从乐老师说的性格角度思考这事。

对情感丰富（蓝色或红色）的人而言，容易有感受，写烦恼很容易，但是，对黄色孩子来说，在遇到烦恼时，会更专注于想办法解决，而忽略感受。问题解决后，反而给黄色孩子留下了解决问题的美好。所以，面对同样的事，红色和蓝色的体验重点是——没解决问题的烦恼过程；而黄色孩子的体验重点是——解决问题后的快乐。从这个意义上说，黄色孩子说没“烦恼”，是真心话。

我终于明白，乐老师上课时告诉我们的这句话是什么意思——“不同的人对同一个词和同一个句子的理解是不同的”。在教学中，要常常换位思考，进行人性化教育，不是只停在嘴上，而是落到行动。

性格色彩识人073式

识人 识人之道

为什么黄色性格没有“烦恼”？

“烦恼人人都有，各自定义不同。”其他性格认为，有无法解决的问题，必定就有烦恼。而黄色性格却认为，问题是客观事实，情绪是主观感受，两者无关。在黄色性格看来，烦恼=问题，问题=解决问题，只要问题解决，烦恼自然就没了。

再重复一遍，不同性格对同一词语的定义，完全不同！

从这个意义而言，积极心理学的著作中，提到“你无法控制问题的发生，但你可以控制问题发生时你的态度”，这句箴言，对黄色而言，根本不需要训练，天生就可掌握。

迟钝原因二："痛苦"本身解决不了问题

黄色天生只对解决问题有兴趣。当引起痛苦的事件发生时，黄色瞬间可切换到"问题是什么"和"我要如何解决"，绝不会停留在痛苦中，因为黄色早就明白——只会痛苦，悬疣附赘。

一位学员说，她曾经非常怨恨自己的父亲。

因为父亲在母亲身患重病时，一直工作，很少现身病床。母亲离世后，父亲在办理后事的过程中，一滴眼泪没掉。所以，她内心觉得父亲对母亲无情无义，这个心结持续多年。直到她学了性格色彩，才知道父亲的性格是黄色，两人终于进行了一次敞开心扉的谈话，她彻底明白父亲的心声，发现误会了父亲。

父亲认为陪在病床前没用，陪着病人和家人难过，无助于解决问题。在其他人陪母亲时，父亲一直拼命赚钱，给母亲请最好的医生，住最好的病房，用最好的医疗手段来抢救。母亲离世后，父亲还是认为宣泄痛苦没用，应该好好料理后事，把孩子培养成人。两个孩子长到 18 岁前，父亲没有再婚，除了工作，就是教育孩子。

黄色也有喜怒哀乐，也会难过，但是，相比较情绪大喜大悲的性格，不易察觉。每当负面情绪出现时，黄色心中就有一个声音，"痛苦没用，痛苦解决不了问题"，瞬间，能让自己跳出感受，专注于解决问题的思索和行动。从某种意义上来说，黄色不需要特意去屏蔽感受的这个动作，自然而然就可以忽略感受。

性格色彩卡牌大师庞灿接到一个夫妻关系咨询，提问者不知该不该离婚。

经过"情感牌阵"分析，男人性格是红色，女人性格是黄色。两人战斗半年，妻子常批判男人没出息。半年前的一次导火索，是男人的叔叔过世，男人想回老家奔丧，要向公司请假一周。恰好，男人等了十年，才等来的一个机会——负责全公司最重要的一个项目，正在关键期。

妻子知道后就说了一句："你怎么轻重不分，当然工作重要。"男人非常难过，告诉妻子，小时父母忙，没空管自己，自己在叔叔家长大，叔叔就像父亲一样，说完哭了。没想到，妻子看丈夫哭了，反说："小时候对你再好又怎么样，人都不在了，回去有什么用，还不如先留下，把工作干好，丧事你老家那边，总归有人会处理的。"男人感到妻子冷酷无情，不知自己还能不能跟冷血动物过下去，产生离婚念头。

♣ 对红色的丈夫而言，情感大于天。你想啊，我从小跟叔叔那么亲，现在叔叔走了，我都不去送他，那我还是人吗？我对得起叔叔从小对我这么好吗？你让家里其他亲戚怎么看我？你让我以后怎么看自己？我怎么过得了自己心理这关？我对得起自己的良心吗？在"赚钱"和"送叔叔最后一程"两件事上，你觉得金钱比叔叔重要对吗？我叔叔不如金钱对吗？你不让我去，就是想让我做一个只重钱不重情的人，你想让我看不起自己，你想让我做一个和你一样没心没肺的人，是吗？

▲ 对黄色的妻子而言，思维模式的核心就是"事实"。如果这事已经发生，那就要想怎么解决，如果你为了解决A问题，反带来B问题的损失，显然，A问题并没解决成功。对黄色的妻子而言，完全无法理解，为什么会有人明知做这件事对结果无益，可还是要做。如果你要表达对叔叔的哀思，完全可以给钱，别人给一万，你可以给十万，这不就表示你比他人更看重叔叔吗？如果你现在手头没有重要的事，当然可以去；可是，现在手头有这么重要的事必须要马上完成，你没必要一定在这个节骨眼亲自去啊，人死不能复生，好好节哀，做点更有意义的事，难道不是更好吗？

性格不同，鸡同鸭讲。

站在各自性格角度，他们的理解都没问题。但是，最大的问题是，两个不同性格、价值观完全不同的人总是试图说服对方时，由于方法错误，只会造成更大的隔阂和误会。

♣ 红色认为，黄色不关心自己的感受，提出的想法是试图湮灭自己的情感。

▲ 黄色认为，红色是不是脑子有问题，明明自己就事论事地告诉他这样的方法很不明智，为什么一说话就要上纲上线。

♣ 对红色来讲，咱钱可以不赚，事可以不做，情不能不要，就算叔叔看不见，苍天有眼也能看得见，你不让我去，就是试图泯灭我的良心。

▲ 对黄色来讲，你项目做成功，多赚到钱了，多给叔叔家里点钱，这种实惠，比你千里迢迢去参加葬礼要更值得。

得，再分析下去，两个人铁定鸡飞狗跳，人仰马翻，老死不相往来。

性格色彩识人074式

识人

为什么黄色性格容易被伴侣认为“无情”？

红色性格看重“当下”，黄色性格看重“之后”；红色性格看重“感受”，黄色性格看重“事实”；红色性格希望黄色性格理解自己的痛苦，黄色性格希望红色性格明白自己只是想要好结果。

大家对“重要”二字理解不同，怎么可能谈到一起？

当这两人都懂了性格色彩后，会发现，解决问题其实很容易。

当黄色给红色提建议时，可以首先认同红色的重情重义，然后，再分析不同选择带来的结局，提出情感弥补的建议。这样，会大大增加红色接受建议的可能，就算不接受，也可让红色意识到黄色对自己的理解，两人不至于产生隔阂和仇恨。这就是性格色彩提出的“钻石法则”——不是用你喜欢的方式和对方沟通，而是用别人愿意接纳的方式去和对方沟通。这些，在“性格色彩宝典系列”中，都有详细阐述。

迟钝原因三：对痛苦不敏感

这个世界上，任何人成功，都须经历苦难。而当你经历苦难时，难免会痛苦，这时，你需要面临很多：

你要做很多自己内心不喜欢做的事，你有时须委屈自己。

你要面对心理不平衡，那些与你相差无几或在你看来不值一提的人，居然高高在上，让你的自尊受到屈辱。

当对手将你践踏在脚下肆意侮辱时，你可能无力反抗。

当你经过千辛万苦、倾尽所有、孤注一掷，即将得到你要的东西时，突然，天公不作美，将你所有的期望和梦想毁于一旦。

当你满怀一腔激情，为别人付出所有，一心一意为他人好，却被人误解和歪曲，可你无处申冤。

当你在一个地方长期原地不动地打转，渴望着突破，可一直身处绝望，总是找不到一丝丝的光明和希望。

那么，当一个黄色在以上情境中沉沦时，会痛苦吗？

在解决这个问题前，让我们先思考一个问题，那就是，假设你是一个销售，当你被客户拒绝后，你内心的反应是什么？

■ 蓝色：被拒绝后呈现过分自尊，心有阴影，内心抗阻，无法行动。

♣ 红色：被拒绝后无比沮丧，但痛苦的时间不长，很快会被新事物冲淡而遗忘。

▲ 黄色：在你看来痛苦的事，黄色完全无痛感。当黄色被拒后，想的是，该换啥方法继续搞定客户呢？黄色的想法是，反正我每天拜访十个客户，左口袋装十个硬币，每拜访一个客户，就把左口袋的硬币，移到右口袋一枚，全部移完，回家。销售有概率，十个里面，最少一个能成，每移完一个硬币，我就告诉自己，离完成任务越来越近了，我不知道第几个成，我要做的，就是每天把硬币全部移完，其他都不想。

黄色就像腔肠动物，这种物种的特点，就是它最重要的器官就是腔肠，所有外来物只经腔肠消化而排泄，不会在身上引起任何变化。故此，没有很多的烦恼，当然也不会有细腻的快乐。相反，蓝色很敏感，会常常受到外来噪音的影响，但，也能体会到黄色不能体会的快乐。动物越高级，系统越复杂，感觉越微妙，体会越复杂，而腔肠类生物，啥都感受不到。

小马哥意外摔断脚踝，但依然坚持从香港坐着轮椅来内地课堂学习，每月两次，从无间断。我们问他："痛吗？"他说："没事。"问他为什么不在家好好休息，他说："家里闲着没事，不如来学习提升下自己。"

黄色不但不觉得痛苦，反而觉得这段时间空出了，要赶紧找事情来充实下！人家的注意力不在痛苦本身，也不想浪费时间，只想着怎样化悲痛为力量。

上天给了红色和蓝色这两种性格足够的敏感，让他们感受生活的酸甜苦辣，导致这两种性格的痛苦指数极其发达（两者差别是：红色痛苦，搞得举世皆知；蓝色痛苦，宁愿自己消化）。上天赋予黄色的敏感和细腻，少得可怜。而正是因为敏感的缺失，让他们对痛苦毫不在乎，在痛苦中快速爬出的能力远超他人，可以更多聚焦在怎么办，而非沉溺于过去的阴影中。

对痛苦的不敏感，造成了黄色的迟钝。“迟钝”让黄色免于痛苦的袭击和干扰，这就是黄色在做事中容易成功的重大原因之一。

这种缺少痛苦的感受，正是日本作家渡边淳一提到的“钝感力”，能降低对任何不好事件发生时的敏感。

对不是黄色的其他性格，未来当你再次遇到这种迟钝的人，想想这本书的这篇文章，对黄色多点理解，少点误会，否则，黄色不痛苦，真正痛苦的是你，多不划算。

迟文

识人之道

性格色彩识人075式

为什么黄色性格没有痛苦的感觉？

黄色性格毫无敏感神经！就像腔肠类生物，黄色性格是最简单的生物物种。

8. 免疫

为什么有的人可以不畏人言

俗话说“人言可畏”。一句话道出人世间是是非非。无论你做什么，做得怎样，在这个世上，总有人说三道四论长说短；无论你的选择有多正确，都有人指手画脚品头论足。

有人看到粉丝负面评论，恨不得跳入手机屏幕，直接把这个人揪出来当面对质。

有人因为网暴，不堪污言秽语的凌辱，以死明志，向世人昭告自己的清白，当年，阮玲玉便是这般走的。作为 20 世纪 30 年代的当红花旦，她恋爱不顺，又被前男友告上法庭。一时大报小报街道巷陌，沸沸扬扬。“人言可畏”，阮玲玉终在 25 岁如花年华时，香消玉殒，自杀身亡。

有人面对评价，压根不在意，随你怎么说，不掉一块肉，自己该吃吃，该睡睡，一切照旧，完全不受影响，走自己的路，人言何所畏，然后，落了个标签“内心强大”。

在意他人评价的人，在自怜自艾中，渐渐成为弱者；不在意他人评价的人，渐渐成为强者。因为多数强者都明白“没人去踢路边的死狗”，骂我，是因为我有价值，否则，谁来批评你。想起有人问余光中：“李敖天天说你，你从不回应，这是为什么？”余沉吟片刻答：“天天骂我，说明他生活不能没有我；而我不搭理，证明我的生活可以没有他。”

为什么黄色性格能够不畏人言?

黄色性格不在乎外界评价的至高秘诀是——“皮厚”。“皮厚”，是人言可畏的免疫宝，意味着，甭管别人怎么说，黄色性格都有一个强大的盔甲，就像一堵墙，将是非和流言挡在墙外，自己内心丝毫不受影响。

别误会，此处的“皮厚”，不是日常骂人时说的“脸皮厚”，而是地地道道货真价实的宝物，是多少人渴求不到的护身神甲。须知，有朝一日，当你的人生面对中伤时，会愿拿十年阳寿换此防御神器，可惜，苍天不公，这种特质，你想得而得不到，有的人却天赋异禀。

那为什么有的性格天生能免疫，而有的性格打死也做不到呢？怎样可以让自己面对恶言诋毁时，也变得“皮厚”呢？解开这些谜底，你也可以变得内心强大。

不同性格如何面对人言

黄色面对他人评价时的免疫、坚持自我、奋发向上，令很多人心生羡慕，但反观自己，却很难做到。为何你依然很在意别人的看法？一切，皆性格使然。

红色性格——世人都该理解我

红色在意别人如何看自己，希望得到所有人的关注和认可，当这种特点发挥过头时，就产生了一种悲哀，那就是——活在别人的嘴里，自己的情绪受到别人言语的掌控。别人说好，就花儿朵朵开；别人说不好，就霜打的茄子垂头丧气。这种身不由己的感觉，令红色极其痛苦。

元旦那天，蒋君发了条朋友圈：“去年，我共看了300部电影，是个巨大的突破啊，这些电影让我非常有收获，让下班后的日子非常充实，每天都期待今天可以看到什么故事，活得非常快乐，今年，我要坚持这个习惯，希望可以看得更多！”

很多人留言：“哇！你好厉害，要向你学习！”“快告诉我，最好看的电影是什么？”“天呐，300部？你是超人吗？怎么节约出来这些时间的？”于是，蒋君特别开心。

突然，有人冷冷留言：“我觉得，看这么多也吸收不了，没啥用。”

蒋君看到这条留言，气得发抖，完全忘记了前面的赞美，死死盯着这个留言，编了一堆话，准备骂过去，后来觉得，骂过去，会被其他朋友看到，显得自己不稳重。于是，直接把留言的哥们儿拉黑。可即便如此，当晚，他辗转反侧，依旧没睡着。

典型红色发朋友圈的目的，就是彰显自己的成绩，获得点赞。世上那些特别在意别人对自己看法的人，多是红色。当99个赞美和1个负面评价堆在一起砸到面前时，这种性格的人，总有一种超级能力，可以迅速屏蔽掉正面评价，死死盯着唯一那个让自己不爽的负面评价。

当负面评价如潮水般袭来时，红色不单会情绪化，还会本能地想放弃一切，万念俱灰。从理性上来说，他们知道留下并战斗才是对自己更有利的，但是，情绪这关过不了，看到负面评论就会影响一整天的心情，所以，只能撤退了。

这里赠送读者诸君一个看人非常实用的秘诀，就是——凡是将自己自媒体的评论区关闭的，都是红色。红色心理活动是：评论扰心情啊，万一说我好话，不是错过了吗？万一说我不好，我要知道到底说的是什么不好，否则别人背后嚼舌头，无理无据地乱骂我，玷污我的清白，我不是被蒙在鼓里了吗？结果就是“不看心里痒，看了心里恨”。哇呀呀，气死我也，既然如此，让尔等网友无处评论，吾自可眼不见为净。

一时的负面评价就足以让红色抓狂或退避了，如果持续在负面评价的阴影里生活，红色会产生心理障碍。

一对夫妻学员中的妻子在课堂上说了件令她困惑至今的小事。

两人刚恋爱的时候，女生穿着一双松糕鞋。男生乍一看觉得极不协调，便无意说了句：“这鞋太难看了。”没想到，这话在女生心里扎下了根，每次见到男生，女生都会问：“哎，看我的鞋好看吗？”女生还坦言，自从那次之后，出门挑选鞋子成了她生活的一大障碍，她不知该穿哪双好。尽管过了十几年，女生依旧耿耿于怀：“男生是我生命里重要的人，怎么会说我鞋难看呢？”谁能想到女生困惑了十几年的事，只是男生的一句无心之言。

“鞋太难看”，在负面评价的语言中，并不严重，充其量，只是说你的眼光不行。但这么一句话，由伴侣的口中说出，在之后的长期共同生活中，心结并未解开，就导致红色女生这个心理障碍一直没有消除。

当红色不断地遭遇严重的负面评价，一直如此，红色的整个内心世界会被摧毁，正如《被嫌弃的松子的一生》这部电影中呈现的：女主角松子53年以来，一直活在别人的评价里，她一直被嫌弃，内心伤痕累累，却一直为讨好别人而活着。为了别人的一句好评，甚至可以无底线地牺牲自己。她讨好了很多人，却没有一个人说她好，最后，被几个小混混打死。

面对负面评价，红色最大的问题，就是太容易自我怀疑、否定自己，同时极度渴望扭转他人的看法，却没有力量去做到，从而产生更深层的无力感和自我否定，甚至走向沉沦。

蓝色性格——完美主义自反思

由于蓝色在敏感程度上并不亚于红色，所以，对负面评价也很在意，只是蓝色更多把负面情绪内敛于心，不像红色那样猛烈反弹。

蓝色会忍，忍，一忍再忍，然后，在完美主义情结的驱动下，使劲儿反思别人对自己的那些负面评价："我是不是真的做错了？""这话到底有没有道理？""我的这些问题到底是什么原因造成的？"

如果蓝色在负面评价中发现自己确实有问题，不会公开回应，会用接下来的行动证明自己的优秀，而非别人想象中的糟糕。但是，反思过后，发现问题无解，蓝色会陷入更深的悲观，有时，可能会真的无法解脱。

著名作家川端康成内敛、沉静、完美主义，他创作的《雪国》，描绘了如梦如幻般的美景和虚无而美丽的爱情，最终的观点是"一切皆徒劳"，反映了蓝色悲观的特点。

川端康成在获诺贝尔文学奖后，对随之而来的荣誉和蜂拥而来的慕名者，十分厌恶，这与其幼年的心理封闭有关。他对夫人发脾气："家里不是旅馆，我也不为客人活着。"自从得了诺奖后，评论界普遍认为，他已江郎才尽，无法再写出更优秀的作品。或许，他自己也确实感知到了这点，最终，他选择了口含煤气管自杀，留下遗书，仅23个字："自杀而无遗书，是最好不过的了。无言的死，就是无限的活。"最后的最后，他用自己的死亡，抵达了完美的艺术彼岸。

与红色不同，蓝色在面对负面评价时最大的问题是想得过多，想要完整深刻地分析清楚为何别人会那样看待自己，越分析越悲观。如果负面评价的伤害到达极致，红色最有可能是疯狂爆发于愤怒的峰顶，而蓝色最有可能是默默走向悲哀的深渊。

绿色性格——随你怎说无所谓

仔细鉴别，“免疫”亦分两种：

第一种是丝毫不在乎外界评价，你的评价是我的动力，没人去踢路边的死狗，骂我说明我有价值，让暴风雨更猛烈些吧，那是黄色的“免疫”。

第二种是死猪不怕开水烫，随便你们怎么说，没听见没看见不知道。荣，生不带来；辱，死不带去。无所谓荣，无所谓辱，不以物喜不以己悲，那是绿色的“免疫”。

大海是一家从事留学申请业务公司的人力资源部总监，人如其名，敦厚老实，像海一样包容万物，从不与同事起冲突，大家有事找他几乎从来不拒绝。公司年度述职，大会上黄色的老板表扬了业务部门，批评了人力资源部，因为今年公司人员流动很大，招募成本上升了近70%，很多业务员刚培训完就离职，严重影响了公司业绩。此话题一开，大家纷纷抱怨开来，述职会仿佛成了人力资部的批斗大会。会后部门全员垂头丧气，只有大海毫无波澜，丝毫不受批评、抱怨的影响，仿佛说的不是他。

绿色的免疫，表现在“无所谓”，不管你说什么，我都是默默工作，慢慢变老，静静等待，这和黄色的无畏评价、奋力向上、遇见一个更加强大的自己的“皮厚”，分属两个层面。两种不同性质“皮厚”的免疫力，不可相提并论。

面对负面评价，绿色毫不在意。绿色一生平和宽容、和谐稳定，不悲不喜，对外界的评价和影响并不敏感。面对他人评价，表现的态度往往是“无所谓”，内心的潜台词是：“别人说就说呗。”“我就这样啊，他们说完痛快了，就没事了，我为什么要生气呀。”

黄色性格——皮厚从不畏人言

而当黄色遇到负面评价时，更多的选择是——坚持自我。内心强大的人，不需别人的评价证明自己。

对黄色而言，骂也好，反对也好，都很正常，最重要的就是不畏人言。黄色天性有种优势，那就是，反对再多，只要自己认为正确，就不动摇。“举世誉之而不加劝，举世非之而不加沮。定乎内外之分，辩乎荣辱之境，斯已矣。”一个内心强大的人，别人的赞叹不能让他更用力，别人的非难不会让他更沮丧。别人怎么看他们，是别人的事。而他们能做的，就是安心做好自己，为自己而活。

识人 识人之道

为什么黄色性格那么自信?

首先，黄色性格对一切事物的评价标准在自己内心，相信自己的判断。自己认为对，别人怎么说都没用，自己认为不对，别人同样怎么说也都没用，光这一点，就让别人感觉到一种强大的自信力。其次，黄色性格心态积极，有可能就争取，努力无果就立即止损，不会让自己停留在失败的阴影中，所以，少有自卑情绪。

迈向“免疫宝”之路

如上所述，面对人言的攻击，皮不够厚的、毫无免疫力的，多属红色和蓝色。绿色自有免疫系统，不需刻意学习黄色的免疫法。而红色和蓝色，这两种性格在功成名就之后，可以学绿色的云淡风轻；但对于多数尚未达成人生目标的红色和蓝色而言，正因为皮薄，缺乏免疫机制的保护，所以内心脆弱，没有发挥出应有的实力，也没有达到人生的高峰，应该学习黄色。只有像黄色那样，不惧外界的负面评价，坚持自我，内心强大，成为超级免疫宝，才能获得你想要的结果。

修炼，可分四步。

第一步：给“情绪”穿上防弹衣

红色和蓝色，情绪和情感高度丰富，当外界有批评声音时，都会受影响，所以，学习黄色的第一招，就是给自己的情绪穿上“防弹衣”——屏蔽掉外界的看法。这样，自己的心情就不会受到影响，此点，尤为重要。

20 世纪 90 年代，余秋雨担任《千禧之旅》纪录片的嘉宾主持，不承想这次“跨界”引来文学界的不满。当时，无数抨击余秋雨的文章说他“不入流”，面对责难，余秋雨说：“马行千里，不洗泥沙。”自己还有很远的路要走，哪有工夫理会沾在身上的小污点呢？

《文化苦旅》出版，有人给他挑错，有人批评他“滥情”，有人说他不尊重文化。但余秋雨不理会任何言论，照常写作。后来，声音渐渐消散。余秋雨曾在《文化苦旅》中写道：“成熟是一种明亮而不刺眼的光辉，一种圆润而不腻耳的声响，一种不再需要对别人察言观色的从容，一种终于停止向周围申诉求告的大气，一种不理会喧闹的微笑。”

“马行千里，不洗泥沙”体现了一种睿智。与它相反的是“水至清则无鱼”，红色追求别人眼中的清白，蓝色追求自己心中的清白，前者过于在意别人的评价，后者会因别人的评价而陷入自证的泥沼。要学习黄色，把这些都放在一边，眼睛只看着前方的目标，为自己的心筑上一面厚实的保护墙。渐渐你会发现，负面的声音不攻自破，自动消散。

第二步：把“决策”方向握在自己手中

红色和蓝色要学习黄色的第二点，是坚定的目标感。

红色和蓝色往往因为外界评价而产生情绪，在处理情绪的过程中可能会改变决定或延迟行动，这都是不必要的消耗。原因在于众口难调，红色想要让所有人满意，蓝色想要做出最完美的作品，因而受到各种不同声音的影响，其实，这些声音本身就是相互矛盾和相互抵消的。

画家凡士林想画一幅人见人爱的画。

凡士林将画好的作品拿到街上展出，画旁放一支笔，附上一行文字：“如果您认为这幅画有欠佳之处，请在画中标出。”晚上收回画作时，发现整幅画被涂满标记，看着被指出的各种不足，心里很是失落。

次日，凡士林决定换种方式了解大家的喜好。于是，重新画了一幅一样的画展出，但这次，他请观赏者在认为画得好的地方做标记。结果，曾经被人挑剔处，皆换为赞美的标记。

凡士林不禁感慨：“何为天道？天道是，无论做什么，都有人喜，有人不喜，既然如此，何必在意太多。”

正如画家所悟，尽信书不如无书，尽信人言不如只信自己内心，轻装上阵，快速行动，对成功更有帮助。

性格色彩识人078式

为什么黄色性格不在乎别人怎么说？

黄色性格无比清楚自己想要什么，坚持自我，永远能从反对声中找到对自己有用的，其余的都扔掉。最大的本领就是：不管别人怎么说，自己的情绪不受影响；不管别人怎么说，自己的决定不动摇；不管别人怎么说，自己依旧向前行。

第三步：用“自嘲”来化解别人的负面评价

红色爱开玩笑，但在被人批评时，心情瞬间坠到谷底，变成一个开不起玩笑的人；蓝色天生严肃，被批评时，专注想事，无心玩笑。偏偏是内心坚定的黄色，本不擅长幽默，但当他们发现，自嘲可以更好地堵住他人的嘴时，毫无心理障碍，张口便可调侃自己、自爆其丑。

红色同样可以修炼自己，向黄色学习直面流言，勇敢自嘲。一旦拥有这个“秘密武器”，不但可以有效地击退负面评价，更能时时刻刻让自己的心灵从中得到滋养，给生活增添更多欢乐。

我在《超级演说家》第三季节目中的学生崔万志，节目结束后，也来参加了我线下课程的学习。他骨子里是一个乐天开朗的红色，因为成长经历中经受太多磨难，后天修炼出了黄色的抗压能力。出生起就腿脚不便，从小到大经受了太多人的嘲讽，但他一直用自嘲来化解尴尬、回击流言，让人心生敬佩。在我给这一季节目中的六位选手一起做赛前培训时，我出了道题目，让大家客观陈述自己最厉害的本领，当人人都在吹牛说自己有多厉害时，崔万志举起手中的碗说：“如果我们每人拿一个碗出去讨饭，看谁讨得最多，我看我能赢！”众人哈哈大笑，起立作揖，惊为天人。能用自己身体的缺陷来巧妙地自我调侃，让人肃然起敬，崔万志的心脏绝非一般的强大。

当红色学会自嘲以后，世界豁然开朗，所有曾经他以为的可能会有的恶意都变为善意，一切无比美好。假如蓝色能学会自嘲，不但能化解负面评价，更可以中和大家对他过于严肃死板的印象，人际关系质量也将得到全面的提升。

第四步：把负面评价转化为向上的“动力”

当红色和蓝色为负面评价而辗转反侧、心力交瘁时，黄色已经有了更高级的应对之策：化腐朽为神奇，把负面评价转化为向上的动力。

莫言获得诺贝尔文学奖后，很长一段时间，再无作品问世。外界有不少人，明里暗里质疑他“江郎才尽”“在名利中迷失”，甚至诋毁他的作品，辱骂他的人格。面对这些捕风捉影的评价，他一直不闻不问，从未公开解释，只是淡淡回道：“外人只是根据自己的标准来衡量你。真正对自己评价最准的，还是你自己。”随后几年，莫言继续沉淀，按照自己的节奏展开创作。后来《晚熟的人》一经问世，全网畅销近百万,一举成为对所有非议最有力的回击。这么多年来，莫言对于外界的声音始终都保持着一份清醒的认知。

黄色“皮厚”，不易被外界评价所击垮，擅于把负面评价转为向上的动力，从而成为真正的强者。因为时间会证明一切，行动是最好的答案，当你站在更高处，这些声音就如同脚下的浮云一般，非但伤害不了你，反而会衬托你的高度。

2015 年 12 月，我本人遭遇此生巨大劫难，录制真人秀节目《了不起的挑战》，在进行消防演练时，不慎发生意外，一只睾丸破裂。这种碎法，前不见古人，后不见来者，更不幸的是，住院期间，手术单被喜欢分享的小医生外泄，隐私不保，举国皆知。

随后，我的“蛋碎”变成路人皆知的笑谈。回想当时，愤怒、委屈、悲哀，各种滋味涌上心头。但我清楚地知道，别人嘲笑你时，你唯一能做的，就是让自己变得强大，最终，那些嘲笑你的人就会觉得自己猥琐，无聊者也终将散去。于是，我在病床上连写三篇网文，获得前所未有的点赞。

来自网友的鼓励，让我体会到人间真情和温暖，有人说：“能把这么尴尬和悲催的事情用调侃的口吻记录，无惧嘲讽，你的故事，让我觉得充满了正能量。”有人说：“蛋若安好，便是晴天。有一天，这个蛋蛋将为拥有它的男人而骄傲！”……

在网友的鼓励中，我鼓足勇气，完成了《淡淡》。详细回顾了一个男人在遭遇重创后的沉重心理打击，重点分享了我们每个人应该如何从人生的绝望和至暗中走出，以及当别人面对苦难时，我们应该如何帮助不同性格的人。

这本书，使吾之碎蛋，成为举世间神蛋一般的存在，虽然没有达到司马迁的高度，但是好歹也算是自强不息的典范，应验了中华文化的精髓“塞翁失马，焉知非福”。

作为红 + 黄的我，虽然不是典型黄色，并不具备真正黄色那种“万恶乌云过，不沾阴霾边”的心态，但长期研究和传播性格色彩，见到的黄色太多。若你在生活中遭到负面评价，请学习黄色，先把它放在一边，用那些可以让自己更快乐的事填充生活，你还可以坦然面对它们，然后学着去自嘲，用开玩笑的方式说出来，慢慢会发现，许多人会因此喜欢你。

更重要的是，让你痛苦的骂声中，可能蕴含激励你奋发向上的能量，当你将其转化为前进的动力，把嘲笑者甩在身后时，就可潇洒地对自己说：“感谢那些曾经嘲笑过我、谩骂过我的人，如果没有你们，我不会成为今天这样更好的自己。”

2015 年，前文提到的我的学生崔万志，在《超级演说家》第三季决赛录制时，受“残疾人不能夺冠”潜规则的影响，被打入另册。我眼睁睁看着他蒙受不公，满腔悲愤，在崔万志最后一次演讲前和节目组商议好，我置酒为他壮行，并在崔万志演讲后，与节目中其他导师就冠军所属展开激辩。万万没想到，这场争论，被恶意剪辑断章取义为“乐嘉现场大发酒疯”，一时间，网络上天昏地暗，骂声不断。

八年来，我从来没有一天不遭受无谓之谩骂，更伤心的是，很多善良的人们依旧不知真相，被一叶障目，以讹传讹，但好在性格色彩的影响力越来越大。自 2015 年至 2023 年，我埋头整理了二十多年的教学笔记，终于完成了 10 本性格色彩著作，并将集中在我五十知天命之前一并面世。若无这八年的潜心研道，此事断无可能完成。与此同时，性格色彩学院也培养了近万名演讲师和卡牌咨询师，线上线下性格色彩学员总数达 220 万之众。

最奇妙的是，有很多我在《超级演说家》节目的长期观众，一路看着我在节目上为弱势群体发声，培养的选手发生脱胎换骨的蜕变，当网络舆论颠倒黑白时，观众们义愤填膺，反而来到课堂，以表达对我的信任和支持，这种结局，也可以算是失之东隅，收之桑榆了。

若你有朝一日也遭遇莫须有的打击，当你沮丧和怀疑时，只需坚定地做正确的事，将负面评价转化为向上的动力，就能把坏事变成好事。

以上四个修炼步骤，帮你迈向免疫之路。

只要持续修炼，习惯成自然，终有一天，当你看到别人对自己的负面评价时，只会付之一笑，或勇敢自嘲，收获更多粉丝。

如果站在更高维度看，对他人评价的免疫，正是我们迈向内心强大之路的一个关卡。当你不断修炼，人生走到更高境界，便能体会到“大智若愚、大巧若拙”的境界。那时，你身在何处都能得到心安与自在，任世间风雨也能轻松前行，如《寒山拾得忍耐歌》中所写：

昔日寒山问拾得曰：世间谤我、欺我、辱我、笑我、轻我、贱我、恶我、骗我、如何处之乎？

拾得云：只是忍他、让他、由他、避他、耐他、敬他、不要理他、再待几年，你且看他。

寒山云：还有甚诀可以躲得？

拾得云：我曾看过弥勒菩萨偈，你且听我念偈曰：“老拙穿衲袄，淡饭腹中饱，补破好遮寒，万事随缘了。有人骂老拙，老拙只说好；有人打老拙，老拙自睡倒。涕唾在面上，随他自干了，我也省力气，他也无烦恼。这样波罗蜜，便是妙中宝。若知这消息，何愁道不了。”

有了性格色彩，你也可内心强大，与各位共勉。

9. 心狠

为什么有的人能够铁石心肠

世上有一种人，和你在一起时，无论何种关系，都会用严厉的方式对你。当这种人决意和你分开时，无论你如何苦求，也无动于衷；即使你们曾经海誓山盟，分开的刹那就形同陌路，让你恍惚“到底真的爱过吗”。

为什么这种人可以如此心狠？真的是冷血无情的人吗？

运用性格色彩去识人，你最终会发现，有如此特点者，皆为黄色，其内心认为：

其一，你越重要，对你越狠；

其二，情绪之事，皆为无用；

其三，方向变了，瞬间即断。

心狠原因一：你越重要，对你越狠

你如果不是黄色，可能一辈子都很难理解“对你越好，所以对你越狠”的逻辑。黄色骨子里认为：如果我一味说好话，你可能无法认清自己，最终让你跌进大坑；如果你犯了错，我姑息纵容，那你必然“小时偷针，长大偷金”，到了犯大错的时候，谁也保不了你，必将无葬身之地。所以，黄色对亲近的人会说狠话，犯了小错，往死里骂，就是希望你能记得牢。

一对夫妻一起来课堂。丈夫红色，妻子黄色。丈夫抱怨妻子，总在外人面前骂自己，让自己很丢脸。妻子说：“丢脸算什么？如果你的错不改，将来不只是丢脸，连命都会丢。我就是知道你要面子，所以，才当着别人的面说，让你想忘都忘不了。”

性格色彩识人079式

为什么黄色性格爱你越深，对你越狠？

批判也许会让你短暂地丢脸，但相较以后丢命，算得了什么？人不被批判，就没有成长。只有真正的亲人，才会说并不好听的真话；只有给予压力，一个人方才得以成长，这正是黄色性格“为别人好”的方式。

所以，有一天，如果一直骂你的那个黄色突然不骂你了，你的世界变得清静了，你要小心，有两种可能：好的可能是，这个人学了性格色彩，开始懂得个性修炼，知道不该再这样骂；坏的可能是，这个人觉得你已经没啥价值，或者对你心灰意冷，准备放弃你了。

性格色彩资深导师周蝶这样描绘自己黄色的姐姐。

姐姐是厂长，单位的保安值班时睡觉，被姐姐抓了现行，叫到办公室：“知错了吗？”

“嗯。”

“现在把你开除。”

保安下跪求饶，说自己上有老下有小，不能丢工作，这次自己错了，再也不敢了云云。

姐姐毫不心软：“我现在开除你，是为了你好。如果现在不开除，等到出了大事以后，你就后悔了。现在这个决定，是为了让你记住，避免以后你犯更大的错。”

姐姐回家后，讲给家里人听，红色的周蝶觉得姐姐没同情心，下手太狠。但是，黄色姐姐觉得自己做得非常正确。

黄色认为，人犯错，必受罚，天下没有白吃的午餐，命运赠送的礼物早就暗中标好了价格。也就是说，今天，我心软，可以放过你，但是，未来，你会为今天的错误付出更大代价。为了你好，我一定要让你为自己的错误承担责任。就算你恨我，只要能让你牢记，未来不再犯，就值得。现在的你，恨我，但将来的你，会感激我的。

四种性格中，最心狠的，当数黄色；最心软的，其实不是绿色，而是红色。

● 绿色的心软，只是被动应承别人。你问绿色借钱，绿色问你借多少？若金额不大，绿色能拿得出，就会借给你。其心态是，反正这些钱，存着也是存着，既然你急需，就借给你吧，至于日后，你会不会还，现在想不了太多。若金额较大，绿色要去说服家人同意才能把钱拿出，那么，借给你的可能性极小，因为绿色既不想拒绝你，也不想给家里人添麻烦，所以，最有可能的做法是拖，拖到最后，你放弃找他，这样，绿色觉得自己可以不用再动脑子去拒绝你啦。

♣ 红色的心软，会同情心泛滥，帮不该帮的人，管不该管的事。某人问红色借钱，无论数目大小，红色都是看关系及看心情。如果关系铁，红色会二话不说，掏光兜里的钱给别人，这时，红色很希望得到对方一句“好哥们”；如果关系没那么铁，但那人样子实在可怜，也许会激发红色的同情心，一时冲动，倾囊以助，这时，红色很希望得到那人的评价：“你太善良了，真是好人！”假如那人要的数目庞大，有的红色还会自己去借钱，然后把借来的钱再去借给这个人。对红色而言，“自己付出的越多，越能证明自己是个好人啊”。

红色一生都在咀嚼自己心软造成的苦果，相比之下，黄色的心狠，长得却像是人间真理的模样。

大民，红色，早年做贸易发家，开了家酒吧。手下很多小妹，其

中有个纯朴灵气，两人碰出真爱，于是，让她离开酒吧，一起过日子。

后来，大民因工作原因去了外地，半年后，归，晴天霹雳！姑娘染上毒瘾。红色的大民，痛苦万分，倾尽全力帮她戒毒。曾经尝试将姑娘送戒毒所，但那里生活太苦，他舍不得让姑娘受罪。在姑娘家里，他和姑娘家人一起，把毒瘾发作的姑娘绑在床上，但已经被折磨得骨瘦如柴的姑娘竟然把绳子挣断，他看得痛苦又揪心。几番挣扎后，红色的他再次心软，不再硬得下心推动姑娘戒毒。

每次，当女孩问他要钱，他明知她会拿钱去买毒品，居然，还是给了……最后，姑娘死于吸毒过量，而他，伤心欲绝，痛恨自己害了姑娘，于是关了酒吧，此后，退出江湖。

红色是最难帮助别人戒毒的人群。因为四种性格相比，红色自己就很容易沉迷上瘾，说好了每天晚上 12 点前睡觉，突然看到一部好看的片子，忍不住，通宵达旦也要看完；说好要减肥，看到提拉米苏，馋虫上脑，自我安慰，“今天再吃最后一块吧，吃完我就坚决不吃了”，明天依旧如故。这些，都是贪恋刺激、受不了诱惑、自制力弱的红色常做的事。他们是最容易被短暂快感所麻醉的人。故此，不懂控制的红色，须学会当自己享受某样东西快感的时候，不得不接受这样东西带来的痛苦。

当红色帮助别人戒毒时，最大的挑战是怎样才能克服自己的心软，须知，多数红色，都是败在自己狠不下心。

红色的大民，明知让女孩吸毒是害了她，但还是忍不住给钱。当女孩毒瘾发作、涕泪横流跪求他的那一刻，红色就是忍不住会心软，见不得人流眼泪。在这点上，红色不敢承认是自己的自控力弱，不敢承认自己面对不了诱惑。当看到吸毒者因抵抗不了诱惑而在深渊中哀号时，红色会产生同情心，正是这种共情，导致红色最终做出害人的举动。可以说，这场悲剧中，大民，就是最大的帮凶，是他，害死了自己心爱的女孩。

那么，如果是其他性格，可能会怎么做呢？

■ 蓝色：面对诱惑，自制力强，会分析接下来会发生什么，送女孩去戒毒。即便戒毒辛苦，也会耐心鼓励女孩，让女孩坚持。

▲ 黄色：严格禁止她触碰毒品，再哭爹喊娘，也不心软。越为她好，心越狠。之所以黄色对人心狠，是因为黄色对自己也心狠。

● 绿色：也许抵挡不了恳求，明知要钱是吸毒，可能心软会给，但问题越来越严重时，绿色会害怕，去寻求外界帮助，因为绿色觉得自己做不到，但绿色可以听从别人的意见和安排来协助。

以上道理明了，便会明白，在条件相等的情况下减肥，最快减下来的，必是黄色。他们通常的做法是，找专家打听，哪些方法效果最好——节食？跑步？练器械？然后，每天严格地按照瘦身食谱去吃，早晚跑步，健身房两小时，不到三个月，减重30斤。对比下，同时起步的红色，减了三天，就管不住嘴，大吃一顿，时而节制，时而放纵，反复波动，越减越肥。

心狠原因二：情绪之事，皆为无用

黄色有两句口头禅："说重点"和"我不想浪费时间"。这两句话，像小李飞刀一样迅捷锋利，避无可避，让人受伤。

GIGI回想起还未离婚时，夫妇二人和女儿生活的一幕。

前夫是黄色，GIGI在事业上辅助他。一日，两人在家里谈工作。女儿从幼儿园回来，跑到父亲跟前："爸爸爸爸，我今天画了一幅画……"边说，边把手里的画卷展开。黄色前夫面沉似水："宝宝，爸爸跟你说过什么，还记得吗？"女儿还在说："爸爸，我画的画，老师说……"前夫声音陡然升高："去，跟阿姨玩，我和你妈在谈事。”女儿从父亲的语调中，感觉到威严，瑟缩着到一边去。

类似这样的场景，GIGI很心疼女儿，但前夫丝毫没感觉，对他来说，他不想浪费时间听女儿讲幼儿园里的事，他认为那不重要。女儿讲给阿姨听，或等谈完事后讲给妈妈一个人听，他认为都可解决女儿想分享的问题。

识人

为什么黄色性格认为一切情绪都无价值？

在黄色性格的心中，陪伴、倾听、安慰，这些“情绪价值”的付出，都不重要，只有实在的问题，才重要。时间就应该花在解决问题上，不要浪费在那些没用的嘘寒问暖或空洞的安慰上。

而对那些非常需要“情绪价值”的性格看起来，就会觉得黄色没心没肺，薄情寡义，心狠手辣！

汶川5·12地震后，有个朋友开了家酒吧。晚上，朋友正和一个二十多岁的年轻人聊天，年轻人喝了很多酒，边喝边掉泪。

地震发生时，年轻人在绵阳市，工作所在的办公楼因年久失修，严重垮塌，当时他正好外出，眼看世界在眼前晃动，吓得立刻把车开到一条宽阔公路上。重物倒塌声、汽车喇叭声、各种惨叫，他要疯了。

恍惚间，不知过了多久，看到父亲的车就横在自己车前方。他把车停下来，打开车门，晃晃悠悠走出来，父亲也从车里走出。那一刻，他浑身颤抖，只想着父亲拥抱自己，安慰几句，但父亲把儿子从头到脚打量一番，确定他没受伤，说了句：“不要待在市里了，快回乡下你姥姥家，那里没事。”看儿子呆呆愣愣的，又补了句：“我在隔壁县还有事。”挥挥手，便钻进自己的车里，开走了。

事后，他从其他人嘴里得知，地震发生时，父亲从邻县火速开车奔赴自己的办公地点，看到楼已垮塌，立刻判断——如果儿子在楼里，抢救也无望；如果儿子不在里面，看到地震发生，一定会往空旷的地方逃生，于是，父亲没有沉浸在担忧中，迅速上车，开往邻近公路，终于找到了儿子。

父亲是黄色，儿子是红色。虽然儿子知道父亲赶来是为了救自己，但依然难以理解，为什么父子相见，没有大难不死欣喜若狂的感觉，没有老泪纵横，甚至没有一句哽咽的话："儿子，你还活着啊？"从小到大，母亲早逝，父亲拉扯他长大，跟他几乎没有任何肢体接触，而他是个情感需求很高的孩子，这次的事，仿佛又一次印证了他对"爸爸不爱我"的猜测，所以，他带着无法排解的痛苦前来买醉。

灾难中，亲人大难不死，四种不同性格的反应

♣ **红色性格：** 难以抑制激动心情，冲上去抱着亲人："太好了，你没死啊！"然后边拍打亲人边说："你知道我为你多伤心吗？"搂着亲人说："你知道吗？要是你死了，我也不活了！"情绪波动起伏，涕泗纵横。

■ **蓝色性格：** 内心波涛汹涌，详细询问脱险经过，分析推理，得出结论，以后务必注意一二三四五六七八九，绝不可九八七六五四三二一，用帮助亲人防范日后风险的方式和久久拥抱表达关爱。

▲ **黄色性格：** 就像地震中的那位父亲，关注的是亲人有没有受伤，假如没有实质损失，黄色就会放心去干自己的事。

● **绿色性格：** 不知该说啥，静静陪着亲人倾听，不时安慰一下："没事的，都过去了。"

对黄色来说，不愿付出情绪价值的关键在于，黄色，是实用主义者，他们希望自己为亲人做的所有事，都是有价值的。但黄色忽略的是，工作的价值，可以用事来衡定；亲密关系的价值，无法仅仅用事衡定。语言的交流、情感的共鸣、心灵的交融，这些看起来貌似“虚”的东西，恰恰就是亲密关系中的核心！

而黄色总是试图剥离掉这些情感面，直奔主题。这就好比朋友聚餐，对黄色来讲，找个地方直接谈事，吃啥不重要，谈完就走，肚子填饱就好；可对红色来讲，大家在一起开心最重要，事情啥时候都可以谈，而且心情愉悦了，事情更容易谈，你一上来就跟我谈事，太功利了吧，太现实了吧……所以，当把不同的性格放置在同一场景下，来思考彼此的差异时，你会发现，人与人之间的不理解，将会造成多大的误会和碰撞。

心狠原因三：方向变了，瞬间即断

如果你谈过几次恋爱，并且对象中有着不同性格，那么，黄色的“心狠”，想来你是领教过的。

比如，黄色追求你时，各种甜言蜜语围着转，等追到手，关系确定，黄色的目标瞬移，你想继续享受被舔狗追求的感觉，对不起，没啦。如果你提出疑问：“我怎么觉得你变了一个人？”“变什么变？哪里变了？”“你好像没像以前那么爱我了。”结果，人家一句话打发你：“你神经啊，别作了，现在这样好好过日子，挺好。”如果你继续索取，黄色干脆置之不理。你会委屈地觉得，是不是他追到手了以后，就不用掩饰真面目了。

非也！那只不过是因为黄色此刻的目标已经变了。当初，黄色要追你，和你在一起，所以，你，就是唯一目标，只要能达成目标，所有手段和方式，即便自己不擅长，黄色也会逼着自己尝试和努力。可是，此一时彼一时，如今这个目标已经达成，当然要将精力花在感情之外的目标上，难道这不是天经地义的事吗？

你看，如果你不懂性格，你能想象出黄色居然会这么思考问题吗？

如果你不是黄色，此刻正在阅读此文，下面，更加冲击你三观的事，要来了！对一个情感饱满的重情之人，让你无法想象的，是黄色和你分手时的种种绝情。

小芝和黄色男友恋爱三载，小芝身体孱弱，黄色男友对小芝一直很照顾。突然有一天，黄色男友提出，要去无人区探险——他此前是探险队队员，去无人区挑战是他的夙愿，为此做了多年准备，只是之前没提。小芝听到这个想法，魂飞魄散，苦劝他不要去。

劝来劝去，黄色就只重复两句话："要么，你等我一年，我若平安归来，我们结婚，我若不归，你自嫁人；要么，我们立刻分手，各走各路。"小芝以泪洗面，试图改变黄色决定，黄色不改。过了几天，黄色男友收拾好行囊，独自离开，先到朋友家住，等到出发日那天，小芝上门求见，黄色男友竟然避而不见。朋友们安慰，她却死也想不通："过去的柔情，如今烟消雾散，像从未有过，怎么会这样？"

如果小芝学过性格色彩，就会理解，对黄色而言，不是没有感情，也不是毫无留恋，而是，既然决定去无人区，再多情、留情、余情，只会给双方增添更多麻烦，既然如此，不如一刀两断，这样才会将彼此的伤害最小化。当黄色心意已决，唯一笃信的是"长痛不如短痛"。

看到这里，你千万不要以为分手时，"郎心似铁"是黄色男人的专利，黄色的女人，"娘心似铁"的功夫，绝对是巾帼不让须眉，有过之而无不及。

美剧《都铎王朝》，黄色的安妮本有男友，因为吸引了英国国王亨利八世，有成为国王情妇的可能。所以，她直接跟男友说分手，并且要求男友在亨利八世面前说，他和她之间清清白白、没有任何关系。男友被她压迫，只得在国王面前说自己暗恋安妮，国王满意地离开后，男友痛苦无比。

黄色的安妮出生在一个野心勃勃的家庭，父亲早想把她送给国王当情妇，没想到国王先看上了安妮的妹妹玛丽。后来，安妮凭借自己的努力吸引了国王的注意，而男友对安妮来说，只是个临时玩伴，本来就没认真，自然不会心疼。但这事换成其他性格，即便分手，也不好意思或不忍让男友“帮忙”撮合自己和新情人，唯有黄色，能将情感和事实轻松分开。

分手后，相比绿色的拖泥带水，红色的缠绕反复，蓝色的默默神伤，黄色这种一刀两断的做法，虽然心狠，却未必是最坏的选择。

识人

性格色彩识人081式

为什么黄色性格可以对自己那么狠？

黄色性格不仅达成目标的欲望极其强烈，而且前瞻性强，他们往往会越过当下去展望可预见的将来，用目标激励自己，并为之拼命努力。说白了，达成目标所要承受的痛苦，和达成目标所能得到的快乐，两者相比，后者在心理需求上遥遥领先，痛苦可放在一边。

读懂了黄色，你就会发现这种人也有心，也有情，只是比其他性格更清楚自己要什么而已。当然，对黄色而言，坚定追寻自己想要的目标的同时，也需多角度换位思考，该硬时硬，该软时软，才能更早达成自己想要的结果。

第五章

绿色性格

Chapter 5

1. 纵容

为什么有的人心软没有底线

世上有一种人，无论别人做错什么，都无条件地包容。喜欢他的人，觉得和这种人一起，可为所欲为；痛恨他的人，觉得坏事刚出现苗头时，不予制止，导致坏人继续作恶，最终不可收拾，这种人有不可推卸的责任。这种人，作为父母，对孩子不打不骂不管不教；作为伴侣，任你红杏出墙，也不会有什么反应，只是掩耳盗铃，假做不知。

为什么这些人会去纵容别人呢？难道这些人不辨是非吗？难道这些人不明白“对坏人好＝对好人不公”的道理吗？

在中国古代，“仁”是至高荣耀，很多皇帝因为“仁”——心好心软，受到后世追捧，立为楷模。宋朝有个仁宗，在位42年，和辽国不动干戈，休养生息，重用贤臣，国家安定繁荣。

据说，宋仁宗外出口渴，担心提出喝水的要求后，总管会把随行侍从搞死，于是，硬是忍到回宫后才喝水。另外，他与唐太宗会骂娘的性格完全不同。李世民被魏征骂了后，气得暴跳，回到后宫，总跟长孙皇后嘟囔着要把魏征老贼碎尸万段；可人家宋仁宗常被包拯指着鼻子乱骂，口水溅到脸上，宋仁宗只是轻轻地擦了擦脸，也不整理衣袖，继续聆听着老包骂。后世对宋仁宗评价超高，自视甚高的乾隆一生中内心只佩服三个皇帝，一个是他爷爷康熙，一个是千古一帝唐太宗，还有一个，就是这个宋仁宗。

然而，你千万别以为政治家只要有仁慈就行。古往今来，政治斗争都无比惨烈，大多数绿色普遍软弱，未及登高，就在残酷的明争暗斗中早早离场，匆匆走下历史舞台。

仁慈的罪过

三国时期，绿色的刘璋面临同宗的刘备兵临城下，手握三万精兵，却说："我父子在益州二十多年，没给百姓施加恩德，还打了三年，许多人死在野外，这一切，都是我的缘故。我怎能安心！"于是，开门投降。

风水轮流转，抢了刘璋地盘的刘备英武一时，不承想，他儿子刘禅是个孬㞞。在位四十多年稳稳当当，一朝被邓艾偷袭，明明还可守上一段时间，等人来救，却不知所措，在大臣建议下，率众投降。

相比之下，黄色的朱棣被侄子削藩，未面临生死，就主动造反，借"清君侧"抢了侄子皇位。后来，他诛杀反对者，但积极治理国家，勤政爱民，使明朝经济走上顶峰。

可见，你再怎么仁爱，也得有手段，否则，还没等你有地位有权力的那天，就被人"咔嚓"了。以单纯对性格词语的理解而言，"仁慈"当然是美德，尤其，绿色能把这一美德发扬光大，但人们常常罔顾一个基本事实，那就是——没有目标的仁慈，就是害人！

报社副主编阿文，负责几个版面，手下几十号人。他为人宽容，下属若不能及时交稿，阿文很少指责。一些理应下属打印的材料、修改的错字，只要看到下属忙，就不忍施压，亲自去做。开会时，很少管控，放任大家肆意讨论，三个小时下来，方案也没出，他也不最后拍板，每每延后再议。在他的管理下，下属惬意至极，交口称赞，头儿真是大大的好人哪。

然而，一年下来，他负责的版块效率低下，被几次批评，最终，将他调岗。

下属虽然和他相处融洽，但也不愿看到毫无成果。在对仁慈的阿文心有不舍的同时，拼命鼓掌欢迎新领导的到来。阿文看着这样讽刺的画面，还是不明白，自己错在哪儿。

性格色彩识人082式

识人之道

为什么绿色性格总是做好人？

因为绿色性格为人的第一准则，就是永远把“别人感受的舒服”放在首位，完全不关心“结果”二字。

绿色始终没搞明白，当你成为一个领导，如果对手下过于仁慈宽容，那就是对团队的残忍。团队没业绩，老板不会原谅你；伙伴没钱赚，养家糊口需要银子时，也会憎恨你。请问，谁愿意永远跟着一个无法给自己希望的领导慢慢等死？

这就好比，你买了张健身卡，想好好地减减肥，练练身材。

假设你跟了一个绿色教练，训练的时候，只要你说“好累啊”“肌肉好酸”“今天做不动了”，绿色教练就赶紧说“喔，那就休息下吧”“嗯，没事，那就先别练了吧”。结果，你练了一年，越练越肥，这种教练，有个屁用！你花钱是来享福的吗？你的本意，花钱来受虐，你的终极目标就是要拿到结果，你知道自己意志不坚定，有时会偷懒，所以，你才想找个强悍负责的教练，帮你拿到结果的教练，推动你，监督你，拿鞭子抽你，最终来帮你达成目标。如果你要享福，躺在沙发上天天吃薯片刷手机就好了，为什么要出来健身？

所以，你不懂性格色彩，教练找错了，白浪费了钱，白费了时间，你怪谁？记住，下次，如果你只是想舒服地在健身房混日子，那就去找个绿色教练；如果你想拿到你要的结果，你已经做好了被逼被骂流泪流汗的准备，那就去找个黄色教练。

当然，如果正在看本书的你，刚好是一个绿色的教练，我要对你说：“教练啊，很多时候只会对人好没用啊，人家不拿你当回事，你也给不了别人要的结果，除非那人来，就是冲着你的肌肉和美色来的。”

绿色对自己没啥要求，更不会对别人提要求，放在嘴边的常是“一切随缘”这种故意凸显自己有佛缘的话。你跟他说，不能太纵容啦，做人，应该要有些要求的，人家不过就是笑笑罢了。

柳柳分享了自己3岁半的侄子和奶奶的真实故事。

不知何时起，侄子起床后，就自行搭配服饰，渐渐发展到，只要和他生活的人，必须听他指挥。

一天清晨，侄子穿好自己喜欢的衣服，训斥奶奶穿得不好看，妈妈批评了孩子的无礼，就赶去上班。妈妈走后，家里只剩下奶奶和孩子。孩子气势汹汹，奶奶见势不对，为哄孩子不哭，就任其胡闹。这时，已是上午8点半，侄子打开衣柜，为奶奶“精心挑选”好看的衣服，看中一件素雅的冬季毛衣，要让奶奶换，可重庆此时是37度的夏季！中午12点半，妈妈回家，看到奶奶穿毛衣，第一反应是奶奶生病了，问：“妈，你不舒服吗？”

“嗯。”奶奶轻声回答，没表现出一点儿痛苦。妈妈看到儿子脸上洋溢着笑容。

“吃药了吗？”

“吃啦，没什么大不了的。”

“要不，你先休息下。”

“不用，没什么，让我来吧。”

之后，奶奶穿着毛衣做饭，妈妈陪孩子玩。下午2点孩子午休后，奶奶换下毛衣，结束了长达五个半小时的毛衣生活。妈妈再次问奶奶，她才和盘托出。

妈妈问她：“妈，你穿毛衣很热吧？很难受吧？”

“还可以，毛衣不是很厚。”

“孩子太不懂事，您别这么纵容他呀。”

“我没事，小孩只要不哭就好。”

这事让妈妈非常苦恼。妈妈担心，丈夫经常出差，自己每天上班忙，奶奶对孩子太好了，总是放纵，孩子会无法无天，毫无分寸界限，完全被宠坏。有些规矩一开始不做好，长大以后拉也拉不回。其实，现在孩子已经太霸道、太自我中心了，将来发展成怎样，不敢想象。

你是否能预先设想到仁慈背后存在的危机和隐患？

试想，家中如果是一名红色、蓝色或黄色的长辈，在高温下，能忍受小孩的无理取闹而长时间穿毛衣吗？孩子说啥都听，作为长辈，毫无原则和主见，不知如何引导孩子正道前行，如果你理解为这是一种幸福，看不见“仁慈”背后的“纵容”给孩子带来的长远危害，你！要！完！蛋！了！

识人

性格色彩识人083式

为什么绿色性格逆来顺受？

绿色性格欲求淡薄，在他们的标准中，只要还能过得去，就得过且过。而且绿色性格害怕与人发生冲突，为了回避冲突，宁可自己难受一些，也比指出别人问题导致冲突要好。

我朋友父亲是绿色，从小对她弟弟溺爱。她弟弟爱吃糖，晚上睡前还在被窝里偷吃糖。有一次，父亲发现弟弟在被窝里偷吃糖，就想打，没想到弟弟不听话，还顶撞，这时惊动了母亲。父亲怕母亲真打弟弟，就说弟弟没吃糖，从此以后，她弟弟肆无忌惮。现在，她弟弟满口假牙。

一对都是绿色的父母对儿子不管不教，即便儿子犯了弥天大错，也只会说：“知道错了吗？以后千万别这样啊！”任何人与儿子发生不愉快，绿色父母也从不分析，对外拼命道歉，竭尽能力摆平一切，见了儿子，就说“以后小心些啊”。在这种放任的呵护下，儿子无法

无天，最终，身陷囹圄，锒铛入狱。

曾经看过一个令人愤怒的视频。街头上，一个身穿校服的少年与母亲争执后，动手殴打母亲。母亲不停躲避，依然多次被打倒在地，好不容易挣脱了向小区跑去，又被少年追上拉扯，施以更激烈的拳脚。路人看不下去，上前劝阻，反被少年破口大骂，多管闲事。终于，一位男子忍不住出手，一把拽过他的头发，逼他跪下向母亲道歉，并怒斥："把你养这么大，你是怎么孝顺的？！"最后，迫于众人的压力，少年不得不向母亲道歉，扶着母亲回家。令人唏嘘的是，挨打的母亲，除了躲避，既没还手，也没责备孩子。

结果看似满意，可是男孩真的知道错了吗，不可能！

父母为孩子付出全部，却把自己变成孩子最恨的人。应该是父母教育不力自食其果。从小宠着、惯着，才有今天的结果。

你越软弱退让，他就越得寸进尺。你能无底线地原谅谁，谁就能无底线地伤害你。

你以为的"仁慈"其实不是真的仁慈

也许你会说骄纵当然不对，但如果不是溺爱，不是一味放任，我心怀仁爱善待他人，总该没错吧？很不幸，这还是要取决于你对"仁慈"的定义。很多时候，你以为的"仁慈"，未必是真仁慈。

仁慈是心地善良不忍伤害他人，但如果只有心地善良，却没有意识到你的"仁慈"，并非他人所需，那么你所谓的"仁慈"，仅仅是一厢情愿地为了满足你自己做个好人的"仁慈"，事实上，可能会成为伤害他人的利刃。

一本穿越小说，讲一个现代人穿越回唐朝，做了贵族，买了大宅，但是，因为觉得用家丁婢女就是剥削，自己绝不能做万恶的资本

家，所以，坚持家中的事都自己做，事必躬亲，这样，才是好人。

后来有个长者跟他说了番话，改变了他的想法。长者说：

你这孩子宅心仁厚，一切都想自力更生，这本来很好！但你也是平民，穷苦出身，你虽然怕看人做工吃苦，但你难道不知道，买卖婢工奴曲的是什么地方？有奴市，有教司坊，九成出自这里！

这些人本是平民，种种原因做了奴役，他们没被买走前，要被残酷训练，没饭吃，每天都在受苦，盼着有良人将自己买走，脱离苦海！

但是很多混蛋的无良之辈买走婢女丫鬟后，将其折磨死，这也是世上有些人宁愿饿死也不卖身的原因。

你现在成了贵族，也不缺钱，你买丫鬟仆役来使唤，只要你不苛责虐待人家，你知不知道，你就真的是在解救他们。你现在明明有能力买，但你不去买，结果这些人被其他可能虐待他们的人给买走，最后，这些人如果死了，你这算不算是害了这些人呢？

其实，世上每个人都有自己的生存环境，这些人是不是受苦，都是由你这个当家人决定的。世间的苦难太多了，现在你有能力，就拉人家一把！婢工奴曲，我大唐天下，每个大户现在家里都有，只要你发自真心是想让这些人脱离苦海，他们只会念着你的好，你知道不知道，你这是在做好事，自当问心无愧，无须介怀！

你一直以为的你对人好的做法，有时，并不一定是真正的好；你以为的你对人坏的做法，有时，恰恰可能是真的对人好。这个穿越者，自视接受过现代高等教育，不屑古人奴役之事，就是慈爱无敌，实则，自以为的仁慈，在众多丫鬟仆役看来，反是断绝了营生，让更多人无法填饱肚子，从结果来看，何来“帮助”之说，明明是莫大的害人！

舍弟是绿色，就职于上海某中学，曾跟我说起一事。

当年刚入职，和单位的前辈去外地出差。当地没有出租车，只能坐三轮。正值夏天，太阳火辣，眼看十几辆三轮车排成一溜。一个女车夫，晒得黝黑，汗流浃背，舍弟顿感不忍，想找位身强力壮的男车夫，没想到，前辈径直走到女车夫面前，谈好价钱，带着舍弟，一起坐上去。

一路上，女车夫骑得吃力，尤其上坡，根本骑不动，只好下来，慢慢推行。舍弟心中疑惑前辈之决定，到了目的地，问为何我们要选个女车夫，差点儿累死人家。前辈笑着说：“女人干这行，本无竞争力，如果因为不忍心而不坐她的车，她没有生计，迟早得饿死。找她，就是给她生意做，就是对她最大的帮助。”

读到这里的朋友们，如果你是习惯“仁慈”待人的绿色，下一次，定要三思而行：你以为的“仁慈”，真的是他想要的吗？真的是对他好吗？

我想起，很多年前几个朋友去边远地区，那里有一所小学，孩子特别纯朴，朋友就找到校长，说想资助几个孩子，负责日常生活开销，给他们买好的衣服和文具。校长说，都是一个班的孩子，我不建议这么做。想想看，如果你资助的孩子，什么都用最好的，那些没有得到资助的孩子看到眼里，会怎么想。你如果真的爱这些孩子，可以把这些钱捐出来，学校会安排，一视同仁。

大爱之仁，必看长远结果，而非仅仅满足于当下的一时仁慈。一念之仁，可能一时宽容不争，长久，却伤己伤人、包养祸患，甚至，葬送团队乃至危害社会。

想想秦始皇那无比仁爱的大儿子扶苏，因不愿违抗圣旨和大动干戈而自杀，却让胡亥和赵高等人为所欲为，指鹿为马，滥杀无辜，导致秦朝只延续两代便灭亡。这恐怕是绿色脑壳子想破也想不到的。

绿色往往认为，我吃了亏啊，我造福了别人啊，哪里会知道，人们只会怪你软弱，不会夸你善良。悲剧了。

2. 容忍

为什么有的人总在委屈自己

很多人不理解，为何绿色能做到那么能忍。确实，绿色的忍功毫无上限，叹为观止。北京卫视《我是演说家》第一季节目中，我的学生寇乃馨，就遇到这样一个情况：

寇乃馨每月有一半时间录节目，每次回家待几天立即飞走。一次，她回到家，物业上门拜访，告知她家楼下住户每次用水只有细细一线，原因是寇乃馨家的水管有问题。这还不算什么，最离谱的是，这种状况，已经持续了四年，而楼下住户从未登门找过。这次，还是物业去串门时，偶然发现，才问出来的。

寇乃馨听闻，不可思议。因楼下住户是小区门口服装店老板娘，她还去买过衣服，两人不算陌生。她怎么也想不通，为何老板娘在长达四年里，忍受着洗澡的一线水流也不上门找她？物业说了这事，寇乃馨立刻同意物业上门维修，就一个小时，问题彻底解决。寇乃馨特意去楼下，跟老板娘说了句抱歉，因此跟老板娘多聊了几句，给老板娘做了性格色彩卡牌测试，结合以往观察，老板娘是标准绿色，忍功卓绝，最怕给人添麻烦。

绿色为了不给人添麻烦，宁可忍受四年不能正常洗澡。如果你不是绿色，砸破脑袋，也匪夷所思。其实，绿色的“忍”，也分为对关系一般的人和对关系特别好的人。对关系一般的人，绿色尽量包容，原则上，对方要的，我尽量给，对方说的，我不反驳；但对关系特别好的人，绿色简直是毫无底线，失去自我。

识人之道

为什么绿色性格从不愿给人添丝毫麻烦？

绿色性格不愿给自己找麻烦，但如果事情摊到了自己头上，宁可自己做，也不想给别人添麻烦。给别人添麻烦，就必须主动去要求别人，绿色性格不喜欢主动。给别人添麻烦，有可能会影响人际关系，这也是绿色性格最不愿意的。

对普通关系：能忍则忍

关汉卿的《窦娥冤》中，窦娥的父亲因进京赶考没有盘缠，就把窦娥卖给蔡家做童养媳。不料窦娥的丈夫早逝，只留下窦娥和蔡婆婆，婆媳两人相依为命。这蔡婆对窦娥的确很照顾，可是，她是个无比软弱的绿色，以至于后面酿出无数悲剧。

蔡婆遇到了一对得寸进尺的流氓张氏父子，张老儿和张驴儿。

张氏父子曾救过蔡婆一命，仗着救命恩，欺负婆媳俩无依无靠，赖上了蔡婆。接下来，蔡婆做了几件因为她的软弱性格而最终要命的事：

1. 流氓父子俩提出借住到蔡婆家，蔡婆忍了，答应下来；

2. 流氓父子俩逼迫蔡婆嫁给张老儿，蔡婆软弱怕事，又忍了，答应下来；

3. 流氓父子俩使出诡计，逼迫蔡婆同意窦娥做张驴儿的媳妇，蔡婆又忍，答应下来。

结果，张驴儿去调戏窦娥，被痛骂一顿后，怀恨在心。趁蔡婆生病，窦娥做汤时，张驴儿在汤内下毒，想毒死蔡婆，再逼着窦娥成亲。没想到，蔡婆没喝，反而是张老儿喝了以后咽气，张驴儿见毒死了自己的父亲，栽赃嫁祸在窦娥身上，酿成千古奇冤“窦娥冤”。

面对得寸进尺的张氏父子，蔡婆选择一退再退，而她的忍让，引狼入室，害人害己。

蔡婆的绿色除了以上她答应了三件不该答应的事以外，《窦娥冤》中，她刚出场时便说："不须长富贵，安乐是神仙。"说明她就是一个喜欢安逸的人，没有大的野心和欲望。虽然窦娥是她的童养媳，但她对窦娥一直温和慈爱，直至儿子死后，亦是如此。她被张氏父子胁迫，答应了把窦娥许给张驴儿，回家后，不知该咋办，跟窦娥商量，窦娥坚决不从，她也不敢强迫窦娥，左右为难。这些，都是绿色的体现。但也正是由于她的步步后退，导致最终的冤案。

欲望，就像一簇火焰。纵容，就是添柴加火，只会愈燃愈旺。贪婪的欲望无边无垠，遇见一个得寸进尺要把你吃掉的贪婪的人，退缩，只会纵容对方的欺压；寸步不让，反能使欺压你的人幡然悔悟、有所收敛。

作家三毛在出国留学时，曾想过做一个事事忍让之人。她初到西班牙，父母对她的殷切嘱托还萦绕耳畔：凡事多忍，退一步海阔天空，不和人怄气。

刚住宿舍，三毛就是如此，凡事宽容，有求必应。起初，每个室友都对三毛很好，抢着给她帮忙。可不知不觉，事情变了。三毛不仅要打扫自己的内务，每天还要帮室友们铺床、带饭，这样的事情一件件，一天天，没有尽头。

有一次，舍友们居然躺在三毛的床上喝酒，大家笑着躺着闹着，把三毛的被子枕头弄得一团糟。舍友的喧闹，将查寝院长引来。看着一片狼藉的床铺，院长没责怪舍友，反将三毛痛斥一顿。

此时，积压的委屈、难过、生气在三毛的心头炸开，只见她拿着扫把，毫不留情地把床上的舍友一个个赶下来。

此后，舍友都变得客气了，再没人敢使唤她做这做那了，三毛的留学生活也舒坦顺畅了起来。

如果你看过三毛的传记，看到她为了追求自由和男友荷西像吉卜赛人一样四处流浪，便会知晓，三毛的性格是典型的红色，那么，为什么三毛还会忍让？

此处，要和各位分享一个洞察性格内心的秘诀。在《性格色彩原理》中，我反复强调，不同的性格会做出同样的事情，但是内心的动机完全不同，读懂他人的核心关键是——看清行为背后的动机。大白话，也就是，你要知道这人为啥要这么做，这人心里想的是啥！

红色和绿色，这两种性格，都会忍让，其中的差别是：

♣ 红色的忍，是暂时的，是为了得到他人认可。一旦忍的时间长了，红色自己非常压抑时，有了一个合适的机会，情绪必然爆发，会奋起反抗。

● 绿色的忍，是持久的，是为了人际关系的和谐。只要不发生人际关系的冲突，你让绿色咋忍都行。

正因为三毛是红色，不是绿色，所以，当她忍让时，负面的情绪在心中累积，找不到口子爆发，就会成为心理问题。正如伏尔泰所说："使人疲惫的，不是远方的高山，而是鞋子里的沙子。人生道路上，我们有必要学会随时倒出鞋子里的沙子。"浪漫的三毛，最终，结束了自己的生命，与此不无关系。这种表面像绿色其实是红色的人，专业上，属于复杂行为混淆的性格辨析，详见《性格色彩卡牌指南》。

对亲密关系：无底线忍

婚恋中，温顺柔性的绿色，在情敌的短期火拼中，很容易败下阵来；可如果把时间拉长，结局未必如此。绿色之所以在短兵相接中失败，是因为他们本身不喜欢你来我往的赤膊战斗，遇到麻烦的事需要决定时，只想着把决定的时间和空间，都让给对方。

每个人都可能因爱受伤，正常人只要有过付出，内心就期望“得到”。区别在于，当付出了以后，最终没得到的时候，不同性格的反应完全不同。

付出后没有得到，不同性格的反应是什么？

- ♣ **红色性格：** 任性，不停地要，越要不到，越表达“我要，我要，我就是要”。就像孩童吵着要吃那块放在柜子顶上的糖。
- ■ **蓝色性格：** 压抑自己，得不到，就放在心里，埋在深处，永远不提。可惜，痛苦越大，杀伤越大。与其这样，不如像红色那样疯一把，就过去了。
- ▲ **黄色性格：** 人间恋爱，不是你抛人，就是人抛你，与其被人抛，不如先抛人。抛人的话，至少和被人抛相比，自己受伤轻点，还算是赢了。
- ● **绿色性格：** 你随时可来，你要想走，我也拦不住啊。

性格色彩识人085式

为什么绿色性格不在情感中要求别人？

绿色性格觉得，那个人离开给自己带来的痛苦，终究会慢慢平复的。可是，如果要求那个人一定留下来给对方带来的痛苦，接下来在相处时会让自己无所适从，不如松手，一别两宽。

绿色的情绪，任凭外界再怎么刺激，也没啥波动。外界惊叹啊，这人咋这么能忍呢？事实上，对绿色而言，人家根本没觉得自己在忍，不过，就是天生适应性强罢了。

小杰愤怒地回忆姐夫的恶行：

我姐姐和姐夫是包办婚姻。母亲很强势，因军区医生的身份，对同样背景的孩子情有独钟，帮姐姐挑选了军区大院的姐夫。

姐夫和姐姐婚前并未深交，对母亲安排的结婚对象，姐姐没有怨言。婚后，姐夫不顾家，有了儿子后，每月回家次数屈指可数，更别提管孩子。

孩子5岁时，我得知姐夫外遇已持续3年。我气愤地告诉姐姐，姐姐默默流泪，说早就知道，并不让我告诉父亲。我细想几年来，家中丝毫没察觉他俩分居，姐姐一直拿姐夫回家不便做各种托词。我问姐姐，为何忍着不离？姐姐擦干泪说："和谁结婚可能都这样，真离了对孩子不好，还要让父亲担心，说不定哪天他累了，会回来的。"

绿色的不作为，令人发指。一方面，绿色并不去挽回变了心的伴侣，因为绿色无力改变别人，觉得自己做不到，甚至连尝试的勇气都没有；另一方面，绿色不会主动离婚，去追寻自己的幸福，因为自己没有改变的欲望，就让一切先拖着吧，抱着得过且过的侥幸心理，幻想着"也许他会回来的"。

而在隐忍真实的情绪上，绿色比蓝色更甚。你觉得绿色的情感难捉摸，那只是因为他不知道怎么表达需求和情感，心里会寻思"别人是不是真想了解我呢，别人不关心，我何必说呢，而且，我好像也没啥想说的"；而蓝色的情感难捉摸，是因为他故意把脉搏藏着，内心却殷切期待着有人能读懂。

一位在张家界开民宿的学员在卡牌大师课堂上分享：

客栈里几个小妹，平时一起吃睡，其中，一个绿色小妹脾气实在太好，另一个姑娘就拿她当丫鬟，让她给自己打开水，给自己拿盒饭，对她呼来喝去。

长达一年，绿色小妹什么都没说，也看不出不开心。重点是，有一天老板发现这个情况，严肃批评了飞扬跋扈的姑娘，并且找绿色小妹单独谈心时，绿色小妹说：“其实没什么的，她只是讲话声音大了一点而已。”

识人

识人之道

性格色彩识人080式

为什么绿色性格那么能忍受委屈？

因为绿色性格压根儿没觉得自己委屈，也没觉得自己在忍受。别人眼中的“欺压”，在绿色性格看来，其实没那么严重。当别人惊叹于绿色性格的“忍”功时，绿色性格的真实反应是“还好啊，这算不上什么”。

如果红色的你常常放大自我感受，连芝麻大的事情都能搞得鸡犬不宁，请记住：你想学习绿色的“忍”术，核心关键，不是每天念念阿弥陀佛，而是要降低自己的敏感度，别没事就把所遇之人都当成敌人，弦绷得太紧，会让被伤害的概率大大提升。

如果你是一个几乎没啥感受，也不敏感的绿色，请记住：你可能没意识到自己总在忍，那么，你就要多想想，自己与他人相处时的关系界限在哪里，如果你没有设置好自己的底线，你的人生就会被他人掌控。

3. 等待
为什么有的人从不主动出击

世上有一种人，永远不会主动找你做任何事，即便事情已经火烧眉毛急得不行，他依然慢悠悠地说“不急，慢慢来”，然后，以肉眼可见的龟速移向目标。更要命的是，在通往目标的途中，只要遇见任何阻碍，第一反应，就是停下来等待。等待救援？等待支持？等待意见？仿佛只要等待，便可一世无虞，只要等待，就会有人来救自己的命。可惜，奇迹从未发生，多数情况下，只会浪费时间、只有错过机会，只能抱憾终生。

不，我说错了，这种人，很难感受到遗憾。

来看看《笑傲江湖》中的两个女孩，分别怎么表达对令狐冲的爱情及她们的结局。

任盈盈在爱情上，是个主动者，敢向天下告白爱慕。所以，爱情得到了圆满。她的主动，使她最终抓住了令狐冲的手，感叹“想不到我任盈盈，也终身和一只大马猴锁在一起，再也不分开了”。对于背叛，她的理解是“你日后若对我负心，我也不盼天打雷劈，我……我……我宁可亲手一剑刺死你”。

仪琳在爱情上，是个被动者，渴望被怜爱。如果令狐冲倾心于她，“为了他，我再犯多大恶业，也无悔”，常对自己说的话却是“从今而后，我只求菩萨保佑令狐大哥一世快乐逍遥”。然而，她终究不敢努力争取，只能遥望令狐冲的背影，回味那段短暂的幸福时光，成为心中永远的相思景。

在性格色彩中，任盈盈是红＋黄，而仪琳是绿色。红＋黄，既有红色的热情积极，也有黄色的直接出击，两者合二为一，对感情主动争取，并为自己的选择负责，不管结局如何，来过了，活过了，爱过了，此生无憾（关于不同性格的情感奥秘和如何相处，参见《性格色彩单身宝典》和《性格色彩恋爱宝典》）。而绿色，在情感中只会守株待兔，最后，只能自我安慰，“罢了，天意，强求无用”。

老庞自幼性格随和，大学同窗的我们后来成为同事。作为好哥们儿，看着快要40岁的他孤家寡人，不免着急。几个朋友合计，给他介绍个对象。某个周末，把老庞和女孩约出来，卡拉OK小聚。

整晚，老庞和大家坐一起，可喝酒不见影，唱歌不闻声，人似透明。我坐到老庞身旁，低声问：“这么安静，不中意吗？”老庞拿着握热的啤酒瓶笑着说：“没有呀，挺好的。”“那干吗一句话不说，就不能去一起唱唱歌呀？”“哦，好！”老庞答道。

不一会儿，老庞拿起酒杯，走向女孩，几个朋友心想，还算有点儿意思。结果，没高兴三秒，大家想捶他一顿。老庞看到女孩唱歌，自己灰溜溜回来。

我问他：“你干吗回来？”

他说：“人家在唱歌嘛。”

“那你坐过去啊。”

“哦，我看那边太挤了，我先坐回来，一会儿再过去。”

就这样，一晚上，除了大家干杯，老庞始终没主动和女孩说一句话。到晚上12点，大家准备散席，我们无奈地看着老庞，只能摇头。

去停车场的路上，几个小孩跑过来卖花，我们气不过老庞，故意作弄他，大声说：“老庞，快买花呀，再不买，没机会了。”老庞走在我们前面，回头看看，有些尴尬，我们想他肯定不会买。哪知，奇迹发生，老庞摸出钱包，几个孩子一拥而上，就这样，老庞被“强卖”了七八枝玫瑰。我们在后面，热血沸腾，等着好戏。

老庞拿着花，快走几步，追上前面走的几个女同胞，女同胞很配合地给老庞让出那女孩身旁的位置。

老庞拿着花和女孩并排，女孩不好意思，配合地停下来。正当我们浮想联翩，奇葩的一幕发生了。

老庞也和女孩并排停下，左手拿花，低头，把花递给女孩，并排站着，像士兵列队一样，默默说了句："你拿着吧……"

绿色像逆来顺受的认命丫鬟，不愿争取，只想着也许自己的做法能感动对方。如果绿色遇见的是一个积极主动的人，刚好施展他擅长配合的功夫，一拍两响，各取所需；但是，如果遇到的是一个也不喜欢积极主动的人，绿色的一生，注定只会得到太多自己可能不想要的东西，而真正想要的，只会离自己越来越远（详见《性格色彩恋爱宝典》）。

有朝一日，水流花落，当自己被分手时，绿色觉得也没事。在四种性格中，绿色不仅没埋怨，反而会为对方找理由，对自己说"也许人家分手，是为了我好"。这种随时随地为他人考虑的厚道做法，普天之下，真的，除了绿色，绝无仅有啊。

性格色彩识人087式

为什么绿色性格对自己在乎的事也不去把握?

绿色性格，明明自己很在乎，可依旧没行动，因为总担心会打扰别人或让别人产生困扰。事实上，其他性格最容易误解的恰恰是，以为绿色性格不需要人间烟火，所以不会去考虑他们的需求，结果让绿色性格的存在感越来越低。

崔生在朋友公司打工，虽然他的名牌大学硕士学历是公司最高的，承担的工作也多，但一直没得到加薪。老板是朋友，常请崔生吃饭，他也不好意思提加薪，一拖就是三年。

经朋友介绍，崔生认识了一个女孩，女孩文静，同样爱好文学，两人谈得来，处了段时间，也没挑破，但两人常约会，感觉心照不宣。

一日，女孩约崔生踏青，到了会合地，发现女孩带个闺蜜同行。闺蜜活泼，有说有笑，主动与崔生聊天，于是，闺蜜说一句，他应一句，而女友全程静静无语。崔生偶尔也看下女友，见女友不讲话，他也不发起话题，就这样，一天结束，崔生跟闺蜜更像恋人，女友像灯泡。

回去后，过了一天，崔生例行问候女友，女友没回复。崔生想，等吧，也许她很忙。

又过一天，崔生又问候，女友还不回。崔生想，是不是信息太多，没看见，继续等。

等了三天，崔生再发信息，发现女友已拉黑他。他莫名其妙，不明白自己犯了什么错，要不，打电话问一下？电话过去，被掐断。

崔生想是不是有什么误会，她可能在气头上，等她消了气再说。一等再等，稀里糊涂，等了一周。

一周后，收到分手信，内容是，你我性格不合，我太内向，你适合活泼会聊天的女生。

这时，崔生才意识到，可能女友对上次出游时闺蜜和他的聊天不满。崔生犹豫了，要不要打电话给女孩解释，可看到分手信的结尾说“不要再联系我了！”这话，让崔生觉得，女友可能真的很烦恼，如果自己继续联系，人家会不会更烦呢？要不，还是先去找当初介绍他俩认识的那个朋友说说看吧……

就这样，崔生磨叽了一个月，还是没找女孩，一个月后，女孩搬家，换了手机，消失了。

崔生的脑回路，如果你本人的性格不是绿色，如果你也没看过本书，要想读懂，至少需要你有解读哥德巴赫猜想的能力。

在郊游时没有眼力见儿，觉察不到女友的不爽，这就罢了。

回去以后，发现情况不对，还是不去深究这当中的缘由，发了一条信息，别人没反应，就不再动了，等着别人回应。这是脑子不够用吗？不，这是没有脑子。很显然，对面的那个女友，正在等着他深刻反省主动认错呢。

当被拉黑的事实摆在崔生的眼前，还在那里莫名其妙什么呢？拉黑他的女友是因为等了崔生两天，都不见有进一步解释，愤恨不已，女友还故意留了个活口“不要再联系我了”，这摆明着，是要你快快滚过来，赶紧低头认罪，就好比一个女生在那儿大声叫喊着：“你走，你走，不要管我，你快走，快走呀！”越是这么说，越是要让你过去！直接去背后，来个泰坦尼克船头抱，慢慢絮叨絮叨，啥都解决。这么简单的道理，崔生反而觉得：“我是怕担心给你产生困扰啊，你让我不要联系你，我听你的也不对吗？”呜呜呜，堂堂名校硕士生，只学数理化，不学你我他，对得起国家的培养吗？

女友在绝望中，悲愤地离开；崔生在莫名中，混沌地思索。

不，我说错了，崔生想了几天，实在想不出来，就算了。

这种等待，很多时候，不仅在爱情中，在生活中，也随处可见。这种等待，让人胸闷，让人为他着急，自然，也会耽误很多重要的事情，引发很多不必要的冲突。

中秋节后的一天，下班时间已过，公司里有个小厨房，同事平日关系好，那天没什么事，网上订购了大闸蟹，大家在小厨房里蒸了围吃大闸蟹，打算吃完再加一会儿班。

众人欢天喜地吃蟹时，一位绿色的同事从工位上站起，走到小厨房门口，朝着欢乐的人群看了两眼，没说什么，转身回去。一位吃蟹的同事招呼：“老朱，来一起吃啊。”老朱说：“没事，我不用。”回工位上坐了七八分钟，又站起来，走到小厨房门口朝里张望，同事们又招呼他吃蟹，他还是说不用，回到工位上。

又过了约莫十分钟，他再次走到小厨房门口，同事们这时无比确定，他肯定是想吃又不好意思，于是，两个人跑过去夹住他，拖到桌边让他坐下，盛了两只大闸蟹招待。他脸上有种不知如何是好的古怪表情，最后，勉强吃了起来。

吃了一半，电话响了，接起来，所有人都听见他老婆大吼：“你这头死猪，等了一个多小时，还没把孩子蛋糕拿回来？孩子这么多同学等着呢！”原来，老朱的女儿今天生日，老婆让他订个蛋糕，因为怕融化，他放在小厨房冰箱。不巧，大家吃蟹的桌子恰好挡住冰箱，他下班后想拿蛋糕回家，又不想打扰大家吃蟹，所以，一直在等，希望大家快点吃完，他好去开冰箱取蛋糕。

为不影响同事吃蟹，一等再等，以至于家里等他拿蛋糕回去过生日的孩子和老婆急得跳脚。绿色，很多时候，都会觉得“等一等，没关系”。对他们而言，的确，这个世界没啥可着急的，但是，祸害了那些期待他们的人。很多时候，绿色把自己陷入一个貌似两难的情境，不等，会干扰一拨人；等，会急坏一拨人。绿色内心在那一瞬间，还是不会行动，只会在风中飘荡，想起《哈姆雷特》中那句经典的台词：“等，还是不等，这真的是一个问题啊。”

性格色彩识人088式

识人

为什么绿色性格再简单的事都不会主动出手？

绿色性格与生俱来就不会判断事情的轻重缓急，出于得过且过、能混则混的心态，总希望所有问题不需要自己出手，就可以自动解决。

可同事吃饭被打断，挪开桌子，拿出蛋糕，再把桌子移回，耽误点儿时间，原本就是一个简单的日常聚餐，谁会介意？如果是正在进行一场严肃的商务活动，那另当别论；而孩子一年就一个生日，眼巴巴地翘首以盼，答应了孩子，又做不到，不仅伤了孩子的心，也让老婆有了挫败感，感觉自己嫁的是个窝囊废，严重影响了家庭关系。

等待的原因

为什么绿色一直在等待？究其根源，有三：

1. 不愿勉强别人

绿色不主动，是因为习惯为他人着想，工作中不确定对方是否需要，所以，不主动做什么；感情里不确定对方是否想要，所以，不主动表白。不主动，导致错失机会和缘分。这点，绿色自己心里也清楚，但对绿色而言，“宁可错过，也不勉强，更不可让对方不舒服”，此乃一生紧紧守护的座右铭。

2. 想被引导

绿色更喜欢被引导，而非去引导。绿色骨子里希望跟有情感经验的异性恋爱，因为绿色不知道自己该怎么做，如果有一个人来主导恋爱进程，那真是太好了，这样，自己就不需要动脑筋了，只需要做好配合就好。工作中更甚，有人可以告诉他怎么做，不需要主动思考，实在太好了。

3. 容易从痛苦中走出

绿色分手后，一般不主动挽回。是因为不痛苦吗？不是。

分手后的痛苦、重回孤单、自己的价值不被认同等等，这些感觉，绿色都有，只不过没有那么强烈。当遇到负面情绪时，绿色有一个自我安慰的功能，“还好”“还好分手得早，影响没那么大”“还好没告诉爸妈，不然肯定接受不了”……这些“还好”的背后是——“人际关系的和谐”压倒一切。正是因为绿色习惯性的自我安慰，所以容易从痛苦中走出。

性格色彩识人089式

识人

识人之道

为什么绿色性格容易从痛苦中走出？

不论是感情还是其他事，绿色性格内心深处最真实的想法是：不要勉强别人，不必用力争取，最好有人引领。受伤了也会习惯性自我安慰：“还好，影响不是很大。”很容易从痛苦中走出。

4. 被动

为什么有的人自己不动脑子

团队正在商讨一个生死攸关的决定，某人是唯一有经验知道怎么回事的人，但由于他的被动，人家不问，他也不说，结果，集体决定往错误的方向开拔，导致全军覆没。问他为何不说，他答：你们又没问我喽。

你让某人去厨房里扶个酱油瓶，某人过去一看，发现醋瓶也倒在那里，但他只扶起酱油瓶。过了一会儿，你到厨房，发现醋瓶横在那儿，勃然大怒，问他为何不扶，某人满脸无辜地看着你说："你没让我扶醋瓶啊。"

和某人一起办事，你征求意见，永远得到的是他"噢""嗯""你说呢"这样的回答，从来没有自己的想法。最后，出了问题，你不知怎么责怪，因为，某人会说"决定都是你做的，我只是在配合你呀"。

那么，为什么这些人总等着别人来发出指令，自己从不动脑，更没有丝毫的担待？这种被动，貌似云淡风轻，其实，令人发指。

绿色被动原因一：无危机

绿色，常常让人有"恨铁不成钢"和"皇帝不急太监急"的抓瞎之苦。

识人

識人心譜

为什么绿色性格从不着急？

因为绿色性格的欲望比较薄弱，对自己和他人的要求都比较低，容易满足，所以在别人看来很要紧的事，绿色性格发自内心觉得没有那么要紧。

一位节目制作公司的高管，学过性格色彩，隔了半年，回到课堂复训时，分享一个血淋淋的教训。

这半年期间，我在的甲公司与另一家制作公司乙公司合作，拍了部纪录片。甲公司拍摄，乙公司后期制作，两家公司共同策划，要在最佳时间上市。悲催的是，由于乙公司的拖拉，制作完成时间比原定时间晚了三周，造成双方重大损失。

我公司因和乙方合作不顺，最后督战时，换了我去对接，在与两位绿色操作者的对谈中，绿色的拖拉、不负责、没主见、不动脑子，尽显无遗。

我的任务是与乙方的海绵对接。刚见面，海绵四平八稳地坐那儿，慢慢拖动着软件进度条，见我过来，露出腼腆微笑。那时，距离视频交货时间已过了半个月。

我问："你负责这个制作？"海绵点头。

我："你知道怎么做吗？"他点开一个窗口，是我发的修改文本，慢悠悠地说："就照这个……改呗……"

我："还要增加些片段，知道吗？"

他："我……"

绿色擅长说一个字，然后停顿，等你说出你的意见，自己不想动任何脑子。

这时，一位红色同事快速递来U盘："我帮你打印，拿在手上看，这样快！”

绿色的等待，常换来身边人的忙碌，因此，他们继续等待。

文本打印好，海绵慢慢看，说：“就在原来那个片子上改，是吧？”

我：“不光这样，还要从素材带中导些内容……”

我们分工，我选素材，他先改别的。我选好，发现他茫然地把进度条拖来拖去。

我：“你在做什么？”

海绵：“……”

我：“你是不是已经把其他部分都改完了？”

他摇头。

我：“那你是不是有什么地方不明白？”

海绵：“这个片段有问题，我单独点这段可以，但放在整个片子里，就没法看。”

我：“那有什么办法解决？”

海绵：“我对这个软件不熟，要问李老师。”

我：“那你快问啊。”

海绵：“李老师……好像很忙……”

绿色的内心，永远预设让自己不用行动的条件，如“他很忙，我不该打搅”“他一定知道，不用我告诉他”“事情已成定局，我说也没用”……

我：“那你不问，怎么解决？”

海绵：“我再看看……”

旁边，一位红色女同事站起来，去找李老师。

李老师骂骂咧咧走进来，一边点鼠标一边说：“这都不懂？怎么搞的？就是这个……你看……这里点一下……没见过这么笨的！”

绿色自始至终，表情都是逆来顺受的温柔样。绿色的面无表情，足以让人在工作时被气得心脏病发，如果不是亲眼所见，谁又能想到呢？

后来，另一个制作人员在电脑上做了15秒广告。没想到，这位也是绿色。暂且称上面那个海绵为大绿，这人为二绿。

二绿拿着一堆素材，犹豫了很久没做。

二绿：“这些照片一共多少张啊？”

旁人：“16张。”

二绿：“16张，做15秒的广告，不好做啊。”

旁人：“不需把它们全用上。”

二绿：“那用几张啊？”

绿色像算盘珠子，拨一下动一下，并非是他们不会，而是不愿自己做决定。

旁边急了：“你就用15张，一秒一张好了。”

二绿开始摆弄。我看他摆弄很久，实在忍不住打盹。忽然惊醒，发现他做好了，但并没叫我看，而是自己在那儿播放。

我：“好了吗，还有问题吗？”

二绿：“应该没什么了吧。”

我：“字体颜色太淡，不突出，能否改下？”

二绿：“怎么改呢？”

我：“用黑色吧。”

二绿：“那个……所有颜色里，红色和黑色最显眼。”

我：“所以，我让你用黑色啊！”

二绿：“那个……”

旁人又急了："他的意思是说，红色字体用在黑色画面上最显眼，所以，就用这个红色，不要用黑色字体。"

绿色最难说出口的字是"不"，实在要说，会用其他词代替。

我这才明白。

我："你不可以用黑色字体加光晕的效果吗？"

二绿："那个……还是红色和黑色比较显眼……我可以试试……"

试过一番，还是原来的颜色较好。

我："这个画面比较乱，能不能变一下？"

二绿："乱……什么意思……"

我："就是说，画面上东西太多，又有画中画，花花绿绿太杂，能否调下？"

二绿："怎么调呢……"

旁边："不要用画中画，用过场来穿插，字不要放在包装盒，放在空白。"

二绿："哦。"

拜托！专业设计师，一点儿自己的想法都没有吗？

经过一番群策群力，15秒广告终于完成。这时，二绿拿U盘拷了广告，要导入大绿电脑上合成。

我去了趟洗手间，回来发现，大绿在电脑前慢慢拖动软件进度条，二绿悠闲地坐在一边看着。

我："广告导好了吗？"

大绿指了指二绿："等他拿过来……还在他的电脑里面呢。"

二绿指了指大绿的电脑桌："在这里。"

大绿拿起自己桌上的U盘，问："在这里面？"

二绿：“是啊。”

我只能鲜血狂喷。

项目结束后，甲方开了总结会，得出结论：

结论①：悲催的是，乙方两个制作人员都是绿色。那俩，只要有一人是其他性格，断然不会有如此结局。这是一家多么神奇的公司啊。

结论②：项目开始，甲方派的经理是红色，因为乙方人员为绿色，脾气好，啥都答应，所以，甲方那个红色想当然地认为，既然交代好了，人家也答应，按时交货肯定没问题，然后，根本没做任何跟进，就去干其他事。所以，看人不准，是要付出代价的！结论是，不懂性格色彩，是要付出沉重代价的！

根据以上惨痛教训，如果你未来有幸和绿色共事，须知，绿色做事铁律如下：

铁律①：绿色愿意听任何人的意见。

铁律②：当两人意见相左时，绿色会都去尝试，不发表自己的看法，等两人争出结果后，谁厉害，听谁的。

铁律③：绿色从不催人做事，只会静静等待别人自己发现，出了事，反正和自己没关。

如果绿色能提升对危机的感知，或者绿色身边有一个不断推动自己的搭档，结果也许会好很多。

绿色被动原因二：怕麻烦

性格色彩识人091式

为什么绿色性格在无法搞定时也不求助？

因为绿色性格怕麻烦，既怕麻烦自己，更怕麻烦别人。

举个例子，绿色的“算盘珠子”特性，通常这样展现：

雷是咨询机构的老板，常有客户来公司坐坐，雷老板很重视办公室的装修布置。一天，发现会客室窗帘旧了，立刻吩咐助理：“窗帘旧了，换一下。”助理是个绿色，回答：“嗯。”于是，雷老板又去出差。

这次，他足足出差一个月，再回公司，走到门口，有种不祥的预感，他冲进会客室，果然，窗帘没换。他气得血冲百会，把绿色助理叫过来：“为什么没换窗帘？”“你是不是把我交代的事忘了？”“这么长时间，你死哪里去了？”“换个窗帘这么小的事都办不好，要你有什么用？”“你要是不想干了，就直说，别浪费我的时间！”“这种事情已经上百次了，全公司的形象都被你毁了！”

雷忍无可忍，一顿臭骂，绿色助理像受气包一样听着，听完弱弱地说：“老板，我不知道换什么样的窗帘。”

雷老板听助理这么一说，当场疯了。

你多大的人？工作多久？办公室买什么样的窗帘，你自己没常识吗？如果你不知道，我下达指令的第一时间，就该主动来问，当时问清，早就解决了；就算你当时忘了，事后也可以问，为何不问？就算你是笨蛋，不知怎么选，也可之后问，不至于一个月无所事事，让工作毫无进展。为什么你不知道，还不问！你知不知道由于你一直等着馅饼从天上掉下来，总希望问题自动解决，让公司形象大大受损，你自己像没事的人一样，你有脸站在这儿吗？

看到了吧，“算盘”的特质，就是拨一拨，动一动；不拨，不动。老板只说要换，没说换怎样的，指令不明确，所以，我知道买，但是，你不能怪我，因为我不知道买怎样的。要怪，就怪你没交代清楚。

如果没学过性格色彩，如果你没有洞察人心的本领，或许还无法理解，既然绿色没指令就无法行动，为何不问老板呢？

当你学懂性格色彩，就会成为识人高手。你会知道，对绿色而言，核心是不想麻烦，既不想麻烦自己，也不想麻烦别人，所以，雷老板扔下一句命令跑掉，绿色助理还没反应过来，等想问老板的时候，老板已经出差去了。而绿色不想麻烦老板，就选择了等待，甚至绿色还自己脑补画面，没准，老板没那么着急换呢，出差肯定更要紧。无论如何，等老板下达指令再说吧——这就是一个“算盘”的内心世界。

由此，我们进一步解锁了绿色做事的另外三条铁律：

铁律④：绿色不愿给别人添麻烦，当别人忙时，宁可让工作停滞，也不主动问。

铁律⑤：绿色喜欢被指挥，最害怕你问“你想怎么做”，最喜欢你直接说“你要这么做”。

铁律⑥：如果绿色听了你的话而没做，可能不是不想做，而是根本没搞懂怎么做，又不想麻烦你再讲一遍或者害怕被你骂，所以，啥都不说，等着你主动告诉他。

绿色在“怕麻烦”的同时，放弃了让自己进步和提升能力的机会。作为下属，如果老板心柔，会留一席之地；如果老板心狠，分分钟把他炒掉，当成一头替罪羊。

绿色啊，你啥时候才能醒来？

绿色被动原因三：不负责

你会怀疑，有没有可能，绿色被动是因为工作没那么重要，生活上该不会如此吧。不幸的是，对绿色而言，没有最被动，只有更被动。

性格色彩识人092式

为什么绿色性格愿意干活但不愿意揽活？

只要你主动发话，绿色性格愿意干活、愿意跑腿，这些都没问题，但是，万万不要指望他们主动揽下任务，因为绿色性格根本不想承担任何做决定的责任！

工作中的被动，会导致工作耽搁甚至损失；生活中的被动，更会害人，遇到大事，会出人命！

一位老母亲牙疼，恰逢儿子在身边照顾。但绿色儿子极无主见，打电话问黄色的姐姐，该去哪家医院？怎么去？去了以后找什么医生？

一堆问题后，到了医院，上午的门诊已经结束。于是，电话问姐姐，应该在医院等呢还是下午再来？

下午到了医院，排队快到时，又电话问姐姐，是挂普通号还是专家号？

医生说，牙齿可拔，也可补，他又电话问姐姐，该选哪个？

电话没通，问老母亲，嗯哪嗯哪，勉强硬着头皮，选了补牙。

回家后，姐姐问，为何不拔牙？下次复诊是什么时候？

他居然回答，你又没让我问，我不知道。

不知道？

你如果看到这儿，心里还没疯，恭喜你，证明你跟他一样性格；或者你压根觉得绿色就是个傻瓜。对不起，人家是乐团首席小号手，妥妥的栋梁之材。只不过人家不喜欢做决定，就是希望最好全部的想法都由你来拿。

如果说这个事件中，绿色的被动让老人承受了很多不必要的麻烦，那下面这件事，后果更可怕！

李达达，绿色，天生胆小，办事没主见。他陪妻子到医院分娩，进手术室前，医生要求他签风险协议，他看都没看就想签。就在这时，父亲过来看协议，上面内容是，手术过程出了意外，由家属承担责任，李父不让签。但如果不签，医院就不接生，妻子急于生产，痛得叫个不停。李达达此时晕了，拿不定主意，医生找他，他就想签，可父亲一拦他，又不签，就这样，僵持了1小时。悲剧终于发生了，

等他想签时，一切都晚了，两条人命，呜呼哀哉。

● 李达达，医院统一的格式协议，大家都一样，千万人生孩子都要签，不是为你一个人专门做的协议，你不签，人家医生不敢做，不知道你在考虑啥呢？

● 李达达，你要是不想签，你就赶紧跑去另外的地方，看看有没有其他地方可以不用签就能接生，你待在这里等着，你想干吗？你等着奇迹发生，你娃自己从娘胎里钻出来吗？

● 李达达，这是你自己的老婆，不是你父亲的老婆，你不承担责任，让谁承担？

● 李达达，你不做决定，想让谁做决定？

● 李达达，你老婆都快被阎王爷叫走了，在产房里哭天喊地，生不如死，你还在那儿纠结，你纠结个什么鬼？

● 李达达，你丈母娘和老丈人知道了此事，会直接跟你拼命，是你害死了他们的女儿，你是杀人犯，你知道吗？

● 李达达，你期望世界上有人可以为你承担责任，结果贻误了时机，让你的妻儿丢了性命，你的良心会痛吗？你有良心吗？

人生的讽刺正是在于，不想承担责任的绿色，恰恰到了最后，不得不自己承担最大的责任，付出最大的代价！

性格色彩识人093式

为什么绿色性格总想等别人来为自己做决定？

因为绿色性格天生被动，随波逐流，容易逃避，不愿为自己的人生负责。

如果你不是绿色，你周围有这样的朋友，请记住，绿色非常需要周围的人帮助和推动，否则真的很难做出决定。

如果你就是绿色，请记住，即便你今生能找到一个喜欢帮人决定的黄色做伴侣，人家也不可能每分每秒都陪在你身边，你不可能指望你人生中的每件事都由人家来做决定。你不是宝宝，也不是囡囡，不管是谁，不管多亲，一个不为自己人生做主的人，待久了，人们会烦的。总有一天，你会明白，“举世人生何所依，不求自己更求谁”。

5. 无欲：
为什么大圣人比小太监花心

世上有一种人，无欲无求，人畜无害，与世无争，无论你怎么对他，都没脾气。如果你试图拿欲望勾引他，注定要失望，因为他们对所有的欲望都不敏感。更为难得的是，这种人的无欲，并非靠自己后天苦心修行而得，而是老天爷赏赐，与生俱来。

这种人，就是性格色彩中的绿色。

绿色因为欲望低，在任何环境下都可以随遇而安，相对而言，对伴侣的选择也没那么多要求。绿色不张扬，没有强烈的欲望，他们在情感当中，怕麻烦，也害怕改变，不主动、不拒绝，可是，人的欲望不可能完全消除，得道之人也要通过修炼，才能把欲望深深隐藏。那么，绿色怎样消解自己的欲望呢？绿色会出轨吗？什么性格会喜欢绿色呢？

当“真无欲”遇见“假无欲”

一位读者给我在抖音留言：“绿色是四种性格中最不起眼的一种，容易被忽略。就像一提《红楼梦》，人们立即想起宝黛钗，甚至刘姥姥，但没人会首先想起迎春和李纨。”

是的，这二人，迎春是货真价实的真绿色，而李纨则是外表温和的假绿色。在性格色彩传播大使方晓老师的专著《性格色彩品红楼》里，分析如下。

李纨年轻守寡，待人接物，只有赏赐，从不处罚，诨名“大菩萨”，俗称“老好人”。有件事，可说明她本人并不是真正的绿色。要知真正的绿色没什么主动性。探春出点子结诗社时，李纨进门第一句："要起诗社，我自荐当社长。"这句话，就可看出，她不是没有欲望，只是缺少机会。机会一来，本性就跳出来。然后，她帮大家取名号、立规矩、选副社长、出题海棠、评论仲裁，一概把持，没有商量，哪有一点儿"大菩萨"的影子？

迎春不同，她的欲望低到尘埃。同样是结社，随便别人给她取"菱洲"的雅号，也安心做有名无实、只是出题押韵的副社长。可就连这点儿工作，她也不想决定，也不愿担责任。于是，搞了个抽签：走到书架前，抽出一本诗，随手翻到七言律，递给众人，决定作七言律；让丫头拿韵牌匣子，随手四块，决定用什么字当韵脚。整个过程，她没一个主意。这就是迎春——随顺天意，不做决定。后来，迎春乳母偷拿了她的首饰当赌本，她也不在乎："省些事吧，宁可没了，何必生事。""私自拿去的，送来，我收下；不送来，我也不要了。太太们问，能瞒过去，是他的造化，瞒不住，我也没法。"

对比迎春，你就知道，什么是绿色的欲望和需求了。可惜，大多数看似无欲的人只是没有机会和不想表露自己的真实欲望罢了。即便是绿色，也只是欲望较少，不代表他们没有人性最基本的食欲和性欲。

2010 年，我曾在《色眼再识人——性格色彩读心术》（2010 年 5 月天津教育出版社出版）中说：**"要让一个男人对身边的美好事物都无动于衷，除非让他做太监，因为在对女人的欲望控制方面，哪怕是一个大圣人也比不过一个小太监。"**当年这句话，乃为人性而发声，专为说给道貌岸然实则掩耳盗铃者听。

没想到，就因为这句话，引发一段冤案，案主正是本人（案件始末因由详见即将再版的《本色》）。

2015 年《超级演说家》第三季节目，在第二轮战队内部六进一淘汰赛中，我队学生胡白发愿誓向老婆感恩，故此做了一篇演讲《自我剖白》，内容大意是：感恩老婆的出现，让自己这个曾经的"花心男"变为"专一男"，列举了自己如何从年轻时飞舞在花丛中的少不更事，变成现在的忠贞不渝。

遗憾的是，胡白的这篇演讲，主题不清，内容不明，形式夸张，同场另外三位导师均指出其演讲缺陷。但未承想，现场几位导师的点评和讨论，居然从“演讲技巧浮夸”渐渐演变为“花心男 = 渣男 = 胡白就是渣男”。

彼时，我在现场为胡白做了 40 分钟辩护：胡白演讲技巧不好，我们就谈技巧，无须将“演讲的技巧”与“道德”混为一谈。“多情”乃性格特点，从人性而言，在对女人的欲望控制一事上，古往今来，就算是大圣人也难免会犯错，人非圣贤，孰能无过。为了说明这个观点，我引用了自己著作《色眼再识人——性格色彩读心术》书中的原话：“在对女人的欲望控制方面，哪怕是一个大圣人也比不过一个小太监。”

此集《超级演说家》节目，恰在 2015 年 5 月 16 日播出，那日，是我 40 岁生日。

然而，自 2016 年 12 月，一夜间，网上突传各类恶意剪辑拼接——“乐嘉节目现场大骂他人太监”，引起一片哗然。不明真相的网友见之，纷纷斥责“乐嘉恶毒人身攻击，毫无素质”。几日以后，一档名为《中国式相亲》的新节目首播，主持人正是“太监事件”中的主要人物。

亏有苍天鉴证，本书前版《色眼再识人——性格色彩读心术》早于 2010 年已然面世，否则，吾之一生，将永世背负莫须有之污名。

《色眼再识人》
2010 年 5 月版 天津教育出版社

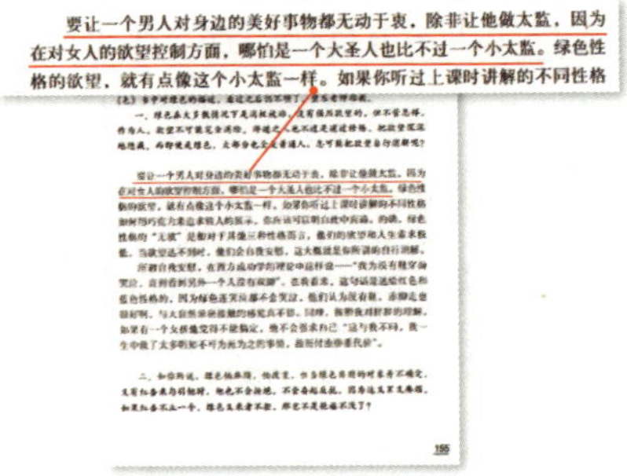
要让一个男人对身边的美好事物都无动于衷，除非让他做太监，因为在对女人的欲望控制方面，哪怕是一个大圣人也比不过一个小太监。绿色性格的欲望，就有点像这个小太监一样。如果你听过上课时讲解的不同性格

2010 版《色眼再识人》
“大圣人不如小太监”一语出处

由此可见，倘若出自天性的“多情”被放大为十恶不赦，被口诛笔伐者亦是有苦难言。

孔圣人说“食色，性也”。好色，是人的天性，无论男人还是女人，好色之心，人皆有之，否则，人类就不能生生不息地繁衍。不过，孔圣人又说“发乎情，止乎礼”。好色，不可悖于礼义，否则，引发出一连串不安定，该受法律制裁。言下之意，就是即便是圣人，喜欢女人也无可厚非，但是真正的圣人懂得节欲自持，被色欲主宰，非圣人所为。

圣人之所以为圣人，自有他的道理，但圣人真都能做到坐怀不乱吗？李纨“大菩萨”“老好人”的盛名在外，素日被动低调，无欲无求，可当遇到感兴趣的诗社组建，立马化被动为主动。由此可见，压抑自己内心深处真实欲望的“假无欲”，时常失效，露出真性情。只怕饱读“发乎情，止乎礼”的圣人，当诱惑足够大，也会一朝踏错，花田里犯错。

真能做到坐怀不乱的，是小太监，因为无须隐藏无须修炼，是“真无欲”；而圣人心中再想控制欲念，也需苦心修行。然食色，性也，人间一场，追欢逐乐，终究无法辜负。仓央嘉措曾写：“曾虑多情损梵行，入山又恐别倾城。世间安得两全法，不负如来不负卿。”两者相较，大圣人是尚存“可能”，小太监连“可能”的机会也早被剥夺，谁更可能花心，不言自明。

所谓绿色“无欲”，是相对其他三种性格而言。绿色的欲望，有点儿像这个小太监，任何事都很难激荡起他内心的波动，欲望和人生索求极低，欲望达不到时，会自我安慰，这大概就是“自行消解”。

海伦·凯勒曾提出一句影响千百万人的话——“我曾为没鞋穿而哭泣，直到看到另一人没有脚”。这话，对于哀叹自己命运不济、生不逢时、命途多舛的人，是绝佳的励志名言，意思就是人生无处不对比，你和上相比，会有很多苦，但如果你学会和下相比，你会发现自己还不赖，别除了空抱怨，只会在那啥都不干。

初学性格色彩，总想当然地以为这话是绿色发明的，殊不知，大错特错。因为真正的绿色，就算没鞋，也不哭，人家会暗示自己，天下没鞋的，又不止我一个，为啥要哭嘞？就算只有我一个，赤脚走也不是不行呀。根本不需外界安慰，绿色的自我安慰在不动声色间，早已完成。

性格色彩识人094式

为什么绿色性格从不为自己的欲望烦恼？

绿色性格，根本不需消解欲望，因为心里压根没有太多欲望与念头，只想着轻松快乐，也没打算追求完美，天地尚有残缺，何况人乎？不完美，才最自然最可爱。这绝非是为自己懒惰所寻找的托词，的确是绿色性格内心深处的真实想法。

当“无欲”遇见“花心”

绿色容易出轨吗？

既然绿色缺乏欲望，春去花还在，人来鸟不惊，任凭丰乳肥臀围困千重，他自岿然不动。这样看来，绿色出轨，好难呀。

既然绿色不懂拒绝，担心伤人，别人下手勾引时，绿色也抹不下面子推开别人，无法说“不”。这样看来，绿色出轨，超简单。

到底是容易还是困难？左右互搏，疯了。

所以，你会不会据此得出一个结论——绿色自己不会主动出轨，但别人主动也就半推半就从了？接下来，是见证奇迹的时刻。

看看一个正宗的绿色小伙儿是怎样面对艳福的。

小伙子阿杜初入职场，常常加班，但住处偏僻，每日上下班费时。有一日，阿杜与美女同事伊儿加班至半夜，伊儿请阿杜去她家小住，说家在公司旁边，省得来回奔波。阿杜觉得方便，欣然前往。

到伊儿家，阿杜才反应过来洗漱用品未带，略显尴尬。伊儿大方地说："你去洗澡吧，浴巾用我的就好。"阿杜说了声"不好意思"，按照伊儿的交代洗浴。

（这小子，难道不知浴巾乃女性贴身用品，隐私至极？！他是猿人泰山刚进城吗？）

阿杜洗罢，伊儿进去，出浴后，一件性感睡裙披肩，和阿杜说"你随意，我先睡了"，便回房卧床看书，未关门。

（他是傻瓜吗？不知"媚眼随羞合，丹唇逐笑分，清水出芙蓉，蓬门为君开"是啥意思？）

阿杜正待回房，瞥见伊儿还在看书，心想，睡前得和主人打个招呼，便走到伊儿床前，礼貌地说："晚安啦。"伊儿愣了一下，回了声"晚安"。

（阿杜小朋友好有礼貌，走到伊儿阿姨床前，敬个礼啊，握个手啊，你是我的好朋友。这一波操作，堪称极品。）

阿杜缓缓回到隔壁房间，呼呼睡去。第二天早上，两人起床上班。不久，伊儿离职，两人再无联系。

听阿杜说完这些，我问他："你不知道她一直在暗示你？"

阿杜莫名其妙："暗示什么？难道她不是看我下班太晚回家辛苦，招待我一下吗？"

（我想去找人力资源部问问，为什么公司会把阿杜这种奇葩给招进来，是负责招聘的同事被他的色相迷惑吗？这样淳朴的人，世间难觅啊。）

重点是，直到阿杜问我时，他依旧不知到底在自己身上发生了什么。

如果诱惑者自己不主动挑明，真是"俏媚眼横抛给瞎子看"，遇到绿色这样被诱惑的对象，只能以头撞墙了。四种性格中，绿色从来都不会自作多情。当别人已经风情万种了，他还会安慰自己"莫要想多，没事发生”。

回到起初的问题，绿色容易出轨吗？

答案是，绿色有出轨的可能，但概率不大。原因是：

1. 绿色本身欲望很少，此处的“无欲”，并非指没有正常的生理欲望，而是指对拥有更多异性爱慕的机会，欲望不大。既然容易满足于现状，那诱惑，自然也无法成为诱惑。

2. 绿色比较迟钝，当异性示好时，绿色本能地认为“没什么”，这就自然隔绝了一部分自尊心强或矜持的示爱者，心里会觉得，这人是不是故意装傻，其实是在拒绝我。天地良心，冤枉了绿色啊，在这种问题上，绿色不是装傻，倒是真傻。

但是，绿色依然有出轨可能，当诱惑者非常主动且擅使强攻时，那些人皮厚，不怕受挫，深谙死缠烂打的精髓，绿色与其相遇，若避无可避，最终常常无奈，“苍天呐，不是我军不努力，要怪，只能怪敌军火力太猛啊”。

识人 识人之道

性格色彩识人095式

为什么绿色性格明明很老实但也会出轨？

绿色性格的出轨是被动出轨，多是因为婚外恋那方的强势推进甚至以死相逼，而婚内的伴侣又没有坚定维护婚姻的想法，当外来拉力很大，内部拉力很小时，就被拉走了。本质上，还是性格中的被动和随波逐流发挥了关键作用。

当“无欲”遇见“有欲”

在不同性格的碰撞搭配中，其他性格会喜欢绿色吗？绿色无欲无求，谈恋爱亦如无波死水，热恋时即使分开一段时间也如老僧入定。作为恋人，这样的特点到底好不好？

其实，这取决于遇到的是谁。同一种情况面对两种不同性格之人，结局完全不同：

● 红色老公给绿色老婆送花，把花藏在后备厢，准备让绿色自己发现感受到一个巨大惊喜。绿色发现后，古井无波。红色老公非常沮丧，问："你怎么没反应呢？"绿色答："你没说，我不确定你是不是送给我的。"红色欲哭无泪。

♣ 红色老公给红色老婆送花，把花藏在后备厢。红色发现后，喜出望外，抱着老公狂亲，满脸混杂着口水的口红，让红色老公觉得"花再贵，也值"。

论恋爱时的趣味，绿色当之无愧是无趣乏味的楷模。与其相处时，既无刺激新奇的体验，也无惊心动魄的经历。更要命的是，两人情感互动时，绿色从来表达不出激动和狂喜，也无法察觉内心有丝毫的跌宕起伏，要想让绿色向你主动示爱，注定只是你的一场春秋大头梦。假若你实在想和绿色过把海誓山盟的瘾，那画面多半是：你先说一句飞花令"海枯石烂情不渝"，绿色想了想，然后，轻声细语，缓缓地说："嗯，我也是。"

一位女学员沮丧地分享："我是个情绪起伏比较大的人，我老公是极其温和的绿色。每次我在单位里跟人不开心，回到家里，闷闷不乐，其实是希望老公来关心我，跟我聊天，听我倾诉的。但老公嘴笨，人也笨，总是发现不了我不开心，还当作没事。我只好发脾气，让他知道我不开心。但他也不会劝，只会给我削个苹果，切好，端给我，跟我说：'吃个水果，消消气。'其他就啥也说不出了。"

对绿色来说，能主动切个水果，已经是很了不起的进步了，你还想让人家怎样？以前人家就只会倒一杯凉白开的。你再想要绿色做得更多，的确有点太难为人家了。这些甜言蜜语花样翻新的手法，绿色就算使出浑身解数，照猫画虎，全盘照抄，都很难学会。然而，这对那些内心向往神雕侠侣，再不济来点小情小调也好的红色来说，怎能满足？

如果你对情感的浓度要求不低，你希望你的爱情能像偶像剧那样惊心动魄大喜大悲，对不起，怕是阁下找错了对象。现在，就先给你打个预防针，绿色注定无法满足你这样的宏愿。若你真的放不下这样的念头，该去找个擅长闹腾向往作死的红色啊。但如果你想找一个安安稳稳的人过“闲看庭前花开花落，漫随天外云卷云舒”那般平如美棠的日子，绿色，堪称品质最佳，千年不腐，乃居家必备之良品。

性格色彩识人096式

识人

识人之道

为什么绿色性格不喜欢营造浪漫？

对绿色性格来说，浪漫也好，不浪漫也好，没有任何差别，日子照样过，他们发自内心不懂为何要浪漫。并且，对方要求的浪漫，往往意味着额外的花心思和花时间，对绿色性格来说，这些都是麻烦。

综合来看，喜欢绿色的人，通常有两种性格：

第一种，是希望别人顺从的，有着强烈掌控欲的黄色。这种人，找个温顺宽容的绿色，他说啥，绿色听啥，指哪儿打哪儿，夫唱妇随，绝无废话，只要后方有人看家，自己可以腾出更多空间和时间在外拼杀。

第二种，是想生如夏花之绚烂，结果却饱经风霜的红色。一个人，遍体鳞伤后，突然醒悟一切喧嚣都不如恬淡来得舒适，只想寻找轻罗小扇来慢慢疗愈。这时，一看见性格激昂大喜大悲的同类人，就赶紧躲得远远的，而对“不悲不欣、不急不躁、无嗔无我、无欲无求”的状态，却是心生向往。说白了，吃腻了满汉全席，还是小葱豆腐好啊。

那么，绿色的爱情和命运会走势如何呢？

绿色的无欲，注定了选择范围较小，但尚好，绿色不挑食；

绿色的无欲，注定了接受的爱情未必是自己能匹配到的最佳，但尚好，绿色不强求；

绿色的无欲，让人生少了很多精彩，也少了很多麻烦；

绿色的无欲，让有些人无法忍受，却让有些人甘之如饴。

若你是绿色，不妨勇敢说出自己的想法，爱自己所爱，偶尔尝试下肆无忌惮，放心，天不会塌的；

若你是绿色的枕边人，与一个无条件包容你的绿色相守，恰似《浮生六记》之芸娘，让你始终处于轻松、自然、无压力的惬意，就请切莫强求绿色变成另一种性格的样子，最终，改造不动，备尝求而不得之苦的，一定是你。

6. 拖拉

为什么有的人做事磨磨叽叽

世上有一种人，做事慢慢吞吞，你穷尽洪荒之力，也找不到让他着急的事。不管你怎么催，他永远嘴上说“好的”“嗯”“可以”“知道的”，可做起来，依旧拖泥带水。他身旁的人，最能理解什么叫“皇帝不急太监急”。滑稽的是，他遇到自己解决不了的问题，也不跟别人说，就两眼空洞地干瞪着，啥也不干，坐等奇迹发生，等你发现的时候，所有事已经都被耽搁了。就算你把他地下十八代的祖宗一个个揪出来指着鼻子痛骂，他既不生气，也不还嘴，不过，你扭头走后，他依然故我，你想改变他的节奏和作风，做梦！

你身边有这样的人吗？其实，这就是典型绿色的做法。那种老牛拉破车的拖拉，令人发指。但拖拉，不是绿色的专利，天性风风火火的红色，也是拖拉的高手。先来看看，同样是拖拉，两种不同性格的拖拉。

两种拖拉

需要特别说明的是，绿色和红色都会拖拉，但核心差别在于动机。两者拖拉的本质，完全不同：

1. 假慢 VS 真慢

♣ 红色：假慢。开始不做，仗着自己是佛脚派（临时抱佛脚）的高手，很多事，宁愿拖到最后一刻完成，在此之前，红色会随心所欲地做其他事。

● 绿色：真慢。开始就做，但鹅行鸭步，且过程中遇到困难，会习惯性等待，不主动问，也不寻找解决办法，一拖再拖。

2. 开脱 VS 等待

♣ 红色：自我开脱的高手。造成危害后，会找各种理由，为自己的拖延找借口，下次，还是不改。

● 绿色：等人决定的高手。造成危害后不知所措，听候发落。你责备他拖延，他就道歉；你问他怎么解决，他说“不知道”，是真的不知道。

一位母亲焦急地问我，孩子每次写作业都拖到最后一天才完成，她想知道，孩子到底是什么性格，如何搞定孩子的拖拉？

对此问题，性格色彩初学者可能一口断定：孩子是绿色。

但是，这个问题里有个陷阱。“拖拉”这个特点，绿色和红色都有，怎么判断呢？

“说说你家孩子是怎么拖拉的，是一直在写，写得很慢，最后一天才写完，还是怎样？”

“不是，孩子一开始不写，跑出去玩，天天玩，我让他写，他说不着急，还早呢，等到最后一两天，才动笔，总在最后一刻完成。”

“所以，他最后一刻，还是写完了对吗？”

“是。”

“那好，你孩子不是绿色，而是红色。红色是临时抱佛脚的高手。”

“对对对，他无论干什么，都是临时抱佛脚，我在旁边看着急得要命，结果，他总在最后一刻完成，完成得还不错。”

“确实，红色的爆发力很强，一旦投入去做，速度很快。”

“但我不希望他这样呀，有没有什么办法可以改掉这个毛病？”

红色和绿色的拖拉，你要辨别清楚，因为对两种不同性格的拖拉，对应解决的方法，完全不同。

♣ 假如是红色孩子，反应敏捷，注意力分散且乐观。寒假刚开始，他觉得不着急，时间还多，很容易被外面的精彩诱惑所吸引，跟小朋友们天天玩，等到了临近要上学的时候，开始着急，红色爆发力显现，快速完成。这就是红色的拖拉。搞定红色孩子拖拉的“钻石法则”是两招——事先预估和给予认可。

● 假如是绿色孩子，老师让他做，他开始就会做，但反应较慢，更可能卡在某个知识点，某道题不会做，又不想麻烦大人。于是，进度停滞，大人没及时关心和发现，直到最后，发现孩子每天坐在书桌前发呆，那道题后面全部空白，这才是绿色的拖拉。以上反应，和绿色成年人工作中遇到的问题，一模一样。搞定绿色孩子拖拉的“钻石法则”是两招——给其方法和督促陪伴。

关于如何推动不同性格的孩子改掉坏习惯的方法，也就是“钻石法则”——如何根据不同性格采取不同方法，见《性格色彩亲子宝典》一书中的详细阐述。

以上我们分析了两种性格的拖拉，红色，不到最后不着急；绿色，从头到尾不着急。那么，绿色这种不慌不忙、拖拖拉拉的原因，到底是什么？他们自己心里到底在想些什么？

拖拉原因一：不着急

只要跟绿色相处过，都会惊讶于他即便命案当头依旧步缓行迟一脸茫然的表情。

我和妮的对话，刚好让你欣赏下即便大敌当前依然闲庭信步的不

俗气质。

妮正在申请海外硕士，久未联系，于是，我表达下问候。

我："申请怎样了？"

妮："我也不知道。"

我："不知道？"

妮："是啊，材料寄出去，但那边好像没收到。"

我："没收到？好像？"

妮："我也不清楚，不过我听说，收到的话网上会有显示，但我现在没看到标志，不知道是不是寄丢了，不清楚。"

我："什么时候截止？"

妮："12 号。"

我："1 月 12 号？"（本次谈话发生在 1 月 5 日）

妮："是啊。"

我："你没去问？查下你的材料送到没有啊！马上截止了，你还没搞清寄到哪儿？"

妮："想问啊，不知问谁。"

我："先打电话问学校收到没，如果没有，就问快递，快去查！"

妮："哦……"

（半小时后）

我："怎么样？怎么说？"

妮："呃……呃……"

我："什么情况？你没打吗？"

妮："我担心我说英语他们听不懂。"

我："没事，能听懂的！你还要出国呢！你口语不错啊，这肯定比托福简单，没事的，快去打电话，赶快查，不然错过截止日，论文就白写了，托福也白考了！"

妮："哦……"

我以为她去打电话了，后来，才发现：绿色说"哦"，不代表她去做——她根本没打，也没查，最后，那个收到的标志出现了，3 月 14 日。申请时间正式错过。

莫非，妮心里压根儿不想去留学？不然，该怎么解释申请截止日迫在眉睫，可这事感觉和她无关？原因很简单，对绿色的妮来说，去留学重要吗？重要！打电话麻烦吗？麻烦！两件事碰撞在一起，天哪，怎么办？要不，就等等吧，一切就让时间来给出答案。

性格色彩识人097式

为什么绿色性格遇到问题从不着急？

绿色性格的人生，不存在“非做不可”和“目标必达”。麻烦来了，就自动停止，然后用“该来的总会来，没来的缘未到”这种禅语来自我安慰。一旦遇到问题，绿色性格就期待问题自动解决。万一非做不可，就拖到最后一天再说。

拖拉原因二：图省事

有位绿色的仁兄，算是将“拖延”的艺术演绎到极致。这位仁兄，衣服不多，每天回家，就把今天穿的衣服挂起来。第二天，再穿另一件出门。轮换一圈后，又把当初晾的第一件衣服拿下来，轻轻一嗅，似乎没什么汗味，看上去也没那么脏，很高兴地，再穿上第二轮。三轮过后，全部拿出来，慢悠悠地一次性集中清洗。能用洗衣机的，绝对不手洗，必须手洗的，绝不多洗半件，只要下个礼拜够穿就行。

对绿色来说，只要能生活，越简单越好，少买衣服，就可少洗，搬家也省力；洗十次衣服，不如攒到一起洗一次，最好世上有人能发明怎么穿也穿不脏的免洗衣服；能在家门口吃饭，何必特意去找个地方吃饭，跑那么远，多累啊。绿色的骨子里认为，既然大家最后都要进棺材板，干吗搞得那么有追求。再辛苦，终也逃不过一堆烂骨。

常常被复杂生活搞得一团糟的人，要拼了命地去追赶“极简生活”和“断舍离”的时髦，只有这样，才能让自己的东西越来越少，欲望越来越低，生活越来越简单。绿色听说这事以后，一脸蒙，我打从出生就这么想的，这还需要训练吗？

绿色灵魂深处认为越简单越好，只要别让他觉得麻烦，怎样都行。可惜，他不找麻烦，麻烦会来找他。一旦找上门，就不是原本分分钟就可搞定的小事，搁置长了，都变成了大事，真是越怕什么越来什么。

一位朋友的父亲是典型绿色，家里大事小事都是母亲说了算，问父亲意见，永远只有两个字——“随便”。朋友考大学填志愿选专业时，特别想听父亲的意见，因为父亲毕业的学校恰好是她想考的学校，她想让父亲给她一些建议，该学校哪个专业好，选哪个更有发展前途，结果父亲嗯啊半天，只憋出来一句：“你自己喜欢就好。”

后来她大学毕业，自己留学读硕博，定居澳洲。一次母亲在国内有事走不开，让父亲一个人去澳洲看她。父亲在澳洲期间出了场小车祸，现场无碍，报废一辆车，车内四人轻微擦伤，保险公司循例赔钱。

两周后，这位绿色的父亲胳膊举不起来，朋友一问，才知老人家自车祸后胳膊就作痛，因为图省事，不想去医院看病，也怕麻烦女儿，所以就忍着。没承想，越来越疼，直至举不起来。去医院做CT，肌肉拉断，建议立即手术，手术后在澳洲休养一个月。

这下蒙了，因为父亲签证还有两天过期，立刻续签也来不及，而如果回国治疗，可能耽误病情，而且澳洲的保险公司肯定不能理赔。

绿色的父亲图省事，结果把小事搞成大事。最终，在焦头烂额的多方沟通下，迫不得已，只能让父亲立即回国治疗，损失了保险公司的大额赔偿，回国后的手术费、治疗费、休养费还要全部自理。

在生活上拖拉，顶多会被亲人和朋友骂两句。但工作拖沓，会让绿色在静悄悄中迎接灭亡。绿色觉得订计划麻烦，最好能有人指点，这样可以按图索骥，无须费脑；如果没人指点，实在不知从何下手，只好自欺欺人，假装不存在。然而，当身边的人都在勤奋向前时，只留下绿色的一人甘做最后。这正好印证了《荒野生存》里的一句话："有人问：为什么现在行动？为什么不等等呢？答案很明了——因为这个世界，不会等你！"

看看一个绿色的老先生是怎样因为自己的性格赔了夫人又折兵的。

工艺设计师老李，家里水龙头滴滴答答地漏水，老婆催他修理，他就把水龙头拧紧一点，这样很久才漏一滴，他很高兴，问题解决了。过一阵，水龙头又滴滴答答，老婆再催，他就再拧。老婆每每看到水龙头像便秘，就骂他，他听着听着，习惯了。

家中厨房门的门轴螺丝松动，朝下倾斜，门底摩擦地面吱吱作响，开关不便。老李觉得，门能用就好，拖着没修，老婆催促，他嫌麻烦，直接把门底削去一块，门底再不磨地，但老鼠此后也进出无碍。

老李父亲过世，他该去法院办相关遗产继承手续，但他觉得整理材料太麻烦，从3月拖到5月，才在老婆的骂声中去办。到法院后，老李被告知，需要所有直系亲属签名，还得联系一个同父异母、身在外地的姐姐，他就又拖一个月。因为拖太久，老李的妹妹反悔约定，全家上下闹得不可开交。最终，折腾几次，遗产没分到，老婆忍无可忍，提出离婚。

离婚后，老李一个人生活，饮食没了规律，引发胃病。起初，偶尔疼痛，老李希望自行好转，不去医院。过了俩月，疼痛加剧，老李被迫拍了胃镜，诊断结果十二指肠溃疡，直接住院。

因请假时间太久，工作效率本就垫底，最终，公司裁员名单上，老李上榜。年近半百，他也无其他技艺傍身，从此，下半辈子孤苦无依。

绿色天性不争，但若将拖泥带水发扬光大，懒得动脑，也懒得动手，事事用“还好吧”来安慰自己，总有一天，会把自己慢慢耗死。到时，他只会感叹一句“命该如此”，再无下文，刚好应验了“可怜之人必有可恨之处”。

即便是效率低下，最终丢了工作，因为绿色的痛苦感和危机感都不强，他们不会像红色那样以泪洗面哀叹“我的命怎么这么苦啊”，更不可能像黄色那样仰天长啸“我命由我不由天”，绿色只会乖乖地认命，接受命运的安排。

识人 识人之道

性格色彩识人098式

为什么绿色性格危机感这么弱？

绿色性格的习惯是：遇事总是等待他人解决，解决不了也没关系（也总会有人帮他解决）。既然不需要自己解决，自然对危机就越来越不敏感，好比温水煮青蛙，等到想跳出时，晚矣。

拖拉原因之三：怕冲突

绿色为了不和人冲突，哪怕一件再小的事，也会尽量不麻烦别人，而绿色对“麻烦”二字的定义范围之广，令人咋舌。其他性格认为很正常的行动和交流，对绿色而言，都是麻烦。比如，在家听音乐，不麻烦，但播放器坏了打电话找人修，就是麻烦；伴侣做好饭，如果菜太咸了，建议让伴侣加水回锅，就会麻烦到伴侣，所以，宁可自己多喝水，也不能提建议，这样，就不用麻烦别人。

一位绿色的朋友告诉我，她领导评价她“自以为是”，令她很崩溃，后来，她才明白，原来领导的这种评价，是她自己造成的。

她在一家外贸公司工作，负责接单，然后通知发货，并跟进整个流程。有一次，她接单后，通知厂商发货。过了一个月，客户投诉。原来客户是老客户，对公司很放心，所以付款后就出差了。一个月后回到公司，发现货没到（照惯例该在两周内寄到），耽误了下一步的工作，十分不爽。

老板问她怎么回事，因为根据流程，付款给厂商后，要在一周内问厂商拿到发货单，物流基本一周到，如果她按流程操作，不会出现这样的情况。

“我付款后提醒了厂商的人发货后把单号给我，他们一般都会在三天内给我的，但这次没给，我心想再等等吧，也许他们最近比较忙。结果一等就等了一个多礼拜，等货寄出时，已经晚了。”

“你为什么不提前多提醒几次呢？厂商忘了，你也忘了吗？”

“我没忘，就是想再等等，如果老是催，怕他们觉得烦。”

“那你发现上游寄货晚了，应该预估货物会晚到，为什么不主动给客户打电话说下呢？”

“我怕客户不高兴，即便我不说，反正货到了，客户就知道了，等货到了再说吧。”

老板听她解释完，一口鲜血，狂喷。

这位绿色姑娘是最不愿表达自己想法做决定的性格，怎么会被人冠上“自以为是”的评价呢？不管怎么砸破脑袋，也想不明白为何如此！

老板听了她的话，心情土崩瓦解，不明白世上怎么会有这样的人！世上怎么会有这样毫无责任心的人！

性格色彩识人099式

为什么绿色性格从不催促别人？

绿色性格太害怕与人发生冲突，所以不敢做“提醒”和“催促”的动作，仿佛一旦“提醒”了、“催促”了，让对方烦，对方就会生气，进而发生冲突。

当厂商发货单没给，她害怕冲突不问；在明知发货晚了影响客户的情况下，她害怕冲突不说，硬生生要等着人家自己发现骂上门来。她侥幸地想象：说不定客户忘记了电话不会打给我呢，这样大家岂非相安无事，反正货物总归会到的。好一个自欺欺人，好一个掩耳盗铃。

生活中，的确有时当我们提醒别人时，别人会不耐烦，但是，也要分轻重缓急，绿色的问题就在于不知道什么事情是重要的，一味回避冲突，最终，给公司和自己都带来损失。明明一个电话就可轻松解决的问题，却要拖到最后无法收拾。

绿色的拖拉，是怕冲突、图省事、不着急，本质上，是一种逃避，但你往哪儿逃啊？逃无可逃，避无可避，迟早面对，何必当初？等到不得不面对的时候，后果更严重，影响更恶劣，激发的矛盾更尖锐，所有的怒火和子弹，都飞奔到一处。绿色啊绿色，你怎么应付？到了那时，两手一摊，装瞎装死，这就是绿色一辈子周而复始干的事。

7. 顽固

为什么有的人享受一成不变

设想一下，你天天去同一个餐馆吃饭，从家到单位月月只走那条同样的路，你几十年如一日用同样的姿势造人，你一辈子重复着一模一样的不需要创意和变化的工作……会是怎样的一种感觉？

你会疯掉？还是，你很舒适？

“体验经济”的概念之所以能大行其道，前提条件是发明这个词的学者坚信世人皆喜爱体验，在发明这个词时，把一种人天然屏蔽在外——对“一成不变”感觉舒适的人。

这种人，他们认为“不变，就是人生最好的选择”。明明有机会变得更好，却丝毫不愿改变。

四种不同性格学习性格色彩后的反应

♣ **红色性格：** 少有坚忍不拔之人，看热闹不看门道，喜欢看山呼海啸人山人海的演出，不愿深刻自我检视，学习时频频点头称是，越听越有理，课后，如果没有足够交流和督促，很快，就抛到脑后。

■ **蓝色性格：** 刚接触性格色彩，暗藏敌意，怀疑审慎，人这么复杂，怎可能区区四色就分析出，未免太简单了吧。当长时间地充分验证并确认可信后，其坚守和信赖，持续时间最久。

▲ **黄色性格：** 我怎可被你轻易读懂？何况，识人有啥用？很少自我怀疑，自己肯定更英明更高级。因为性格的自我探寻和自我批判，是一种对生

命的妥协。可是，当发现性格色彩的确有用，比谁都用得带劲儿。

● **绿色性格：** 从不批判他人，看似面带微笑，已经全盘接受，其实，压根纹丝未动。你以为他很支持你，学完以后，痛定思痛认真悔改，屁，背过身一切照旧。

黄色，只要确定改变自己能得到自己想要的，立即主动改变；蓝色，只要道理说清且完全认可，就算改变的动作很慢，也会改变；红色，只要看到能让自己动心的，随时都可能自我改变。可绿色，表面温和柔顺，内心永远不变，看上去笑眯眯，很温和，最听话，但是，就是不改！

识人

识人心谱

为什么绿色性格很难被改变？

天下最冥顽不化的性格，正是绿色性格。他们满足于自己拥有的一切，改变所带来的好处，无法让其动心。相反，在稳定不变的生活轨迹中，他们却能感受到最大的幸福，而改变必然带来诸多习惯的调整，这让他们不得不重新去适应，绝对是巨大的麻烦。绿色性格的想法是：反正没有自己想要的，还要经历痛苦，那我为何要去改变呢？

我曾经拿特别凶狠刻薄的字眼试图激怒绿色，让我遭遇重挫的是，这个奸计从未得逞。绿色摆出的姿态就是，任尔东西南北风，咬定青山不放松。随便你们怎么样，我该怎样还怎样。

绿色内心的顽固，绝对是四种性格之最。想我那绿色的外婆从不主动问别人早饭吃啥，几十年如一日，一律煮白粥。只要你不提意见，绝对不变。可只要你提出意见，第二天马上就改，可惜，最多一天，第三天，又变回白粥！绿色的骨子里，拒绝改变。

这种一成不变，让绿色在所有人中，生活最为平淡。

小西去美国留学，父母叮嘱他独立生活，自己做饭。据小西讲，到了美国，发现附近有家便宜的快餐店，一算，比买菜做饭贵不了多少，之后，天天快餐店，每天虾仁花菜，花菜虾仁，不厌其烦。偶尔，同学开车带他去唐人街，就买饺子汤圆，塞满冰箱，接下来，快餐店也不用去，省事儿。就这样在美利坚生活一年，省下不少钱。

正常人有机会在国外，总会想办法四处游玩。小西在美国留学，永远是住处和学校两点一线。暑假时，女友到美国找他，小西和女友旅游了一趟。说来，他也不惭愧，住在美国的人，反而让国内女友订酒店查机票，他只负责在女友指挥下打杂付款。女友到美国，除了接送，只是陪女友按既定计划游玩。红色女友受不了他的不作为，发了脾气。回国后提出分手，小西也不挽留，两人分道扬镳。

后来问小西："你在美国，不想去哪里玩吗？为何把一切都丢给女友准备？"

小西挠头，答道："从小看书，知道圣迭戈，有点儿兴趣，女友没提，无所谓。"

我又问："作为男人，不想主动帮女友承担些什么吗？"

他慢悠悠地说："本来就懒得做那些麻烦事儿，既然她主动，就交由她决定好了。"

绿色心里想的是，我反正没啥要求，把选择权交给你，随你就好。可对面那人如果也没啥控制欲，就会觉得，这人怎么毫无担当，让我受累；即便对方是个非常有控制欲的黄色，看到绿色一副烂污泥扶不上墙的㞞样子，也会咬牙切齿，恨其"成事不足，败事有余"。

也许你会困惑："我是红色啊，可我也不爱出去玩，那是怎么回事？"这两者的差别是：绿色是真的不愿挪窝；而红色不动是因为不感兴趣，换作喜爱的事，天天会乐此不疲。

一位绿色朋友，老公出差去大理，好心把她带去。入住苍山景区酒店，白天老公去开公司会议，叮嘱她自己去古城玩玩。晚上回来，问她去了哪里，她说："没啥想去的，房间睡了一天。"老公觉得不可思议。

一位红色朋友，平时不爱逛街，但是，听说老公要去大理出差，两眼放光，要求同去。到了当地，老公去开了一天会，回来找不见老婆，电话联系，才知她在一家小酒馆，赶去一看已经不认识了。原来她穿了当地的民族服饰，梳着少数民族的小辫，喝着玫瑰酿，打着手鼓。

● 绿色的与世无争，恰恰是因为欲望低、惰于改变，即便对自己喜欢的也不愿争取。

♣ 红色有时自认为清心寡欲，可遇到自己喜欢的，瞬间激发出热情，不计代价地投入。

性格色彩识人101式

识人

为什么绿色性格给他人添了麻烦还不自知？

绿色性格不喜欢给人添麻烦，但事实上当别人对他有期待时，他给到别人一种错觉，让别人以为这些期待是可以被满足的，而绿色性格实际上不想做也不打算做，结果让别人空等，造成了巨大麻烦和影响，而绿色性格还不自知。

现实生活中的绿色，即使智商高，从小条件好，成年后，也难有大的突破和成就，最多就是顺势而为罢了。

一位朋友的舅舅，从小文笔就好，不需要刻意苦学就能写出好文章。由于他是绿色，不思进取，所以毕业后进了当地一家小报社，做到副主编的位置，就再也做不上去了。几十年如一日，也算岁月静好，但认识他的人都要道一声“可惜”，明明可以有更好的发展，被自己的性格耽误了。

除非有一种极为特殊的情况，这个绿色只是按照惯性在不变地持续操作，因为环境或大势，令其有成。

一位绿色朋友，开了二十年洗衣店，早年刚开张，很多人一起做这行，但其他人没过几年，就转行去赚快钱了。唯有他，还在一件件衣服吭哧吭哧做着，慢慢累积了不少家底，也不懂投资其他，就在同一城市再开一家店（反正开店模式和流程，他都很熟悉）。二十年过去，他垄断了那座城市及邻近市县的洗衣业，家资过亿，而那些早早转行的人都破产了。

为什么绿色性格在事业上不思进取？

首先，绿色性格不想做英雄。因为没必要活给别人看，只想自己轻松快乐。其次，绿色性格不想要太多。女人买下世间所有华服，每次只能穿一件，不如只穿最舒适的；男人拥有世间所有美女，每次只能睡一个，睡那么多，照顾起来也麻烦，还不如只睡在一个令自己最安心的女人身旁。

乍一看，你会觉得，绿色心态最佛系，但事实上，真正信佛的绿色，世上少之又少，根本没有信佛的红色那么多。盖因，红色事事求变，大千世界诱惑太多，无数次腾挪变化后，求了，累了，哭了，伤了，回头是岸，皈依佛门，希望通过修行获取宁静；而绿色在家，就像出家，心如止水，天生宁静。“心中本无伤，何须去疗伤？”须知，世间的真相是，绿色很少去求佛问道。

那么，绿色的“不变”，究竟是好，还是不好？

若说不变的性格很好，那些白手起家一路从赤贫拼到大佬成为人生赢家的人，那些背包走天涯踏上世界精彩路体验人生无数美妙的人，定然坚决反对，正所谓“流水不腐，户枢不蠹”。

若说不变的性格很糟，那些全副身家砸到股市里最后跌得血本无归的人，那些为了心中的诗和远方奔赴他乡结果遍体鳞伤的人，肯定不同意啊！如果不是渴望改变，不想过一眼就能望到头的苍白生活，怎么会有这样的遭遇啊？我要是有绿色那样不喜欢折腾不喜欢变化的性格，怎么会落到如今这样的下场啊。

一成不变，好或不好？取决于你的性格，落在自己身上，除了绿色，没人觉得好。

一成不变，好或不好？取决于你的境遇，你屡遭挫败，心灰意冷，会觉得不变挺好；你意气风发，人生飞扬，觉得何苦早早安宁。

一成不变，好或不好？取决于你的认识，对喜欢不变的人而言，须知，这个世界上，唯一不变的，就是变化。

8. 安逸
为什么有的人生来就在躺平

人们普遍认为，世人的躺平心，皆因社会大环境导致。却不知，有一类人，来到人间那一刻，就喜欢安逸，欲望淡薄，满足于现状，毫无动力，能坐着绝不站着，能躺着绝不坐着，血液里饱含躺平的基因。当然，这类朋友对物质消费的欲望也很低，别人住再大的房子，赚再多的钱，都刺激不了他内心的一丁点儿涟漪，对啥事都不羡慕，自然，贪嗔痴也与他绝缘，一副天生好和尚的模样。

安逸，是这种人的典型特征，在性格色彩中，这种人属于绿色。

如果你对他们坐吃等死的风格无可奈何，想让这些人的生活变得有些动力，那你必须首先要悟透三大难题：

1. 为什么这种人从来没有什么热爱？
2. 这种人什么情况下才会去加班？
3. 怎样才能驱动这种人逃离安逸？

真正读懂前两道题，你会发现，你的美好愿望不过是场海市蜃楼，如果你真想激励这种人，需要读懂第三题。

绿色性格为什么无法热爱工作

四种不同性格对加班的态度

♣ **红色性格：** 不喜欢加班，但如果喜欢这份工作，团队气氛好，大家伙儿一起热火朝天地加班，那是件开心的事，会乐意参加。

■ **蓝色性格：** 自己的工作都在计划内完成，不需加班，如果公司临时要求加班，打乱自己的计划，会排斥。

▲ **黄色性格：**有加班费吗？可以加快达到目标吗？有好处，你不需跟我说，我自己再苦再累，也加；如果没有，那我要行使我休息的权利。

● **绿色性格：**不管有没有好处，都不愿加班，但为了大局，为了配合别人，往往是别人让他加，他就加了。

对绿色来说，“无欲无求”就是我从不指望获得更多。好比大家一起看成功人物传记电影，大家激动时，唯有绿色无感，“别人的人生不错喔，但和我，好像没啥关系”。

在绿色看来：世人多数平庸，成功的人那么少，我甘于平庸，有什么不好？假如，世上 99% 的人都朝六晚十，那我也只能顺其自然地接受。但事实上，加班的人是少数啊，大家都朝九晚五，我又不想赚那么多，干吗要把自己搞得那么累？再喜欢的工作，不就是个工作吗？工作的目的不就是为了生活吗？那我下了班就去生活，不是很好吗？

识人

为什么绿色性格不管什么工作都不会热爱？

绿色性格不热爱工作，很大的原因是天性松弛，喜欢放松和无压力的状态。绿色性格不愿接受新任务，因为只要是新任务，就必然会打破旧有的工作模式，必然带来压力，必然要做选择。为了避免让自己处于紧张且变动的不适状态，还不如得过且过，这样，就可免掉心累之苦。

性格色彩识人103式

而这种想法，对黄色来说，简直是岂有此理，不可理喻。

黄色认为，只要有利益，工作，那是生命的必需品啊！早早上床睡觉，就是浪费生命。让黄色眼珠子掉出来的是，绿色的座右铭完全相反，他们视休息为生命。

绿色性格在什么情况下会去加班

绿色加班，要么是因为别人直接要求，为了人际关系的和谐，不得不去；要么因为自己不加班，别人就受影响，怕自己给别人带来麻烦。

情况一：老板点名要求加班

绿色的朋友负责产品抽检送检，所在部门大多数人跳槽了，留下为数不多的人当中，他资历最老，经验最多。由于公司没来得及招到足够人员，连续一个月，隔三岔五，就需要他加班。每次，老板都是亲自下令，要他加班。他毫无二话，就加了。

跟他最好的一位红色同事忍不住劝他："你太实诚了，让你加就加啊，你可以跟老板说家里有事，少加几次嘛。如果你一直加班，把事都干了，公司就不着急招人来填补空缺了。"面对如此烧脑的职场兵法，绿色愣了下，说："其实也没啥，不就是晚点回家嘛，反正我回家也没事。"

这种情况下，绿色觉得，既然老板亲自叫我了，我能不加吗？绿色思维很简单，别人让他做事，就算不想做，可也不想得罪人，象征性干一干吧，别冲突就好。但是，老板让他加班，根本逃不过啊，而且不把事干完，还会有更大麻烦。

由此可知，绿色对"避苦"的需求大于"趋乐"的需求，也就是说，只要不让他麻烦，不让他面对冲突，他啥都愿意。

情况二：不加班会影响他人，会被抱怨

绿色的设计师不情愿地说，回家还得加班赶活儿。我说，这么晚了，明天再说吧。绿色说不行，后面一个工作环节的人在催，如果不按时交图，后面那个打图的人就没足够时间完成。每当想到自己的慢，可能会连累自己后面工作的人，就觉得不行，要快点儿。

"和谐"，就是我不要影响别人、连累别人、耽误别人。绿色不但是最不容易受到影响和改变的人，也是最不愿去影响和改变别人的人。

绿色响应和谐，因为自己的唯一期待，就是人人相安无事。这可和黄色的动机完全不同，在黄色看来，休息天如果不做点什么，是对时间的浪费，是对生命的亵渎。

这样看来，显然，如果"人生得意须尽欢"是红色发明的，那么，"多少事，从来急；人生苦短，只争朝夕"就是黄色发明的。

有时，会有一种诡异情况出现，那就是，绿色的领导宁可自己加班，也不叫下属加班。为什么？

因为绿色内心抵触加班，觉得休息日重要，生活平衡大于工作成就，除非有自己无法完成又必须完成的事，否则，不知怎么开口去破坏下属生活。这种领导宁可影响自己，也不愿麻烦别人。听上去，好善良啊，宁可自己加班，也不让下属加班，可惜，人家的理解未必如此！

首先，下属的性格，未必都是"老好人"，也许人家喜欢有活儿干，比如黄色就觉得，有事做，是最大的幸福；其次，老板没起到一个"老板"应有的领导作用，这可能是一场灾难。

因为下属希望拥有的老板，未必是舍不得让下属干活的"好老板"，他们可能更需要一个推动下属成长，为下属利益负责的好老板。

小杰离开上一家公司，正是因为如此。

公司做小语种培训，市场部经理老杨是一个无欲无求的绿色，平

时工作对下属没要求，不需要创造力，不需要加班，想请假，任何理由都可以。由于老杨的这种性格，部门所有人都懒懒散散，毫无激情。在一次大型讲座上，市场部装订的 100 份材料中漏掉了国外校方的一份招生简介，老杨不想麻烦下属加班，竟然自己单独完成了 100 份材料的修整。

事后，小杰决定离职，老杨当然是个好人，但在小杰眼里，他绝不是一个好领导，跟着他，一对能力提升毫无帮助，二对职业发展也无益处，三是老杨所带团队的氛围实在太消磨斗志，赶紧逃离，是为上策。

所以，绿色当领导，注定要与自己的性格作战，很是悲催——自己本身就没啥驱动力，还要去推动别人。一只羊带群羊，也就算了，你让一只羊带群狮子，真的挺难为人家。

识人 識人之道

为什么绿色性格激励下属时很无力?

绿色性格即便当了领导，由于缺少自驱力，加上比较关注别人的感受，所以驱动他人时也会感觉困难。每当需要激励下属时，就会担心对下属要求太高，会让下属难以负荷，内心总觉得“不给压力的领导才是好领导”。

驱动绿色性格逃离安逸的方法

驱动人们做事的动力有两种：“恶狼”和“美女”。“恶狼”，就是你不做，会有啥恶果；“美女”，就是你做，会有啥好处。

对绿色而言，“恶狼”的动力比“美女”的动力，更大。

但最能打动绿色的，不是单纯恐吓，而是让他明白，如果他不做，会给别人带来不幸和痛苦，这对绿色最有效。

好比，你对绿色说："你这样下去，你这辈子就完蛋了。"绿色会想："无所谓，没什么不好。"但你对绿色说："你这样下去，你爸妈会痛心而死，你哥会跳楼……"这才可能引起绿色的重视。当然，说法要可信，不能胡诌。

黄色的IT总监，对自己绿色的上级说："如果你再不批准上新系统，所有业务人员工作效率低的问题都无法解决，他们本可以取得更好的业绩和奖金，结果全都拿不到，明年一年，全公司所有人的利益，都会受到影响。"结果，老板同意了他的做法。其实，就是用的这招。

请你一定要明白，绿色不在乎别人恐吓自己，但是，很在乎因为自己的问题而影响别人。

同理，如果要推动绿色的主动性和积极性，最好也要把好处能映射在绿色在乎的人身上。比如，给绿色设定一个"勤快奖"，如果达到某个目标，奖励一个精品旅游线路，让绿色送给父母，这比给绿色本人发奖金更好。对绿色来说，没什么比生活在一个和谐的家庭里更好。

另外，绿色重视团队配合，与其他三种性格的差别在于：红色喜欢让团队士气高涨；蓝色期望团队有序整齐；黄色要求团队个个精兵强将；而绿色希望团队如家人般温馨，和气生财。所以，"会影响到别人"和"让团队每个人满意"，是绿色在工作中的敏感点。

假设你想让绿色更努力些，只要告诉他："咱们团队都很努力，离月末拿锦旗就差一点，如果你掉队，平均值会被你拉低，大家的努力全部都会白费。如果你能比上月业绩超20%，咱们就都能拿到奖金了。"虽然绿色自己不在意名次，但为了让大家拿到名次，绿色会尽量多做。

总之，绿色不愿争取，少有波澜，但只要借助性格色彩识人，你就可以快速洞悉他们的内心，哪怕从加班这样的小事中，也可抽丝剥茧，看到他们的惯性思维，以及他们最害怕的事情——掉队和失去群体庇护。由此，你可以更深地懂得他们、影响他们、推动他们。

识人

識人之道

为什么绿色性格的激励要反其道而行之？

刺激天生就没有激情和欲望的绿色性格，你须反其道而行之。因为绿色性格希望平稳度日，故此，你要让其明白，只有立即行动和拿到结果，才能更好地维系岁月静好。如果既不行动，也不作为，绝不会有好日子过，身边人会怨声载道，人际关系必将支离破碎。

9. 糨糊

为什么有的人就是没法说不

中国古典短篇小说集《喻世明言》二十九卷有个故事：玉通和尚隐居52年，因为柳府尹上任，玉通没有去参拜，府尹很生气。他知道玉通和尚洁身自好，拒绝一切诱惑，就想让他破戒，然后再治罪。于是，他就派出妓女红莲去勾引。红莲跑到山门外装可怜，打动玉通下面的小和尚收留她。夜深，红莲跑到玉通禅房外被拒绝，啼饥号寒，要借衣服，玉通看她可怜就放她进房，给了件衣服，依旧打坐。红莲装作肚痛，在玉通身边呻吟不止。开始，玉通听而不闻，但红莲各种呻吟叫到三更，玉通心软，问哪里疼。她说肚子痛，以前丈夫抱着她，用热肚皮暖冷肚皮就不疼了，她要玉通效仿丈夫抱她止疼。玉通死活不肯，经不住再三哀求，就上了道，抱她后，破了戒。一夜之后，红莲告知自己是柳府尹派来的人，玉通知道大难将至，哀叹一声，送走红莲，沐浴更衣，坐化了。

拒绝，好难喔！有半个甲子深厚功力的玉通和尚，依旧心软，我辈俗人，岂不更难？

世上有一种人，最不擅长的，就是拒绝，最说不出口的字，就是“不”。“拒绝”对普通人，如果是一百分的难度，对这种人，就是一万分的难度。为什么这种人啥事都拒绝不了？众所周知，无论男女，又不是拒绝美色这等需要很大定力的事，为何就算是面对一个和自己不熟的人这种无理的要求，都很难拒绝？

不同性格对拒绝的态度

♣ **红色性格：** 不懂拒绝。因为太在意自己在他人眼中的形象。如果是自己压根儿不在意的人（例如讨厌的人向自己表白），红色并不吝啬横眉冷对，快滚。

■ **蓝色性格：** 懂拒绝。含蓄委婉，常用暗示手法，希望他人知难而退。

▲ **黄色性格：** 懂拒绝。直截了当，不浪费自己和他人的时间。

● **绿色性格：** 不懂拒绝。上至领导父母，下至 3 岁孩童，来者不拒。即便不喜欢的人（绿色很少有讨厌的人）追求自己，绿色也嗯嗯啊啊，温和应答，会给对方带来“这人喜欢我”的错觉。

不会说“不”的人，内心都有个声音：如果我拒绝了别人，就得罪了别人，影响了人际关系。因为不说“不”，所以，绿色给人的感觉温和舒服，交流起来没压力，但是，因为不会说“不”，绿色也给自己及亲近的人带来巨大的痛苦和麻烦。

不拒绝原因一：不知怎样拒绝

志强无法理解，为什么绿色儿子面对自己，都不表达拒绝。有一次，志强让儿子带些小礼物送老师，孩子犹豫了下，谨遵父命，带走两盒小核桃。

过了几个月，儿子生病，志强去学校探望，一眼看到，小核桃居然躺在课桌内，生气地问：“你咋没送？”儿子嗯嗯唧唧，好一会儿，告诉志强：“老师是保守派，不收学生半点儿礼，但你这么积极，我也不好说啥，就先带过来，不知怎么处理。”

志强听了，愣在那儿，被噎住。没法送，你就拿回家，放在这儿，等着坏掉？！绿色儿子静静地听父亲责骂，也不还嘴。骂完一通，志强把小核桃带回家，打开发现，全潮了。

这个父亲，无论如何都想不通，为什么自己的儿子说个“不”，那么艰难。

为什么绿色性格害怕拒绝？

对绿色性格而言，拒绝别人比挨别人骂，还要更难受。因为直接拒绝，必然引起当场的冲突或尴尬；暂且答应，至少可苟延残喘，拖以时日，就算以后被骂，那也是以后的事了，何况到时候只要低头认罪，想来也不会有啥大的波澜，总好过此刻要面对惊涛骇浪。

看到此处，你可能会困惑：“我也不会拒绝别人，吃了很多苦头，但是，我看到现在，都觉得自己不是绿色啊，这是为何？”

须知，天下除了绿色，还有一种红色，也不善拒绝，两者的差别从两个例子可见一斑：

例一：工作中，有人找你帮忙，你自己正忙，明知帮忙会耽误自己分内的事，但你还是帮了。可帮完，人家啥都没说，好像理所应当，此时，你做何感想？

● 绿色：帮完，既然对方没说啥，那就是没事发生，挺好。绿色因不善拒绝别人，一而再、再而三地帮别人，干的都是芝麻绿豆之类的活儿。起不了作用不说，还把自己搞得劳累生病。

♣ 红色：帮忙时期待得到认可，如果被帮的人感激，会觉得自己没白付出，否则，会有情绪：狼心狗肺，不知感恩，我瞎了眼，看错人，自作孽，活该自己遇见这样的人，是我自己贱，下次再帮，我就去死……放心，下回不会死，刀子嘴豆腐心，依然心软，还是会帮。

例二：假设朋友托你找你哥帮忙办件事，你转达后，你哥拒绝了，但是这个朋友各种好话，求你再去说说，你还会去说吗？

● 绿色：继续去说，可能不大，更可能安慰朋友，说自己也没办法，或答应朋友去说其实没去。因为绿色的动机是千万别发生冲突，如果为了帮一个人而跟另一个人冲突，那是万万不行的，所以，通常会采取两边息事宁人的做法。

♣ 红色：可能会继续游说，希望影响哥哥改变决定，给朋友帮帮忙。因为红色为得到认可，会主动做很多事，甚至会说服别人一起来做好事。当最后和朋友说“你看，为了帮你，我不惜跟我哥吵架”，自己也会被自己感动。

以上方法，可以帮你区分出来这个人到底是红色还是绿色。

不拒绝原因二：怕说真话得罪人

绿色的老好人，给自己常常招来无数麻烦，不过，因为往往不是什么通天的麻烦，加上擅长自我宽慰，所以，没觉得什么大不了。事实上，不管在哪儿，有分歧很正常，拿出观点，大家讨论就好。可惜，绿色有很多机会可以告诉别人真相，但因为怕得罪人，宁可放弃说话的权利，拖着等着，直到天塌。

维修公司客服部，绿色的小葛接到一个投诉。

客户："我家电视机坏了，马上派人来修！"

小葛："呃，可是师傅今天的预约已经满了，我帮您安排明天的维修可以吗？"

客户："明天？！开什么玩笑！我今晚不用看电视啊？叫师傅现在马上来！"

小葛："呃……哦……哦……"

收到客户的"命令"，小葛开始给工程部负责人打电话："漕河泾地区有人来电，说电视机坏了，要求马上维修……"

还没说完，工程部负责人就吼了回来："什么马上？！说了多少次了，不能马上，你们怎么工作的？每个客户都要马上修，忙得过来吗？"

小葛："哦哦……可是……"

工程部："可是什么？就告诉他，要修最快明天，后天也行，预约个时间！"

小葛："哦……"

嘟……

小葛还想说点儿啥，对方已挂上电话，小葛茫然地握着听筒，心中忐忑，她知道师傅今天的维修预约全满了，没法子再多一单。公司规定，只能给新客户安排后续预约，最快也要明天，可客户这么凶，怎么说"不"呢，说出来他疯了怎么办，他大喊怎么办，哎呀呀，算了，先施展绿色的大招——拖。

她没打电话给客户告知今天不能上门，也没告知工程部，可人家客户还等着今天上门维修呢。就这样，到晚上 8 点，怒发冲冠的客户一个电话打到老板那里，斥责公司明明答应他今晚师傅上门，等到晚上 8 点，也未见影子。老板问工程部负责人，才知道根本没师傅接这张维修预约单。查来查去，最终，查到小葛，面对老板责骂，她一声不吭，只是默默承受。第二天，她被辞退了。

完了，被炒了，天塌了！没事，那就再找工作吧。

绿色习惯让别人做决定，按部就班，听从指令，遇到吵架，立即失聪，缺乏解决冲突的能力，既没有目标感，也不知如何解决突发问题。

当两个强势的人同时发出相悖的指令，绿色常常不知听谁的，左看右看，摇摆不定，最终，只能选择逃避，都不说“不”，也都不答应，掩耳盗铃，就当事情没来过，然后，做春秋白日大头梦，说不定，客户会忘记喔，不会那么严重吧，奇迹会来的呢。

如果有人帮绿色擦屁股、解决麻烦，那这个绿色还算幸运，顶多被领导责骂，大多时候，都能糊弄过去；但如果没人帮忙，绿色只能听天由命，面对冲突一味拖延，结果越来越糟。

绿色的香菇五年前交了男友，但母亲看了照片，嫌男孩太胖，希望他们分手。一边是关系很好不肯放手的男友，一边是强势逼迫必须分手的母亲，香菇疲于应付。她对母亲阳奉阴违，瞒着恋爱事实，表态尽快找对象；她对男友温柔体贴，在男友要求见家长谈婚论嫁时，用“再等等”搪塞。整整五年，仍未解决，香菇就那么捣着糨糊，既不分，也不婚，像夹心饼干，每天忍受母亲和男友双方的压力，也不知持久战还能打多久。

香菇的感情纠结，是绿色为迎合他人，不拒绝、不冲突、不执行的清晰写照。

绿色心里打的如意算盘是：“闪电战，咱不如人，可持久战，天下没人比得过俺。拖着呗，耗着呗，总有一天，你俩会有一个率先求饶，到那时，不就有定论了。最好是老妈先放弃，这样，我和男友就可以比翼双飞了；如果男友先放弃，那我也没法，就分了吧，不过，话要讲清楚，这不是我抛弃你喔，是你提出来的，是你抛弃我的，你是负心人，我无罪，说起来，我才是受害者。反正，别人以后谈起这事，肯定不会怪到我头上。”

谁告诉你绿色人畜无害的？人家藏得深着呢。

性格色彩识人107式

为什么绿色性格总是喜欢说“嗯”“哦”“好的”？

绿色性格常用的口头禅有三：“嗯”“哦”“好的”。这只不过是语气助词，并不代表任何承诺。这就像绿色性格和你说“我知道了”，意思就是“我知道了”，并不等于“我会去做”。

须知，不是世上所有的人都像乐嘉一样，见人就说真话。人家不想得罪你，和你非亲非故，或不想你不高兴，是不会对你当面说内心真话的。

不拒绝原因三：没有原则

性格色彩识人108式

为什么绿色性格没有原则？

只要不是生死攸关，很多事绿色性格都觉得无所谓。无所谓好，无所谓坏，无所谓对，无所谓错。因为欲望少，所以标准和要求自然就少；因为不坚定，自然容易屈从别人的想法和标准；因为注重人际关系的和谐，事情自然就变得不是那么重要。

和原则性超强的蓝色相比（详见本书蓝色性格章“固执”），绿色，完全就是个相反的极端，没有原则，算得上是绿色的一种天赋异禀。只要发现原则与人际关系相冲，绿色立刻会向人际关系投降。人生在世，岁月静好最重要啦，和不吵架相比，啥事都不重要，谁要想跟我发生冲突，我去，我才不吵呢，马上缴枪，你要啥给啥，你说啥都对，这样行了吧。

绿色在妥协艺术上玩得炉火纯青，其背后根源，其实是“逃避”。发生冲突时，绿色既没面对冲突的勇气，也没解决冲突的意识，怎么办？只能妥协和逃避。

一位性格色彩卡牌师，从小教育绿色的女儿，不可以拿人民群众的一针一线。孩子从幼儿园开始，从不乱拿别人东西，家里的东西，不让碰的，她也绝对不碰。但是，小学时，有一天，老师突然打电话给她，说她女儿偷东西了。她完全不敢相信，胆战心惊，胡思乱想地奔去学校。原来，女儿跟另外两个女同学一起，偷了学校超市的铅笔，已经被关在禁闭室。她单独和女儿聊，一句句逼问，才搞明白到底发生了什么。

女儿跟两个同学去学校超市，看见花花绿绿的铅笔很好看，那两个同学各拿了一把，塞在书包里，企图瞒天过海。绿色女孩本来没想拿，但两个同学担心她出来以后告发，所以，逼着她拿，结果，被逼之下，她就拿了一支。最后，被抓住时，虽然只拿了一支，但依然是偷窃，谁也跑不了。

这么小的孩子，就懂得投名状的做法，不简单啊。你要加入我们黑龙帮，必须到黑龙潭先去杀个人，否则没资格；不出卖我们，最好的方法，不是保证，而是你跟我们干一样的事，这样就是一家人了，再没有什么，比这个更忠诚的了。

想一想，学校超市偷笔现场，绿色孩子那时内心的惊恐。答应，就坏了原则，父母一直教诲我，这种事做不得，做了，就辜负父母；不答应，就会得罪同学，失去两个朋友，今后，她们还会让其他人不跟我玩，我就会被孤立，以后在学校里，出个事也没人帮我，万一以后她们再叫其他人来打我，那可怎么办？违反了父母意志，他们骂我，不会不要我的，总归是自己父母；可要是违反了同学意志，我就完了，从此以后，我就要孤苦伶仃，流浪天涯，我的天，那怎么办？

在同学的威逼高压之下，开始继续脑补。

窃书不算偷书，文具是为了学习，又不是拿吃的东西，吃是为了满足口腹之欲，该当受到谴责，学是为了进步，是学生的本分，大家会理解的吧；再说了，拿一支不要紧吧，我才拿了一支，她们都拿一大把，比起来，她们才是大事，我是毛毛雨的小事，万一出了事，应该她们在前面；再说了，又不是我要拿的，是她们硬塞给我的，她们是主动犯错，这事和我无关啊，最后不应该怪到我头上吧；向外走出去的时候，还在心里拼命祈祷，千万别出事，应该不会这么巧，没人看见的……

小肚鸡肠千回百转，转念便成空。甚至，绿色都没想那么多，一切都是性格本能驱动。

换作不懂性格的家长，遇见孩子偷窃被抓包，难免羞愧难当，无比焦虑，保不齐，当场两个大耳刮子。

怎么办！

怎么办！！

怎么办！！！

由于家长本人是性格色彩的学员，非常了解女儿性格，所以并未慌乱，循循善诱，先让孩子说出当时真实的情况及内心想法，家长就理解了。

孩子在成长过程中，需要建立规则感。表面上，给最听话的绿色孩子建立规则，超级容易，因为她不会去质疑为什么。你只要告诉她，这个可以，那个不可以，她就会接受。但是，难点在于，绿色内心不够坚定，即便教了再多次，当面临和同学人际关系的冲突时，本能反应，还是退缩和妥协。

所以问题发生，家长要先让孩子说出真实想法，并加以引导，让孩子更清楚当原则和人际关系发生冲突时，应该怎么做，让孩子学会正确的应对方式，并在实践中形成习惯（如何教育不同性格的孩子，详见《性格色彩亲子宝典》)。

有些家长可能会认为，这些问题不算什么大问题，随着孩子长大，自然而然会解决的，不必杞人忧天。嗯，自动会解决的？好吧，再和你分享一个课堂上的案例。

某次，在“跟乐嘉学演讲”课堂上，本人组织了一个题为《朋友》的演讲练习，学员讲的故事，让本人记忆犹新。

我有个远房表哥，绿色，胆小老实，后来，被作为强奸犯抓起来了。我们全家刚听说的时候，都无法相信。后来知道了真相，除了叹气，都不知道该说些什么。

远房表哥从小被人欺负，因为早早步入社会，开了个小饭店，认识了一些社会上的混混。有次他在店里被客人欺负的时候，小混混出头帮了他，从此以后，远房表哥拿着工资买烟买酒伺候，让他感觉跟着他们，可以受到保护。慢慢地，这些混混出去做些什么，都带着他。

有一次，混混们在酒吧里拽上一个微醺的女孩，拉到山里的废弃仓库侵犯。混混逼着表哥一起上，表哥吓坏了要跑，混混威胁他，敢跑的话，就找人把他的店砸了，以后有事也不会帮他。表哥下跪，求他们放过自己，自己什么都没看见。人家不放，最后让他在仓库门口守着放风。

事后，混混团伙因轮奸罪重判，远房表哥作为胁迫犯罪的从犯，被判刑 3 年。

这位绿色的表哥冤吗？既没贼心，也没贼胆，没跟贼一起犯案，却跟贼一起被判刑。当你同情他的时候，足以证明你是一个法盲。对恶人恶行的不拒绝，让自己成为帮凶，不仅从法律角度不冤，从性格角度，正是绿色最大的问题，害人又害己！所谓“可怜之人必有可恨之处”！

现在，还会不会有家长认为，性格的问题不是什么大问题，长大了就好了。你不去帮助孩子认识到自己性格的弱点，不去帮助他改正，能好吗？你自己如果对性格一无所知，都不能认识到所有人一生的命运就被“性格”这两个字牵引前行，你还指望帮助别人吗？

亲爱的朋友，别那么单纯了！“小时偷油，大时偷牛。”“千里之堤，溃于蚁穴。”你以为这些话仅仅是口号吗？试图息事宁人，没有基本的是非观念，只知一味应承，悲惨命运正在前方翘首以待。

如果阅读本文的你，就是绿色，从现在开始，学会说“不”。

如果你不是绿色，你身边有这样的人，请把性格色彩分享给他，让他有机会了解自己，不再随波逐流，最终成为一个可以掌控自己人生和命运的人。

跋：性格色彩识人之道

性格色彩识人之道，即洞察人心之道。学会读懂他人内心，亦可反观自我内心。很多时候，你无法读懂他人，是因为自己内心不明，唯有明心见性，方可映照出他人的真实面貌。

古希腊宣扬德尔斐神谕智慧的阿波罗神殿上，刻着一句简单却精深的铭文："认识你自己。"古往今来，它成为每个认真生活的人必须思考的命题，也是大部分精深智慧的基础。它与苏格拉底的名言"未受检验的人生，不值得过"交相辉映。正确认识自己，既要知道自己的优势，也要明白自己的局限。人一旦悟透了自己，很多困局，自会迎刃而解。

人类无法清楚认识自己，原因不外乎有二：其一，外部给你的反馈不精准，误导了你；其二，你不仅没有认识自我的能力，还没有认识自己的欲望。

在"性格色彩识人"的课堂上，有无数学员在同样的问题上跌跤。婚姻不幸者，只会埋怨伴侣出轨，从不思考为何会走到这步；搞不定孩子的父母，无法接受孩子锁住房门，只会批判孩子不懂事，不去想为何孩子抗拒交流；诸般不顺的创业者，总是抱怨社会不公，时运不济，苍天不给力，从未想过为何别人行而自己不行……

可叹，世间虽有无数镜，人皆用来照皮囊。遇见问题，多数人向外索求，不知内观，即便看到，也装作无视。

英国著名哲学家罗素说"人与生俱来，就有三大敌人：自然、他人与我"，此三敌，最难战胜的是"自我"。王阳明说"破山中贼易，破心中贼难"，亦是同理。芸芸众生，人人都有一个心贼，如影随形，陪伴着你，偷走你的善良与天真，让你成为欲望的奴隶，忘记自己存在的理由。对性格色彩而言，这个心贼，就是你性格的局限。

读完本书，想来你对不同性格已有了初步了解，但即便你能识人，学会了读懂人心，但如果你没有正确应对的方法，依然会束手无策；更要命的是，你知道正确和错误，但依然无法保证自己做正确的事，因为你自身性格惯性的力量，会时刻阻抗你走向正确，兴许，还会诱你滑向错误的深渊。

拿我自剖，做个示范吧。以下这个真实案例，将向你展示如何应用性格色彩识人，洞察人心、自我修炼和用钻石法则搞定。

我的性格是红 + 黄，母亲的性格是红 + 黄，女儿的性格也是红 + 黄，三个红 + 黄，你能想象三代人冲突时场面的激烈吗？

那天，我写作到一半，听到女儿在楼下房间哭。原来，孩子的奶奶——我母亲，和我女儿，在孩子书房干起来。原因是，女儿上网课时把很多纸片和碎屑散落一地。

我母亲讲究整洁，看到就来气：“怎么回事！要讲几遍？你看看你，弄这么乱、这么脏，还怎么上课？你不嫌自己在垃圾堆里吗？不觉得难受吗？这怎么能待得下去？”“家里被你搞得这么乱，以后你长大了怎么办？快点！快捡起来呀！赶紧收起来！快！”

我女儿也是红 + 黄，正上着网课，开始，不想理奶奶，身不动嘴动：“奶奶，我知道了。”

我母亲继续说：“快点！都讲了几遍了！赶紧捡起来！赶紧！捡起来！”

我女儿有点不耐烦：“奶奶，我在写作业！”

我母亲声音开始变大：“捡起来能花多少时间？快点捡起来！”

要命的是，我，也是红＋黄。开工前，跟家中所有人下令别发出声音，这两个人在下面大声喊，房子快要被掀翻，最痛苦的人应该是我才对。

我母亲带着情绪，继续不停地说，到后面，几乎在大喊。女儿的情绪也越来越大，直接从座位上站起来，要把奶奶推出自己的书房。

我母亲见状，蹲着马步，死活不走。

于是，我女儿使劲推，嘴里喊着："奶奶你走！走呀！你走呀！"

老太太下盘稳着呢，就是不走，女儿放声大哭。这时，我母亲也发飙了，因为我女儿许是抓胳臂抓得紧，把她抓疼了。

我母亲大喊："你怎么可以打我？"

我女儿说："我哪里打你了？奶奶你走！"

我女儿心里觉得，我根本就没打你，你怎么可以向爸爸告状说我动手打人呢？你一个老人家不讲武德，信口开河，胡乱用词，枉为长者啊！在万分委屈和不知如何辩解之下，网课即将开始担心迟到的紧迫感，加上对严肃认真的班主任的敬畏，我女儿真的动手去拍打了奶奶的胳臂，让她离开房间。

女儿和她奶奶，两人都是红＋黄性格，在家中撕心裂肺地争执，女儿嗓子里挤出歇斯底里的尖叫，维塔斯听闻也要抱头逃窜。母亲也发出让我不寒而栗的怒吼。只见房顶在颤抖，灯泡在躲闪，可就在这如痴如醉的恶战期间，我那个耳背的爹啥也听不见，一个人老神在在地在院中吸烟。而我那条狡猾的老狗"小刀"早早就跑到外面，耳不听为净，躲在老树下，请问，我该何去何从？

用性格色彩识人来读懂人心

我一个中年老男人，单亲父亲，平时没太多时间照顾女儿，只好把父母接过来帮着照顾。眼见我母亲和我女儿干架，手中的书稿到了最后关头，再不写完，也要疯了啊。读者诸君，切莫忘记，俺也是一个红＋黄，和她俩性格一样，如果我跟你说心下毫无烦躁，要么是佛祖，要么是骗人啊。

想象一下吧：

画面一

如果没有性格色彩，我一定会抽刀出鞘，火上浇油，直冲到两人面前，大声呵斥："别吵了！""都给我闭嘴！""我在写东西！""吵什么吵？你们吵得我不能写东西了！"

女儿抓住一个我换气的口儿，赶紧冷不丁地插话："爸爸！奶奶冤枉我！"边喊边哭。

我母亲不甘示弱，紧随其后："你好好管管你女儿！你看看她像什么样子！现在这么小，就开始打老人了，简直是不肖子孙，白养了她。我跟她讲，她还不肯听，乐嘉，你给我睁大眼睛，你女儿在你面前，和在我们面前是不一样的，你知道不知道？明天你出差去讲课以后，她怎么办？无法无天了要！"

画面二

如果没有性格色彩，我的角色会瞬间从战斗的旁观者，斗转星移为战斗的参与者。

我母亲会拿出广场舞领舞的派头，铿锵有力地甩上几句力图使我恐惧的狠话："好！你们爷儿俩都一样，你把我们叫来干什么？我在这儿，就是个死人，就是个废物，要我没有用，我管不了，我走，我今天就走。"

而我这个二愣子，必定会被激怒：你威胁我？走就走！你走吧。走了就别回来！虽然，我心里知道我是那么需要她，她走了，我的无尽噩梦就要到来，一个人要同时应付无穷无尽的生活挑战和诸般麻烦，想想，就哆嗦。

可以预料，母亲负气拎着包走出家门时，耳背的父亲还没反应过来，母亲走出去不到三丈，立即回头去找她老公：“抽烟，抽死你啊，就知道抽，走啦，还看着我干吗，人家赶我们走，你还坐得下去啊，什么？好！那你就一辈子别走了，我走，我最该走，我走了你们都高兴……”

画面三

如果没有性格色彩，我不但会生我母亲的气、生我女儿的气，还会生我父亲的气，尽管我知道我父亲听不见，依旧会充满了愤怒，不禁会想：“你老婆跟我女儿吵架，你怎么不去管一管？”

幸好，我有性格色彩护体。当我坐在书房，听着下面大战爆发时，那一刻，体内回荡起一阵空灵的声音：“你不能生气，那两个家伙已经要疯了，你再生气，这个房子就要被烧了，快把性格色彩拿出来。”眼睛张开，并非南柯一梦，咦，这话，不是课堂上我自己说的吗？

于是，我快速用性格色彩识人法则开始解读母亲和女儿的内心所想：

读母亲的心

我母亲因我女儿地上掉了一地碎纸屑而批判。

人的批判一般有两种：要么是为了直接拿到结果，要么是为了发泄情绪，而我红＋黄的母亲，正是后者。所以，她的第一反应是抱怨，而抱怨的动机，首先是为了引起我女儿的重视，其次，才是解决问题。所以，我女儿回应的方式和态度对她来说，至关重要。

当她觉得我女儿回应的态度不积极，且没有采取行动时，就着急，上火，发飙了。之后的肢体接触，更是触发了她的情绪开关，让她的情绪化更加猛烈。

读女儿的心

女儿也是红＋黄，不喜欢被批评，同时，有很强的自主性。当她说“知道了”，意思是我有我的安排，我听完网课，会处理这个事的。

当奶奶喊起来时，女儿也情绪化了，于是，有了推搡奶奶的动作，当奶奶说她打自己时，她感觉被冤枉，于是，情绪化进一步升级，真的动手。

读自己的心

我也是红＋黄，写书时，最恨被打扰，听到楼下争吵，情绪被激发，对家人发生冲突的困扰，对耽误写作的焦虑，堆积到一起，既无法屏蔽干扰写作，也生气为什么他们无法好好相处，如果带着情绪去处理问题，势必越搞越糟，引发世界混战。

你看，当你真正做到识人识己，读懂每个人的内心所想，下一步自然就会想到，要立即修炼自己，然后运用钻石法则。

修炼

修炼控制情绪。

我脑海中闪过课堂上无数学员的身影以及他们的故事，我将自己从这个临时战场抽离出去，在脑海中预演了任由自己情绪化会带来的一切后果，问自己：“这是我想要的结果吗？”答案，显然是否定的。

于是我平息了自己的情绪，快步走下楼，决心用钻石法则来搞定他们。所有这一切，皆在电光石火间完成。

钻石法则

先解决心情，再解决问题。对性格中以红色为主的人而言，心情不爽之前，谈啥都没用。两人都在气头上，首要的第一步，是先缓和双方的情绪。

我走下去，看到她俩，先对母亲说："妈，你别急，消消火，先到房间来喝口茶。"

然后，我拉走女儿，看着她："奶奶大声说话，是不是吓到了你？"

我女儿说："对。"

"现在你先上网课，上完课，我们再好好聊一聊。爸爸知道你不会随便打奶奶，我知道奶奶可能误会了你。先把课上完我们再聊一聊。好吗？"

女儿说："好。"然后，乖乖地去听课了。

<u>对母亲的钻石法则</u>

我对她说："妈，你辛苦了，如果没有你来照顾我们，我真的不知道该怎么办。妈，你知道吗？如果没有你，我这本书真的一个字都写不出来，这本书现在快写完了，你厥功至伟，你最厉害了！女儿不听话，是我教女无方，妈，你原谅我。妈，我教女无方，其实是因为你没把你教我的秘诀传授给我啊，你把我教得这么成功，随便透露一点诀窍，这丫头都可以升天啊。"

母亲一听就笑了。我说："妈，别急，小捣蛋鬼由我来教育，你放心好不好？""你别生气，她就是脾气倔，你别急，别着急，别跟她一般见识。”

——母亲的性格是红＋黄，所以，我必须先认可她，再示弱，让她被淤堵的情绪先宣泄出来，得到赞美和尊重。

<u>**对女儿的钻石法则**</u>

灵儿听完课后，我把女儿叫过来，我说：“灵儿，课上完了，你累不累？”“你刚才说话声音那么大，爸都很担心你嗓子要喊坏了。你唱歌唱得那么好，要做音乐家的人，万一你嗓子坏了以后该怎么办呢？”

先安抚女儿，表示心疼，让她也把情绪宣泄出来。

“奶奶不该冤枉我，我在上课，奶奶打扰我；奶奶还说我打她，其实我根本没有打她。”

我让她先哭个十分钟，哭完后，我再继续跟她聊：“好了好了，你觉得这事开始的时候问题出在哪里？”

“因为我把地弄得很脏。”

“对，你觉得这事你是对的还是错的？”

“那事是我不好，但我自己会收拾的，奶奶为什么一定要我马上收拾呢？”“如果不逼我，不就没事了吗，都是奶奶不好。”

对红＋黄的孩子，不要直接给答案，用提问的方式去引导她认识到她自己也有错。红＋黄的孩子，如果你没有方法，很难教育，甚至，根本说不过她。

<u>**对女儿运用的高级钻石法则**</u>

我跟女儿说：“对，这些东西爸爸都理解，但是你有没有想过，如

果当时你马上把它给收拾完的话，是不是情况会更好呢？你看，奶奶一直在照顾我们，她平常已经很辛苦了，她是为我们好对不对？”

“对。”

“爸爸马上又要出差了，爸爸不在的时候，你觉得你应该跟奶奶怎么相处？”

“反正我就是不想让她来管我。”

“奶奶有时关心你，会对你说得比较多，爸爸会去跟奶奶说，奶奶不该在你学习的时候打扰你。但是，奶奶全部都是为你好，你去抓奶奶把奶奶抓疼了，你觉得对吗？”

“奶奶不打扰我，我就不抓她了。”

“我会跟奶奶讲，在你学习时不打扰你，你觉得你刚才打奶奶对吗？”

“我怎么会打奶奶呢？我就轻轻地拍了她一下。”

“Ok，但是你刚才是打了，对吗？你觉得孩子打奶奶这个动作对吗？”

“我真的没有打，我就是拍她的手，我想让她先离开我的书房。”

“那你觉得拍奶奶这个动作对吗？”

“可是我不拍她，她不离开我的书房啊！”

“你拍了，奶奶也没离开，对吗？而且事情越闹越大。没有效果的事，达不成结果的事，你去做了，有什么意义呢？你的本意是让奶奶先离开，等到网课结束再说，东西你会收拾的。但是，奶奶没有离开，网课也没上好，东西还没收拾，奶奶这么爱你，结果还很伤心你赶她走，而且外人还会觉得你对奶奶不尊敬，什么目标都没达到，还落得一身麻烦，你说你做得对吗？”

女儿不说话了……

当红 + 黄的女儿有很多理由辩解时，不要骂她，要耐心接受她的理由和各种狡辩，然后，再把问题扔回给她。反复多少回合也不怕，要有足够的耐心，直到她认识到问题，并最终承认自己的问题为止。不过，要注意的是，性格中有黄色的孩子，不会轻易说“我错了”这三个字，他们的骨子里面，在很小的时候，就学会要维护自己的面子和尊严。他们会用他们的行动和肢体动作来表示自己错了，而不愿在口头上承认。

“那我们应该怎么办？”

“爸爸我不想让你走。”女儿开始撒娇。

我说：“你已经大了，你5岁半的时候，爸爸就带你走过沙漠，你是一个可以独立的孩子。现在，你已经9岁，爸爸一直以你为骄傲和自豪，我们曾经说过，在性格色彩里面，黄色不容易认错，最厉害的黄色是什么样的？”

“勇于认错。”

“对，那我们应该怎么做？”

“我知道了。”

“所以，等会儿爸爸走了以后，你知道该怎么做吗？”

“我知道了。”

当女儿不想承担时，用认可肯定的方式表示信任，激发她自身的力量，让她做出正确的决定。

在收拾行李的时候，我女儿因为要去上网球课，走到楼下，跟奶奶说了一句话，她说：“奶奶，我刚才错了，我会把自己的东西收拾好的，以后，我上课的时候你不要进我房间，我会改的，奶奶，我走了哇。”

奶奶听到孙女这么说，很高兴地点了点头。

问题，解决了。

你看，这就是“识人洞察—读懂人心—自我修炼—钻石法则”的过程，刚才，我带着你，在我内心的最底部走了一遭，你应该已经明白，这是一个多么神奇而美妙的过程，它让你从愤怒到愉悦，从沮丧到希望，从无力到有力。

本来，我那一个小时是要写文章的，结果，文章一个字都没写，我恨她俩耽误了我。但是把两人摆平后，我上了飞机，以前在飞机上因为飞机颠得难受，我一个字都写不出，可这次，我有史以来第一次，在飞机上，居然把那篇没写完的文章顺利完成了。

以上就是我写作这本书时发生的故事。

虽然作为性格色彩学创始人，我本人钻研这门学问超过 20 年，但我每天的日常生活，依旧会发生各种用性格色彩才能读懂的事，而且，不仅要用性格色彩识人，读懂人心，真正理解各种人，还要用各式钻石法则去搞定。更重要的是，我要随时随地洞见自己的内心，及时按下暂停，预想可能的后果，控制自己性格中随时可能肆虐的恶魔。

若我不做修炼，只会让战火升级，而性格色彩的存在，正可助力更好地修炼。须知，即使洞察了每个人的性格，了如指掌，可自己不做修炼，再好的方法，你也用不出。

当你要发脾气时，深吸口气，默问自己：能不能先不发表意见，快速离开现场？发脾气能解决问题吗？

当你绝望时，询问自己：真的束手无策了吗？我真的尽力了吗？没有更好的路可以选择了吗？

当你被生活的洪流裹挟而行时，难免会迷失看不清。如果你能不断审视自己、追问自己、认识自己，那便不会徒留遗憾或空有悔恨。

如果你想拥有时刻识人和影响他人的功力，最好的方法，就是系统学习性格色彩，不仅仅是看书，更重要的是，来到课程现场，体验人与人的碰撞和真实的应用环境。因为，真正的修行不在山上，不在庙里，而在尘世间。

这个课堂，会让你领略持续运用性格色彩且融入血液的美妙。如果你想立即拿到些实用的招式马上先用起来，迄今为止，最方便快速了解钻石法则的方式，是我的“宝典系列”——《性格色彩单身宝典》《性格色彩恋爱宝典》《性格色彩婚姻宝典》《性格色彩亲子宝典》《性格色彩职场宝典》《性格色彩说话宝典》，每本宝典都聚焦一个应用领域，以案例呈现及拆解的方式，给出具体的钻石法则。

性格色彩想要用得好，绝非通过思考，而是实践，正所谓“纸上得来终觉浅，绝知此事要躬行”。

有少年问：到底何为“性格色彩识人”？

智者答：性格色彩识人，有四重境界，各有其妙：

第一重，把自己当成别人，此乃性格色彩识人之“无我道”；

第二重，把别人当成自己，此乃性格色彩识人之“慈悲道”；

第三重，把别人当成别人，此乃性格色彩识人之“智慧道”；

第四重，把自己当成自己，此乃性格色彩识人之“自在道”。

少年又问：如何才能变成一个让自己快乐同时也带给别人快乐的人？

智者答：自乐他乐的本质，就是自助助人。愿诸君成为性格色彩识人高手，行自助助人之事，心生欢喜。

乐嘉

附录一：性格色彩识人108问

附录二：乐嘉与性格色彩大事记

2000 年

·乐嘉研发的“FPA®（Four-colors Personality Analysis）性格分析与沟通”企业培训课程面世。

2001 年

·创立“性格色彩钻石法则®”理论。

2002 年

·乐嘉学习魔术时，受“四布合一布”启发，创立“FPA®性格色彩”。

2003 年

·创立“性格色彩本色论”和“性格色彩动机论”。

2004 年

·举办“性格色彩讲师与咨询师”首期课程，开始建立性格色彩传播团队。

2005 年

·为让性格色彩更易传播，寓教于乐，乐嘉发明了“性格色彩扑克牌”，取得国家专利。

2006 年

·乐嘉的第一本书，也是性格色彩学第一本著作《色眼识人》出版。上市后，即成为当当网社科榜畅销书，连续在榜 107 周。

2007 年

·性格色彩英文商标，正式使用“Personality Colors®”替代“FPA®”。

·乐嘉任 CCTV2《商务时间》节目嘉宾，首次亮相电视节目，用性格色彩分析名人。

2008年

·正式确立性格色彩四大研究领域——“洞见+洞察+修炼+影响”，完善了性格色彩学的理论体系架构，奠定了性格色彩与其他性格分析工具的核心差别。

·乐嘉将性格色彩应用到学校教育，为深圳的1200名中小学校长及幼儿园园长进行了“因人而异，因色施教”的性格色彩教师培训。

·乐嘉被聘为西北大学管理学院客座教授，为EMBA讲授“性格色彩领导力”。

2009年

·性格色彩讲师团队为全球500强罗氏制药和上市公司百丽集团内训，分别累计超过50场。在领导力、团队管理和销售培训领域，性格色彩成为知名企业核心课程。

·性格色彩成为华东理工大学MBA选修科目。

·乐嘉在武汉大学做“性格色彩心理咨询技术运用”培训，同年，任湖北省心理咨询师协会高级顾问，性格色彩正式进入心理咨询领域。

2010年

·乐嘉任江苏卫视《非诚勿扰》心理专家，此后，连续三年，该节目成为家喻户晓的国民综艺，保持中国常态综艺节目收视率第一。

2011年

·乐嘉任江苏卫视《老公看你的》节目主持人（全国卫视每周五收视率第一）。

·乐嘉任江苏卫视《不见不散》节目主持人（全国卫视每周一收视率第二）。

·乐嘉连续两年举办“嘉讲堂”全国大学校园“性格色彩与人生规划”巡回演讲。

·《跟乐嘉学性格色彩》出版，销售量逾200万册，获年度非虚构类图书全国第一。

2012年

·乐嘉在悉尼市政厅举办性格色彩演讲，创澳洲华人演讲最多听众纪录。

·乐嘉在温哥华剧院举办性格色彩演讲，创加拿大华人演讲最多听众纪录。

·乐嘉被聘为河海大学客座教授，讲授“性格色彩与主持艺术”。

2013年

·乐嘉任深圳卫视《别对我说谎》主持人（播出一集后收视率从第14位升到第3位）。

·乐嘉任国内首档性格色彩综艺谈话节目——深圳卫视《夜问》主持人。

·乐嘉《本色》出版，年度销售逾150万册。

·乐嘉连续三年共6季任安徽卫视《超级演说家》和北京卫视《我是演说家》的常驻演讲导师，成为中国最具影响力的演讲导师之一。

2014年

·由乐嘉主编，乐嘉学员共同主创的性格色彩应用书系《色界》三本陆续出版，丛书涵盖性格色彩学在不同行业的实战运用。

·由乐嘉学员所著的《性格色彩品红楼》《性格色彩品三国》《性格色彩观电影》等性格色彩主题图书出版。

·乐嘉任CCTV1名人访谈节目《首席夜话》主持。

2015年

·应剑桥大学彭布罗克学院邀请，乐嘉做题为“性格色彩与全球文化”的演讲，创剑桥大学华人演讲最多听众纪录。

·乐嘉首档性格色彩脱口秀节目《独嘉秘籍》，在优酷视频上线。

·性格色彩划时代的工具——“性格色彩卡牌”诞生。

·乐嘉独创的演讲秘籍正式诞生。

2016 年

· 乐嘉主讲的性格色彩音频，上线两小时即销售 1 万份，在喜马拉雅心理付费节目连续 3 年排行第一。

· 乐嘉连续两年任全国首档大型创业投资节目——湖北卫视《你就是奇迹》的嘉宾主持人。

· 乐嘉被聘为上海大学温哥华电影学院客座教授。

2017 年

· “性格色彩卡牌师”和“性格色彩卡牌大师”两门课程诞生。

· 乐嘉开始连续三年任“团中央全国中学生演讲大赛”评委团主席。

2018 年

· 乐嘉在喜马拉雅推出“性格色彩婚恋宝典”音频课程，创情感类课程第一。

· 乐嘉在蜻蜓 FM 推出“性格色彩亲子宝典”音频课程，创亲子类课程第一。

· 乐嘉任天津卫视《创业中国人》嘉宾主持人。

2019 年

· 举办“性格色彩识人”线下课程，乐嘉开始每月亲自讲授大规模线下普及课程。

· 乐嘉连续两年任广东卫视创投节目《众创英雄汇》的心理专家。

2020 年

· 乐嘉的说话宝典——“用说话掌控人生”音频课程登陆蜻蜓 FM，创口才类课程第一。

· 乐嘉发明“小六演讲法”与 2015 年创立的“大六演讲法”，合称“六字演讲”。

2021 年

· 乐嘉性格色彩线上视频训练营启动，学员一年过 200 万，创全网心理类视频课程第一。

· 性格色彩认证的卡牌师和卡牌大师达 3000 人，接受卡牌评测人数过300万人，其中卡牌付费咨询人数近30万。

2022年

·数年来多次闭关，将二十年研究积淀重新整理，精修增补，并潜心写作新著。计划自2022年起，到2025年底前，将陆续完成性格色彩系列21本专著出版。其中包括，经典系列4本：《跟乐嘉学性格色彩》《性格色彩原理》《性格色彩识人》《性格色彩卡牌指南》；宝典系列8本：《性格色彩单身宝典》《性格色彩恋爱宝典》《性格色彩婚姻宝典》《性格色彩亲子宝典》《性格色彩职场宝典》《性格色彩销售宝典》《性格色彩说话宝典》《性格色彩教育宝典》；应用系列2本：《性格色彩360行》《性格色彩72变》；演讲系列2本：《六字真言演讲法》《培训的艺术》；个人系列5本：《本色》《至暗》《小乐子的人生智慧》《性格色彩随笔》《性格色彩禅》……

（全书完）

图书在版编目（CIP）数据

性格色彩识人 / 乐嘉著. -- 天津 : 百花文艺出版社, 2024.3
ISBN 978-7-5306-8764-2

Ⅰ. ①性… Ⅱ. ①乐… Ⅲ. ①性格—通俗读物 Ⅳ. ①B848.6-49

中国国家版本馆CIP数据核字(2024)第023820号

性格色彩识人
XINGGESECAI SHI REN
乐嘉 著

出 版 人： 薛印胜
责任编辑： 赵世鑫
装帧设计： 容 宇
出版发行： 百花文艺出版社
地址： 天津市和平区西康路 35 号 **邮编：** 300051
电话传真： +86-22-23332651（发行部）
+86-22-23332656（总编室）
+86-22-23332478（采购部）
网址： http://www.baihuawenyi.com
印刷： 北京世纪恒宇印刷有限公司
开本： 710毫米×1000毫米 1/16
字数： 336 千
印张： 25
版次： 2024 年 3 月第 1 版
印次： 2024 年 3 月第 1 次印刷
印数： 1—5, 000
定价： 78.00 元

如有印装质量问题，请与北京世纪恒宇印刷有限公司联系调换
地址：北京大兴亦庄经济开发区科创三街经海三路 15 号
电话：（010）67892828 邮编：100176